高等院校基础课系列教材 · 实训类

数控车工实训

Shukong Chegong Shixun

主　编　韩辉辉　杨声勇
副主编　魏敬刚　张小斌
参　编　向　磊　张书友　宋征宇
主　审　赵　平

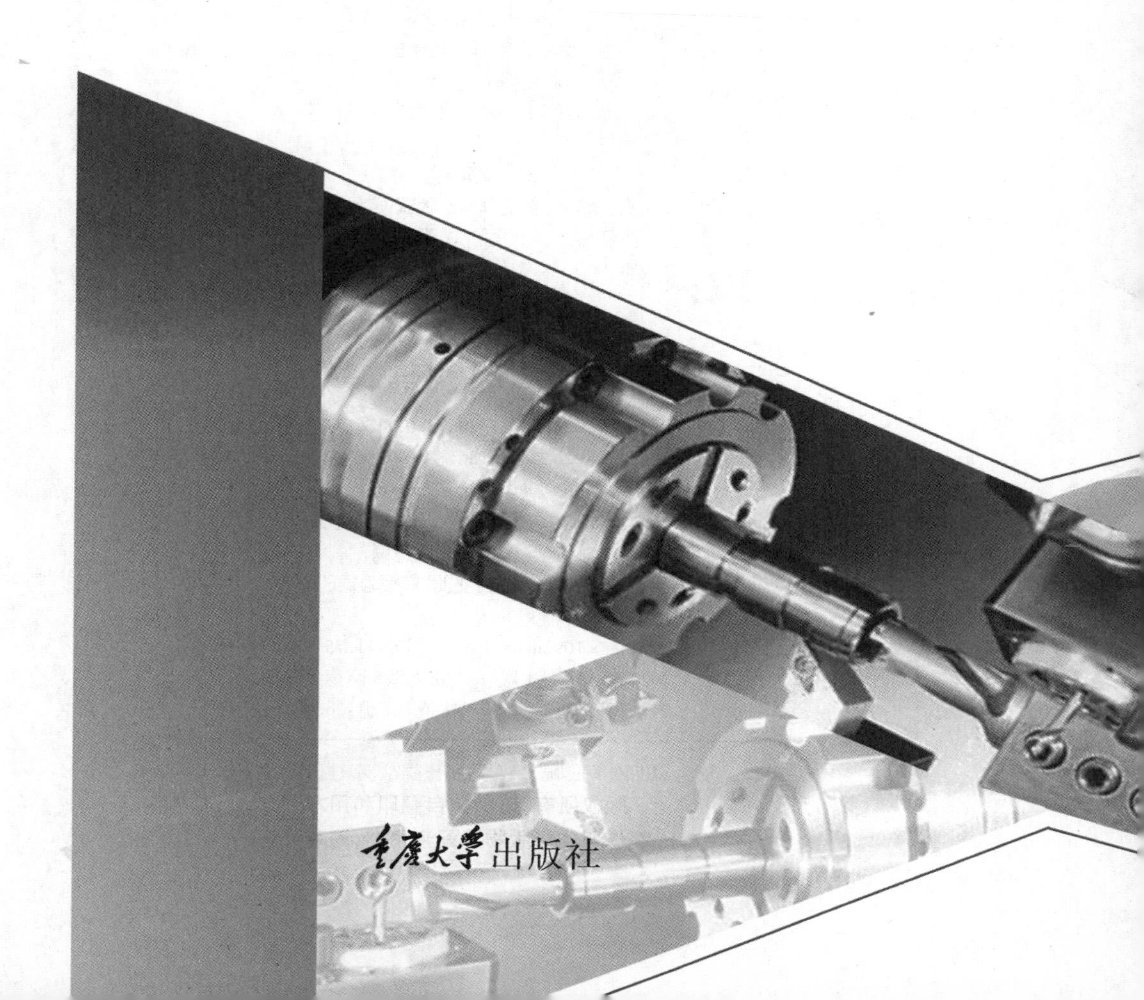

重庆大学出版社

内容提要

本书依据重庆市高等职业教育双基地项目、国家高职院校“双高计划”模具设计与制造专业群项目建设要求，结合《国家职业技能标准》中级车工（国家职业资格四级）规定的知识要求和技能要求，与合作企业重庆长安汽车股份有限公司及重庆华中数控技术有限公司合作编写。从职业能力培养的角度出发，力求体现职业培训的规律，以满足职业技能培训与鉴定考核的需要。通过对车工岗位要求的分析，提炼车工所需的理论知识和操作技能，在此基础上，将专业理论知识融入相关训练课题。本书共6章，内容包括数控车床概述、数控车床加工工艺基础、数控车床操作、数控车床编程、数控车床自动编程及数控车床加工习题集。本书由基础专业内容到案例讲解手工编程、自动编程，便于学习者知识技能的提升。全书末附有习题集，便于企业岗位培训、考核鉴定和读者自测自查。

本书可作为中级车工职业技能培训与鉴定教材，也可供高中等职业院校相关专业师生参考，还可供相关从业人员参加在职培训、岗位培训使用。

图书在版编目（CIP）数据

数控车工实训/韩辉辉，杨声勇主编. -- 重庆：重庆大学出版社，2022.5

ISBN 978-7-5689-3248-6

Ⅰ.①数… Ⅱ.①韩… ②杨… Ⅲ.①数控机床—车床—车削 Ⅳ.①TG519.1

中国版本图书馆 CIP 数据核字（2022）第 068678 号

数控车工实训

主 编 韩辉辉 杨声勇

副主编 魏敬刚 张小斌

参 编 向 磊 张书友 宋征宇

主 审 赵 平

策划编辑：鲁 黎

责任编辑：李定群 版式设计：鲁 黎

责任校对：邹 忌 责任印制：张 策

*

重庆大学出版社出版发行

出版人：饶帮华

社址：重庆市沙坪坝区大学城西路21号

邮编：401331

电话：（023）88617190 88617185（中小学）

传真：（023）88617186 88617166

网址：http://www.cqup.com.cn

邮箱：fxk@cqup.com.cn（营销中心）

全国新华书店经销

中雅（重庆）彩色印刷有限公司印刷

*

开本：787mm×1092mm 1/16 印张：11.75 字数：304千

2022年5月第1版 2022年5月第1次印刷

ISBN 978-7-5689-3248-6 定价：36.00元

前言

随着我国科技进步、产业结构调整以及市场经济的不断发展，各种新兴职业不断涌现，传统职业的知识和技术也越来越多地融进当代新知识、新技术、新工艺的内容。为适应新形势的发展，优化劳动力素质，本书依据重庆市高等职业教育双基地项目、国家高职院校“双高计划”模具设计与制造专业群项目建设要求，结合《国家职业技能标准》中级车工（国家职业资格四级）规定的知识要求和技能要求，与合作企业重庆长安汽车股份有限公司及重庆华中数控技术有限公司合作编写。从职业能力培养的角度出发，力求体现职业培训的规律，以满足职业技能培训与鉴定考核的需要。

本书在组织内容中贯穿“以职业标准为依据，以企业需求为导向，以职业能力为核心”的理念。用形象、直观、浅显易懂的图形语言来讲述复杂的专业知识，降低学习难度，提高培训者的学习兴趣和教学效果。根据职业培训特点，基于工作过程系统化，将专业理论知识融入相关训练任务中，先讲解专业基础知识，后利用项目讲解手工编程、自动编程，采用循序渐进的方式组织编写内容。

在编写上，突出职业工种培训的特点，强调淡化理论，加强实训，突出职业技能训练。通过大量真实的案例介绍车工的基础知识及操作方法，避免枯燥、空洞的理论，容易上手，体现了针对性、实用性和职业性，做到“教、学、做”的统一。

作者团队来自教学一线和机械制造业生产一线，具有相当丰富的实践经验。本书由重庆工业职业技术学院韩辉辉、杨声勇任主编，重庆工业职业技术学院魏敬刚、重庆长安汽车股份有限公司张小斌任副主编，重庆华中数控技术有限公司向磊、张书友、宋征宇参编。具体编写分工如下：第 1 章、第 2 章、第 5 章由韩辉辉编写；第 3、第 6 章由杨声勇编写，第 4 章由魏敬刚、张小斌、向磊、张书友、宋征宇编写。重庆工业职业技术学院赵平任主审。

本书在编写过程中，得到了重庆长安汽车股份有限公司、重庆华中数控技术有限公司的大力帮助与支持，谨此致谢！

由于编者水平有限，书中难免有不足与疏漏之处，恳请广大读者批评指正。

编　者

2022 年 1 月

目录

第 1 章 数控机床概述

1.1 数字控制的概念

数字控制简称数控或 NC(Numerical ControL),是指输入数控装置的数字信息来控制机械执行预定的动作。其数字信息包括字母、数字和符号。

数控机床是装有计算机数字控制系统的机床,如图 1.1 所示。数控系统能处理加工程序,并控制机床进行各种平面曲线和空间曲面的加工,使数控机床具有加工精度高、效率高和自动化程度高的特点。数控机床加工零件的过程如图 1.2 所示。

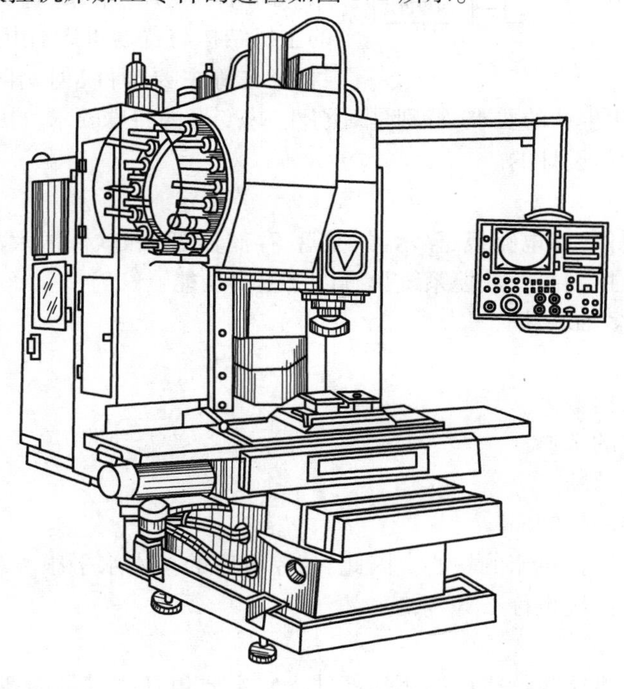

图 1.1 数控镗铣加工中心

①根据零件加工图样的要求,确定相应的工艺路线。

②编制数控加工程序。简单的零件可用人工计算编程,复杂的零件要借助 CAD/CAM 技术。

③将程序输入数控系统。过去曾广泛使用纸带穿孔,通过光电阅读机将纸带上的信息输入数控装置,目前这种方法基本上不再使用,取而代之的是 MDI(手动数据输入方式),通过串行接口 RS232,DNC,以及网线或 USB 通信接口,将计算机编程的信息传送给数控装置。

④数控系统在事先存入的控制程序支持下,将代码进行处理和计算后,向机床的伺服系统发出相应的脉冲信号,再通过伺服系统使机床按预定的轨迹运动,以进行零件的加工。

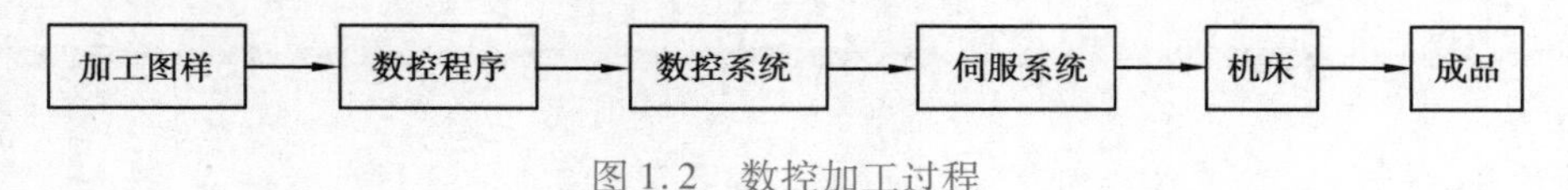

图 1.2 数控加工过程

1.2 数控机床的组成

数控机床一般由以下 5 个部分组成(见图 1.3):

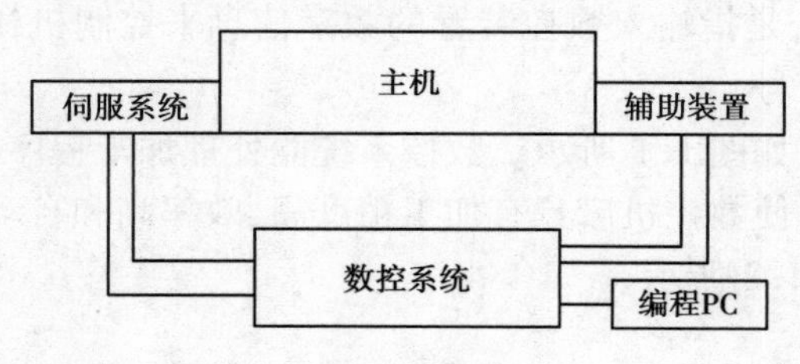

图 1.3 数控机床的组成

1)主机

主机是数控机床的主体,主要指的是机床的床身、立柱、主轴以及其余主要的机械部件。根据切削加工要素不同,主机可分为各种不同的机床,如车床、铣床、钻床、镗床等。虽然数控机床的主机结构与普通机床有相似之处,也可分成床身、立柱等主要构件,但实际上数控机床结构必须满足高精度、自动化生产的要求,特别是对刚性、热变形的特殊要求。因此,数控机床的主机结构一般都是经过专门设计的。

2)数控系统

数控系统包括硬件(如电路板、显示器、键盘、存储器等)和软件两大部分。数控机床的数控系统是采用计算机控制的。数控系统具有以下主要功能:

①多坐标控制(多轴联动)。

②各种函数的插补。

③各种形式的数据输入。

④各种加工方式的选择。

⑤各种故障的自诊断。

⑥各种辅助机构的控制。

由于数控系统是数控机床的核心。因此,数控机床的技术水平很大程度上取决于数控系统的技术水平。数控系统也称 CNC 系统。

3)伺服系统

伺服系统是数控机床执行机构的驱动部件。它主要包括主轴伺服驱动单元、各个坐标轴的伺服驱动单元,以及主轴电机、各个坐标轴的伺服电机等。

数控机床的主轴和进给运动是由数控系统发出脉冲，通过伺服系统使电气和液压系统产生一系列动作来实现的。这就要求伺服系统要有良好的快速响应能力，能准确而灵敏地跟踪数控系统发出的脉冲信号。

4）辅助装置

辅助装置包含面很广，几乎包括了机床上的电气、液压、气动以及与机床相关的冷却、防护、润滑、排屑等一系列设备。由于辅助装置对机床的功能具有很大的影响，因此它们的发展极为迅速。现代工业对数控机床提出了环保化的新要求。近年来，改善数控机床对环境的污染和对操作人员的安全防护已成为新课题。现代化的辅助装置可以使数控机床具有全防护，防止冷却液飞溅、铁屑飞溅、油雾迷漫，降低噪声；采用新型冷却技术，如低温空气代替传统的冷却液；通过废液、废气、废油的再回收利用，减少对环境的污染，并提高数控机床的精度。

5）编程 PC 机

随着数控系统功能和数控机床加工能力的增强，现代化的数控设备一般都必须配备专门为编程、输送程序的 PC 机。复杂的零件一般都由 CAM 软件生成加工程序，这种程序往往要达到几兆字节。数控机床曾经历过纸带、软盘、键盘、PC 机通过 RS232、DNC、网线或 USB 通信接口向数控系统传输程序的在线加工等输入方式。对容量大的程序，前 3 种方式已无法完成。因此，专用的 PC 机与 CNC 系统的双向轮流传输数据的在线加工方式，已成为不可缺少的手段。

1.3　数控机床的加工特点

1）加工质量稳定

数控机床的一切操作都是由程序支配的，没有人为干扰，加工出的零件互换性好、质量稳定。由于数控机床一般都采用精度很高的传动件，如滚珠丝杠、直线线性滚动导轨，因此传动定位精度高。闭环、半闭环伺服系统使数控机床获得很高的加工精度。

2）具有较高的生产率

在数控机床上使用的刀具一般是不重磨装夹式刀具，其切削性能较好。数控机床的自动化程度高，空行程的速度在 15 m/min 以上，辅助时间短，与普通机床相比，数控机床的生产率可提高 2～3 倍，有些可提高几十倍。

3）功能多

数控机床的功能齐全，在一台数控铣床上可进行镗床、铣床的多种方式的加工，除装夹基准面外，可对六面体的 5 个面进行加工。在现代数控车-铣中心上，除可完成所有车削工艺外，主轴还可进行分度，能通过安装在刀架上的动力刀具滚铣高质量的齿轮。数控机床的这一特点对加工模具零件特别适用。模具零件（如型腔、型芯）一般都具有形状复杂、加工困难的特征，数控机床是加工这类零件的主要设备和最佳选择。

4）对不同零件的适应性强

现代化机械生产的发展趋势是多品种、小批量化。由于数控机床只需改变加工程序便可改变加工零件的品种。因此，数控机床是现代化生产中不可缺少的设备。

5)加工复杂的空间曲面

有些空间曲面,如圆柱槽凸轮、螺旋桨表面,用多坐标联动数控机床加工,使之表面形状及精度大为改进;数控仿形应用范围更广,并且有重复应用、镜像加工的功能。

6)减轻劳动强度

数控机床除装卸零件、操作键盘外,操作者无须进行繁重的重复手工操作,使操作者的劳动强度大大降低。

任何事物都有二重性,数控机床昂贵的价格和维修费用较高是它的主要缺点。

1.4 数控车床的分类和结构

1.4.1 数控车床分类

数控车床与普通车床一样,主要用于轴类零件的加工,如图 1.4 所示。分类方法较多,通常分为以下 4 类:

图 1.4 数控车床加工零件

1)经济型数控车床

经济型数控车床一般是以普通车床的机械结构为基础,经过改进设计而成,也有一小部分是对普通车床进行改造而得的(见图 1.5)。它的特点是一般采用由步进电动机驱动的开环伺服系统。其控制部分采用单板机或单片机来实现。也有一些采用较为简单的成品数控系统的经济型数控车床。此类车床的特点是结构简单,价格低廉,但缺少一些如刀尖圆弧半径自动补偿和恒表面线速度切削功能等,一般只能进行两个平动坐标(刀架的移动)的控制和联动。

2)全功能数控车床

全功能数控车床如图 1.6 所示。它的控制系统是全功能的,带有高分辨率的 CRT,带有各种显示、图形仿真、刀具及位置补偿等功能,带有通信或网络接口。采用半闭环或闭环控制的伺服系统,可进行多个坐标轴的控制,具有高刚度、高精度和高效率等特点。

图1.5 经济型数控车床

图1.6 全功能数控车床

3)车削中心

车削中心是以全功能数控车床为主体,配备刀库、自动换刀器、分度装置、铣削动力头及机械手等部件,实现多工序复合加工机床(见图1.7)。在车削中心上,工件在一次装夹后,可完成回转类零件的车、铣、钻、铰、螺纹加工等。车削中心功能全面,加工质量和速度都很高,但价格也较高。

4)FMC车床(柔性加工单元)

FMC是英文Flexible Manufacturing Cell(柔性加工单元)的缩写。实际上,FMC车床就是由一台数控车床、机器人等构成的系统(见图1.8)。它能实现工件搬运、装卸的自动化和加工调整准备的自动化操作。

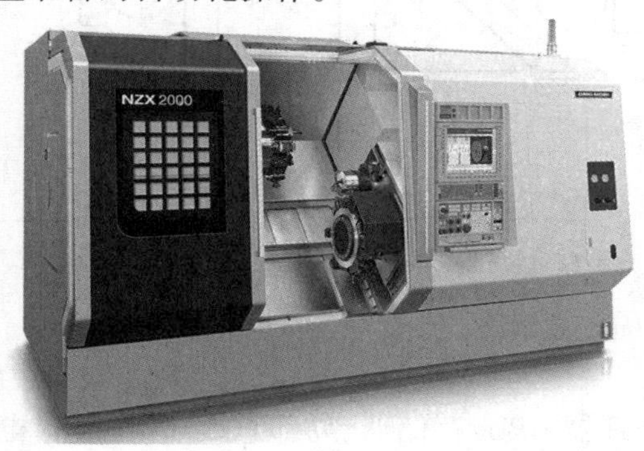

图1.7 车削中心

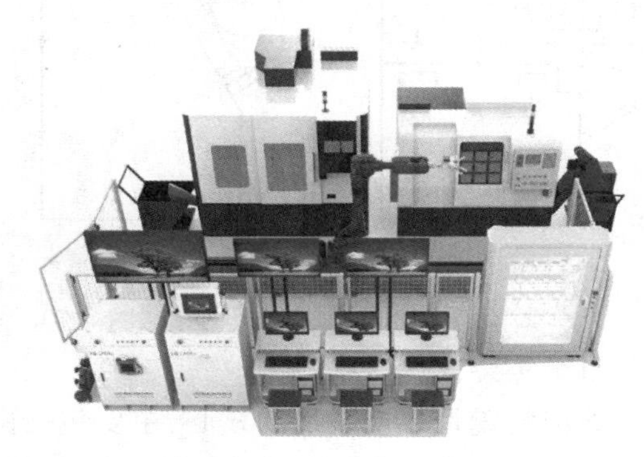

图1.8 柔性加工单元

另外,根据主轴的配置形式,可分为卧式数控车床(主轴轴线为水平位置的数控车床)和立式数控车床(主轴轴线为垂直位置的数控车床)。具有两根主轴的车床,称为双轴卧式数控车床或双轴立式数控车床。根据数控系统控制的轴数,可分为两轴控制的数控车床(单刀架数控车床,可实现两坐标轴控制)和四轴控制的数控车床(双刀架数控车床,可实现四坐标轴控制)。

1.4.2 数控车床的结构

数控机床一般由输入/输出设备、CNC装置(或称CNC单元)、伺服单元、驱动装置(或称执行机构),以及电气控制装置、辅助装置、机床本体、测量反馈装置等组成,如图1.9所示。

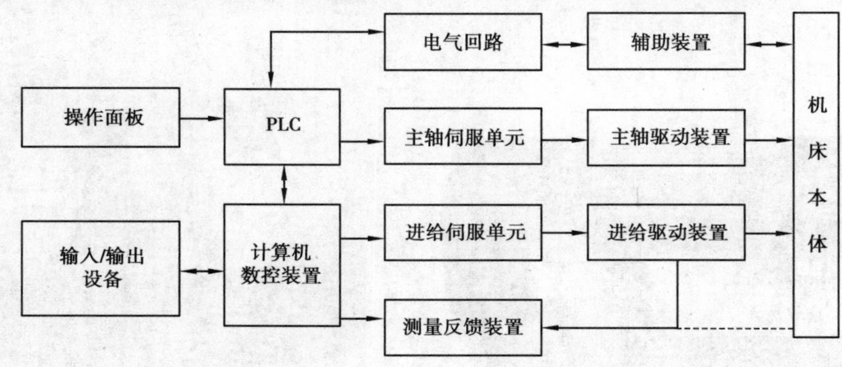

图1.9　数控车床的组成

1)机床本体

数控车床由于切削用量大、连续加工发热量大等因素对加工精度有一定影响,加工中又是自动控制,不能像在普通车床那样由人工进行调整、补偿。因此,其设计要求比普通机床更严格,制造要求更精密,导轨布局采用了许多新结构,以加强刚性、减小热变形、提高加工精度,如图1.10所示。

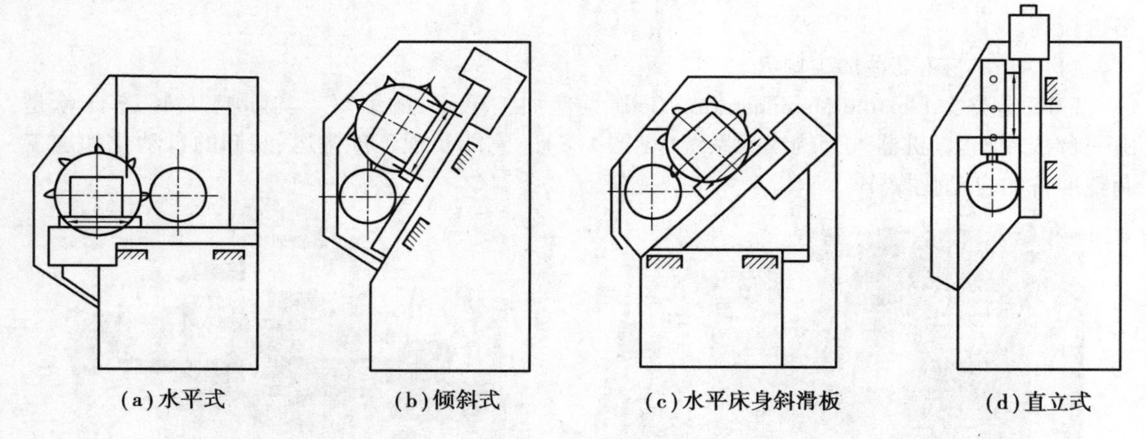

图1.10　多种导轨布局

2)数控装置

数控装置是数控系统的核心,主要包括微处理器CPU、存储器、局部总线、外围逻辑电路以及与数控系统的其他组成部分联系的各种接口等。数控机床的数控系统完全由软件处理输入信息,可处理逻辑电路难以处理的复杂信息,使数字控制系统的性能大大提高。

3)输入/输出设备

键盘、磁盘机等是数控机床的典型输入设备。除此以外,还可用串行通信的方式输入。

4)伺服单元

伺服单元是数控装置和机床本体的联系环节。它将来自数控装置的微弱指令信号放大成控制驱动装置的大功率信号。根据接收指令的不同,伺服单元可分为数字式和模拟式。模拟式伺服单元按电源种类,可分为直流伺服单元和交流伺服单元。

5)驱动装置

驱动装置把经放大的指令信号转变为机械运动,通过机械传动部件驱动机床主轴、刀架、工作台等精确定位或按规定的轨迹作严格的相对运动,最后加工出图纸所要求的零件。与伺服单元相对应,驱动装置有步进电机、直流伺服电机和交流伺服电机等。

伺服单元和驱动装置合称伺服驱动系统,是机床工作的动力装置,数控装置的指令要靠伺服驱动系统付诸实施。因此,伺服驱动系统是数控机床的重要组成部分。从某种意义上说,数控机床功能的强弱主要取决于数控装置,而数控机床性能的好坏主要取决于伺服驱动系统。

1.5　数控车床常用刀具

数控车加工中使用的刀具与普通车床的刀具类似,主要包括外圆车削、切断切槽、钻孔、扩孔镗孔及螺纹加工等刀具,如图1.11所示。但是,由于数控车床的联动控制特性,因此,一般来说较少使用成形刀具。

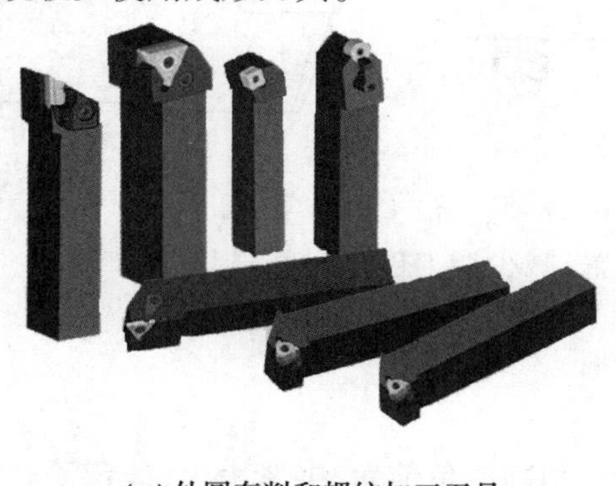

(a)外圆车削和螺纹加工刀具

(b)扩孔镗孔刀具

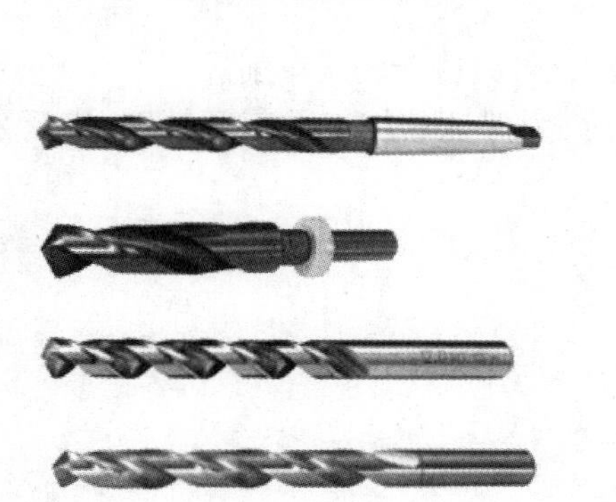

(c)钻孔刀具

(d)切断切槽刀具

图1.11　数控车床常用加工刀具

车刀的结构形式有整体式、焊接式(见图1.12)和机夹可转位式(见图1.13)等。

1)机夹可转位式车刀的主要优点

①避免因焊接而引起的缺陷,在相同的切削条件下刀具切削性能大为提高。

②在一定条件下,卷屑、断屑稳定可靠。

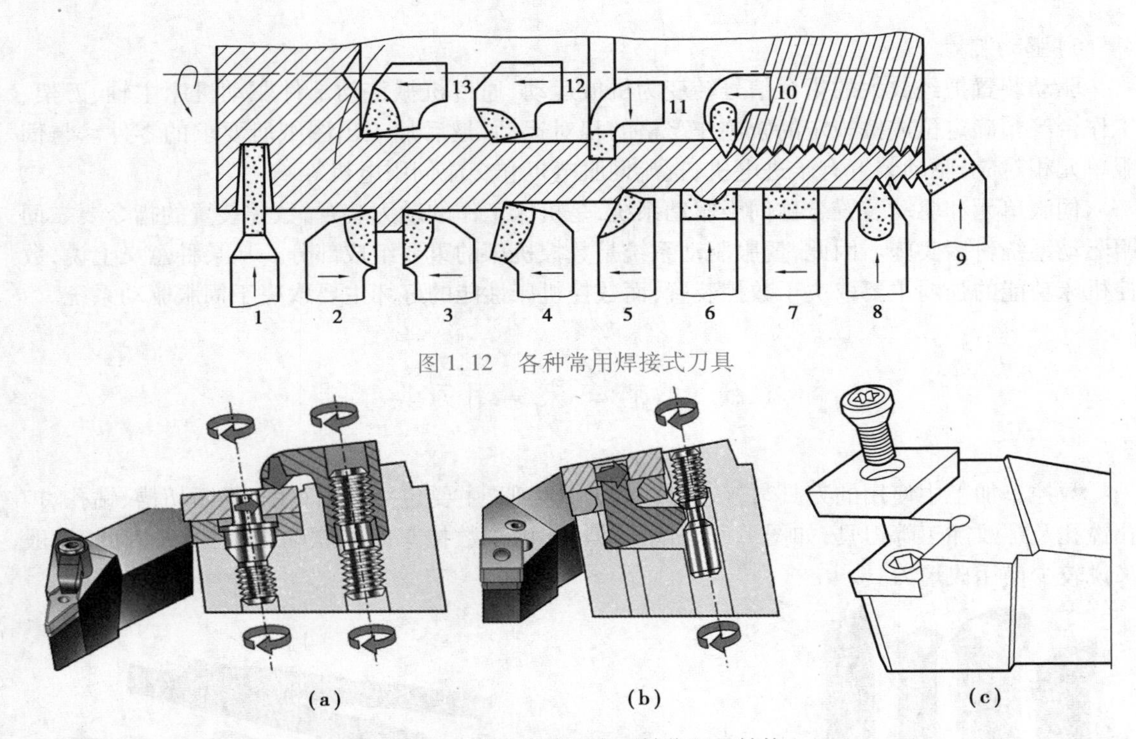

图1.12　各种常用焊接式刀具

图1.13　各种常用机夹可转位刀具结构

③刀片转位后,仍可保证切削刃与工件的相对位置,减少调刀停机时间,提高生产率。

④刀片一般不需重磨,利于涂层刀片的推广使用。

⑤刀体使用寿命长,可节约刀体材料及其制造费用。

2)机夹可转位式车刀的主要缺点

①如图1.13(a)、(b)所示,需要使用0°后角刀片,切削成负前角,夹紧力大,能承受较大切削负荷及冲击,结构复杂,配件较多。

②如图1.13(c)所示,需要使用有后角刀片,夹紧力小,只适合轻载车削。

在数控车床的实际生产中,特别是在大批量生产时,为保证其加工效率和精度,广泛采用的是机夹可转位刀具,以节省刀具的安装对刀时间。

第2章 数控车床加工工艺基础

数控车床是随着现代化工业发展的需求在普通车床的基础上发展起来的,其加工工艺、所用刀具等与普通车床基本相同,但不同的是数控车床的加工过程是按预先编制好的程序,在计算机的控制下自动执行的。

数控车床与普通车床相比,加工效率和加工精度更高,可加工的零件形状更复杂,加工零件的一致性更好。总之,数控车床可以胜任普通车床无法加工的、具有复杂曲面的高精度零件。

普通机床的加工工艺是由操作者操作机床一步一步实现的,数控机床加工工艺是预先在所编程序中体现的,由机床自动实现。合理的加工工艺对提高数控机床的加工效率和加工精度至关重要。

2.1 车削加工的工艺原则和划分方法

制订机械加工工艺规程的原始资料主要是产品图纸、生产纲领、现场加工设备及生产条件等。有了这些原始资料,并根据生产纲领确定生产类型和生产组织形式之后,即可进行机械加工工艺规程的制订。制订工艺规程的内容和顺序如下:

①分析被加工零件。

②选择毛坯。

③设计工艺过程,包括划分过程的组成、选择定位基准、选择零件表面与加工方法、安排加工顺序与组合工序等。

④工序设计,包括选择机床和工艺装备、确定加工余量、计算工序尺寸及其公差、确定切削用量与切削刀具、计算工时定额等。

⑤编制工艺文件。

2.1.1 工序划分原则

在机械加工中,整个加工过程可分为粗加工阶段、半精加工阶段和精加工阶段(有些高精度和对表面粗糙度要求较高的零件,还有光整加工阶段)。划分加工阶段可充分利用机床的加工性能，提高生产效率，还可及早发现零件毛坯的质量缺陷，防止发生原材料和工时的浪费。

工序的划分可采用两种不同的原则，即工序集中原则和工序分散原则。

1）工序集中原则

工序集中原则是将工件的加工集中在少数几道工序内完成，每道工序的加工内容较多。工序集中有利于采用高效率的专用设备和数控机床，减少机床数量、操作工人和占地面积，一次装夹后可加工多个表面，不仅保证了各个加工表面之间相互位置精度，同时还减少了工序之间的工件运输量和装夹工件的辅助时间。但是，数控机床、专用设备和工艺装备投资大，尤其是专用设备和工艺装备调整和维修较麻烦，不利于产品转产。

2）工序分散原则

工序分散是将工件的加工分散在较多的工序内进行，每道工序的加工内容很少。工序分散使设备和工艺装备结构简单，调整和维修方便，操作简单转产容易，有利于选择合理的切削用量，减少机动时间。但是，工序分散的工艺路线长，所需设备和工人人数较多，占地面积较大。

另外，一个零件上往往有若干个表面要进行加工，这些表面不仅本身有一定的精度要求，而且各个表面之间还有一定的位置要求。为了达到精度要求，这些表面的加工顺序就不能随意安排，而必须遵循一定的原则。这些原则包括定位基准的选择和转换，前工序为后续工序准备好定位基准等。因此，工序的划分还可遵循以下原则：

①作为定位基准的表面应在工艺过程一开始就进行加工，因在后续工序中都要把这个基准表面作为工件加工的定位基准来进行其他表面的加工。这就是“先基准后其他”的原则。

②定位基准加工好以后，应首先进行精度要求较高的各主要表面的加工，然后进行其他表面的加工。这就是“先主要后一般”的原则。

③主要表面的精加工和光整加工一般放在加工的最后阶段进行，以免受到其他工序的影响；次要表面的加工可穿插在主要表面加工工序之间进行。这就是“先粗后精”的原则。

在进行重要表面的加工之前，应对定位基准进行一次修正，以利于保证重要表面的加工精度。如果零件的位置精度要求较高，而加工是一个统一的基准面定位，分别在不同的工序中加工几个相关表面时，这个统一基准面本身的精度必须采取措施予以保证。

例如，在轴的车削加工中，同轴度要求较高的几个台阶圆柱面的加工，从粗车、半精车到精车（包括可能用到的精磨），一般都使用顶尖孔作为定位基准。为了减少几次转换装夹带来的定位误差，应保证顶尖孔有足够的精度。通常的方法是把顶尖孔精度提高到 IT6 级，表面粗糙度提高到 $Ra0.2 \sim 0.1$，并且在半精加工后对顶尖孔进行热处理，在精加工之前修研顶尖孔。这样，就能提供定位基准的精度。

2.1.2　常见的几种数控加工工序划分的方法

1）按安装次数划分工序

从每一次装夹作为一道工序。此种划分工序的方法适用于加工内容不多的零件。专用数控机床和加工中心常用该方法。

2）按加工部位划分工序

按零件的结构特点分成几个加工部分，每一部分作为一道工序。

3）按所用刀具划分工序

这种方法用于工件在切削过程中基本不变形、退刀空间足够大的情况。此时，可着重考虑加工效率,减少换刀时间和尽可能缩短走刀路线。刀具集中分序法是按所用刀具划分工序,即用同一把刀具或同一类刀具加工完成零件上所有需要加工的部位,以达到节省时间、提高效率的目的。

4)按粗、精加工划分工序

对易变形或精度要求较高的零件,常采用此种划分工序的方法,这样划分工序一般不允许一次装夹就完成加工,而要粗加工时留出一定的加工余量,重新装夹后再完成精加工。

2.1.3　加工顺序安排原则

总的加工顺序的安排应遵循以下原则:

①上道工序的加工不能影响下道工序的定位与夹紧。

②先内后外,即先进行内部型腔(内孔)的加工工序,后进行外形的加工。

③以相同的安装或使用同一把刀具加工的工序,最好连续进行,以减少重新定位或换刀所引起的误差。

④在同一次安装中,应先进行对工件刚性影响较小的工序。

上述原则不论对数控加工还是对常规加工都是适用的。对数控加工工艺,还有一些根据其特点需要注意的原则,见表2.1。

表2.1　数控加工工序的确定原则

加工路线的确定原则	1.应能保证被加工精度和表面粗糙度 2.使加工路线最短,减少空行程时间,提高加工效率 3.尽量简化数值计算的工作量,简化加工程序 4.对某些重复使用的程序,应使用子程序
工件安装的确定原则	1.力求设计基准、工艺基准和编程基准统一 2.尽量减少装夹次数,尽可能在一次定位装夹中完成全部加工面的加工 3.避免使用需要占用数控机床机时的装夹方案,以充分发挥数控机床的功效
数控刀具确定原则	1.选用刚性和耐用度高的刀具,以缩短对刀和换刀的停机时间 2.刀具尺寸稳定,安装调整简便
切削用量的确定原则	1.粗加工时,以提高生产率为主,兼顾经济性和加工成本;半精加工和精加工时,以加工质量为主,兼顾切削效率和加工成本 2.在编程时,应注意"拐点"处的过切或欠切问题
对刀点的确定原则	1.便于数学处理和加工程序的简化 2.在机床上定位简便 3.在加工过程中便于检查 4.由对刀点引起的加工误差较小

一般来说,制订零件加工工序的加工顺序为:先粗后精,先近后远,先内后外,程序段最少,走刀路线最短,特殊情况特殊处理。

1)先粗后精

在车削加工中,应先安排粗加工工序,在较短时间内,将毛坯的加工余量去掉,以提高生产效率(见图 2.1 中的双点画线),同时应尽量满足精加工余量的均匀性要求,以保证零件的精加工质量。

在对零件进行了粗加工后,应接着安排换刀后的半精加工和精加工。安排半精加工的目的:当粗加工后所留余量的均匀性性满足不了精加工要求时(见图 2.1 中的 R 圆弧处余量比其他处较多),则可安排半精加工作为过渡性工序,使精车的余量基本一致,以便于精度的控制。

在数控车床的精车加工工序,最后一刀的精车加工应一次走刀连续加工而成,加工刀具的进刀、退刀方向要考虑妥当。这时,尽可能不要在连续的轮廓中安排切入和切出或停顿,以免因切削力突然发生变化而造成弹性变形,使光滑连接的轮廓上产生表面划伤,或滞留刀痕及尺寸精度不一样等缺陷。

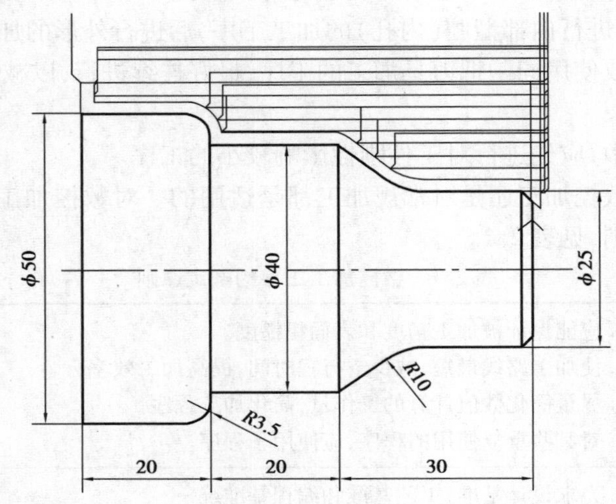

图 2.1　先粗后精加工工艺

2)先近后远

一般情况下,在数控车床加工中,通常安排离刀具起点近的部位先加工,离刀具起点远的部位后加工。这样,可缩短刀具移动距离,减少空走刀次数,提高效率,还有利于保证工件的刚性,改善其切削条件。

例如,当加工如图 2.2 所示的零件时,如果按 $\phi32 \to \phi30 \to \phi28 \to \phi26$ mm 的顺序安排车削走刀路线,刀具车削走刀和退刀有 4 次往返过程,这样不仅增加了空运动时间,增加导轨的磨

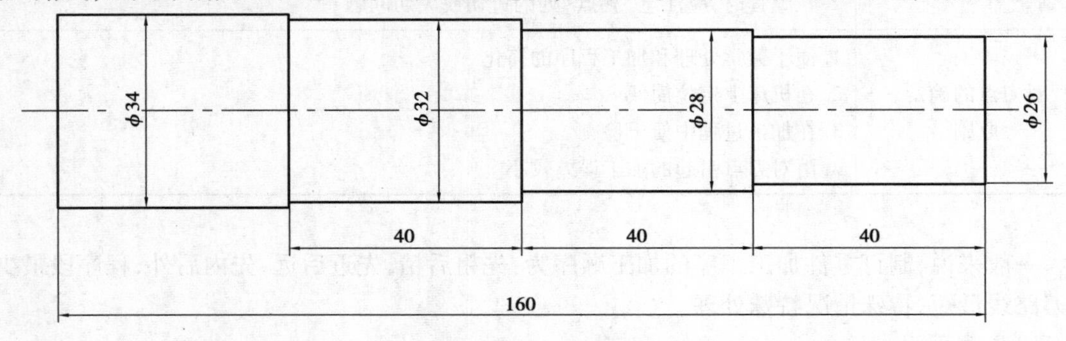

图 2.2　先近后远加工工艺

损，而且可使台阶的外直角处产生毛刺。对这类直径相差不大的车削（最大切深单边为 3 mm），宜按先车 φ26 mm 处，退到 φ28 mm 处车削，再退到 φ30 mm 处车削，最后退到 φ32 mm 处车削。这样，车刀在一次走刀往返中就可完成 4 个台阶的车削，提高了加工效率。

3）先内后外

在加工既有内表面（孔）又有外表面的零件时，通常应先安排加工内表面后加工外表面。这是因在加工内表面时受刀具刚性较差的影响以及工件刚性的不足，会使其振动加大，不易控制其内表面的尺寸和表面形状的精度，如图 2.3 所示。若将外表面加工好，再加工内表面，这时工件的刚性较差，内孔刀杆刚性又不足，加上排屑困难，在加工孔时，孔的尺寸精度就不易得到保证。

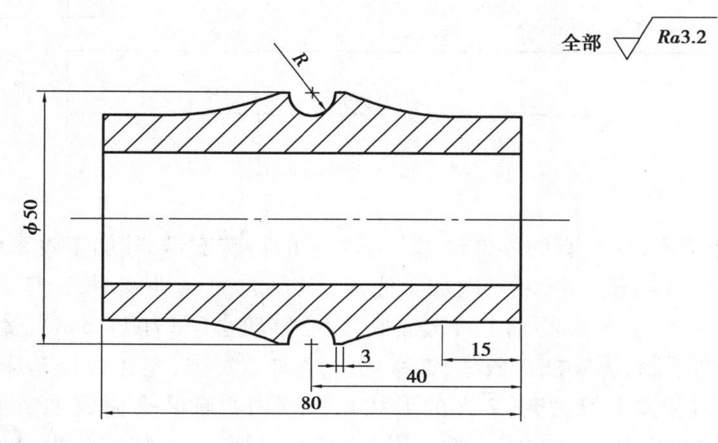

图 2.3　先内后外加工工艺

4）程序段最少

在数控车床的加工中，在保证加工效率的前提下，总是希望以最少的程序段数即可实现对零件的加工工作，以使程序简洁，减少编程工作量，降低编程出错率，也便于程序的检查与修改。数控车床的编程功能日益完善，许多仿形、循环车削的指令的车削路线是按最便捷的方式运行的，在加工中都非常实用，选择正确的加工工序，合理地应用各种指令，可大大简化程序编制工作。

5）走刀路线最短

这是数控车床上确定走刀路线的重点，主要是指粗加工和空运行走刀路线方面，在保证加工质量的前提下，使加工程序具有最短的走刀路线，不仅可节省整个加工过程的时间，还能减少车床的磨损。

6）特殊处理

（1）先精后粗

在特殊情况下，其加工顺序可能不按"先近后远""先粗后精"的原则考虑。例如，加工如图 2.4 所示的长筒零件时，若按一般情况最后加工孔的走刀路线为 φ80 mm→φ60 mm→φ52 mm。这时，加工基准将由所车第一个台阶孔（φ80 mm）来体现，对刀时也以其为参考。由于该零件上的 φ52 mm 孔要求与滚动轴承形成过渡配合，其尺寸公差较严只有 0.03 mm。另外，该孔的位置较深，因此车床纵向丝杠在该加工区域可能产生误差，车刀的刀尖在切削过程中也可能产生磨损等，使其尺寸精度难以保证。对此，在安排工艺路线时，宜将 φ52 mm 孔作为加工

(兼对刀)的基准,并按 $\phi52$ mm→$\phi80$ mm→$\phi60$ mm 的顺序车削各孔,就能较好地满足其尺寸公差的要求。

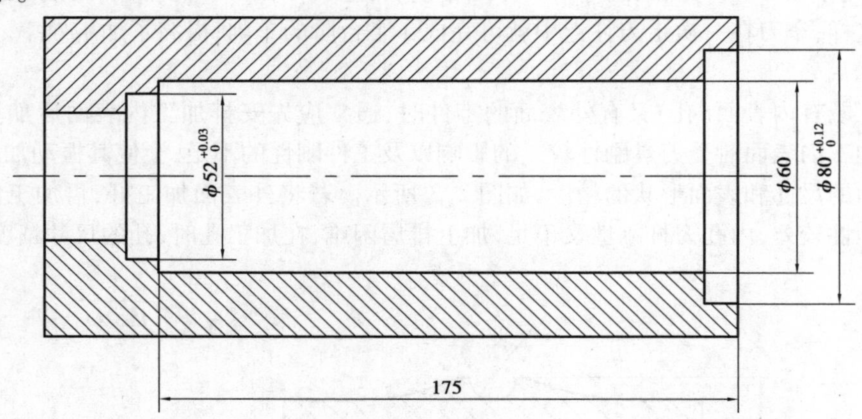

图 2.4 先精后粗加工工艺

(2)分序加工

在数控车床加工零件时,有的零件经过分序加工的特殊安排,其加工效率可明显提高。如图 2.5 所示的工件,在心轴上虽可一次加工完成,但在加工 R 外圆时,由于其粗车余量太大(大小直径相差 40 mm)。如在心轴上一次完成,因心轴较小(只有 11 mm),受力情况较差,吃刀深度,走刀量受到限制,影响加工效率,如采用分序加工安排,先在数控车床上一夹一顶,完成其粗车(可大吃刀和大走刀,见图 2.5 的形状),再利用心轴装夹完成半精加工和精加工的工序,就可大大提高加工的速度和安全性。因此,在实际加工中,特别是批量生产中要认真分析、合理安排加工工序,才能充分发挥数控车床效能。

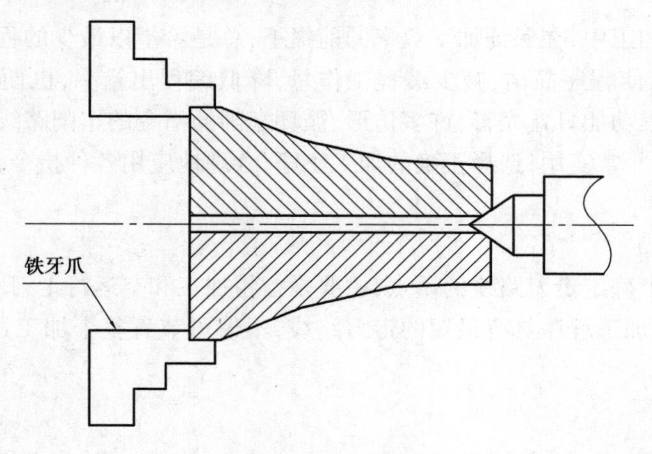

图 2.5 分序加工工艺

另外,在数控车床的加工中,特殊的情况较多,可根据实际情况,在进刀方向的安排上,切削路线的选择上,以及断屑处理和刀具运用上等灵活处理,并在实际加工中注意分析、研究、总结,不断积累经验,提高制订加工工艺方案的水平。

2.2　零件基准和加工定位基准的选择

2.2.1　基准

由于车削和铣削的主切削运动、加工自由度及机床结构的差异,数控车床在零件基准和加工定位基准的选择上要比数控铣床和加工中心要简单得多,没有太多的选择余地,也没有过多的基准转换问题。

1)设计基准

轴套类和轮盘类零件加工都属于回转体类。通常径向设计基准在回转体轴线上,轴向设计基准在工件的某一端面或几何中心处。

2)加工定位基准

定位基准即加工基准。数控车床加工轴套类及轮盘类零件的加工定位基准只能是被加工件的外表圆面、内圆表面或零件端面中心孔。

3)测量基准

机械加工件的精度要求包括尺寸精度、形状精度和位置精度。

尺寸误差可使用长度测量量具检测;形状误差和位置误差则要借助测量夹具和量具来完成。下面以工件径向跳动的测量方法和测量基准举例说明。

测量径向跳动误差时,测量方向应垂直于基准轴线。

当实际基准表面误差较小时,可采用一对V形铁支承被测工件,工件旋转一周,指示表上最大、最小读数之差即径向圆跳动的误差,如图2.6(a)所示。该测量方法的测量基准是零件支承处的外表面,测量误差中包含测量基准本身的形状误差和不同轴位置误差。

使用两中心孔作为测量基准也是广泛应用的方法,如图2.6(b)所示。此时,应注意加工与测量应使用同一基准。

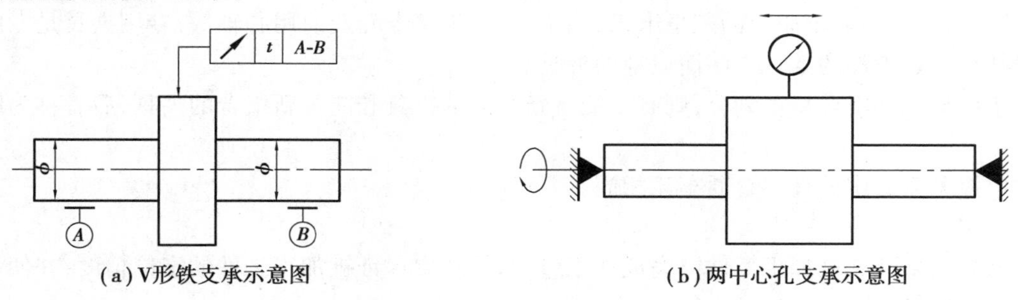

图2.6　径向跳动的测量方法

2.2.2　定位基准的选择

定位基准的选择包括定位方式的选择和被加工工件定位面的选择。轴类零件的定位方式通常是一端外圆固定,即用三爪卡盘、四爪卡盘或弹簧固定套固定工件的外表面,但此时定位方式对工件的悬伸长度有一定限制,工件悬伸过长会在切削过程中产生变形,严重时将使切削无法进行。对切削长度过长的工件,可采取一夹一顶(见图2.7)或两顶尖定位。在装夹方式允许的条件下,定位面尽量选几何精度较高的表面(见图 2.8)。

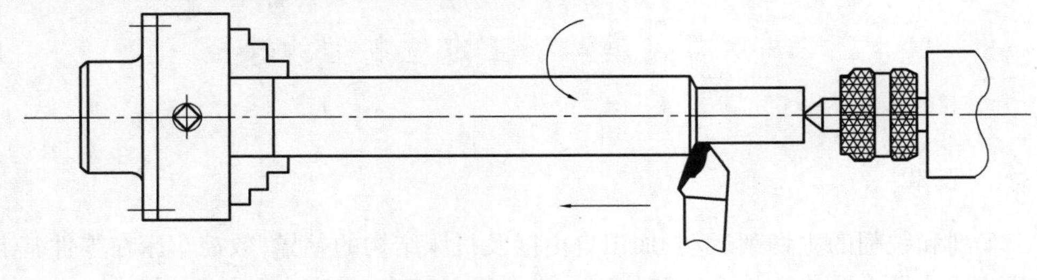

图 2.7　一夹一顶定位

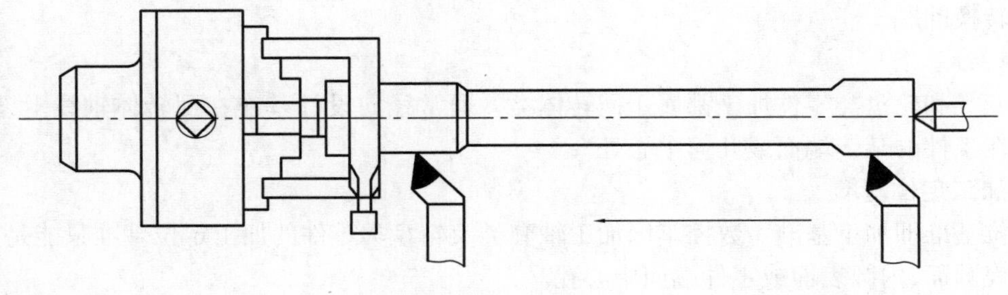

图 2.8　两顶尖定位

2.3　工艺装备及夹具

2.3.1　车床工装夹具的概念

1)车床夹具的定义和分类

在车床上用来装夹工件的装置,称为车床夹具。

车床夹具可分为通用夹具和专用夹具两大类。通用夹具是指能装夹两种或两种以上的工件的同一种夹具,如车床上的三爪卡盘、四爪卡盘、弹簧卡套及通用心轴等;专用夹具是专门为加工某一指定工件的某一工序而设计的夹具。

按夹具元件组合特点划分,则有不能重新组合的夹具和能重新组合的夹具,后者称为组合夹具。

数控车床通用夹具与普通车床相同。

2)夹具的作用

夹具用来装夹被加工工件以完成加工过程,同时要保证被加工工件的定位精度,并使装卸尽可能方便、快捷。

夹具的选择通常优先考虑通用夹具,这样可避免制造专用夹具。

专用夹具是针对通用夹具无法装夹的某一工件或工序而设计的。夹具的作用如下:

(1)保证产品质量

被加工工件的某些加工精度是由机床夹具来保证的。夹具应能提供合适的夹紧力,既不能因为夹紧力过大而导致被加工工件变形或损坏工件表面,又不能因为夹紧力过小导致被加工工件在切削过程中松动。

(2)提高加工效率

夹具应能方便被加工工件的装卸,如采用液压装置能使操作者降低劳动强度,同时节省机床辅助时间,达到提高加工效率的目的。

(3)解决车床加工中的特殊装夹问题

对不能使用通用夹具装夹的工装,通常需要设计专用夹具。

(4)扩大机床的使用范围

使用专用夹具可完成非轴套、非轮盘类零件的孔、轴、槽和螺纹加工,可扩大机床的使用范围。

2.3.2　圆周定位夹具

在车床加工中大多数情况是使用工件或毛坯的外圆定位。常用的夹具有:

1)卡盘

三爪卡盘是最常用的车床通用夹具。三爪卡盘最大的优点是可自动定心,夹持范围大,但定心精度存在误差,不适于同轴度要求高的工件的二次装夹。

三爪牙卡盘常用的有机械式和液压式两种。液压卡盘装夹迅速、方便,但夹持范围变化较小,尺寸变化大时需重新调整卡爪位置。数控车床经常采用液压卡盘,液压卡盘还特别适用于批量生产。

2)软爪

因三爪卡盘定心精度不高,故当加工同轴度要求较高的工件二次装夹时,通常使用软爪牙。

软爪是一种具有切削性能的夹爪牙。通常三爪卡盘为保证刚度和耐磨性要进行热处理,硬度较高,很难用常用的刀具切削。软爪是在使用前配合被加工工件特别制造的。加工软爪时,要注意以下两个方面的问题:

①软爪要在与使用相同的夹紧状态下加工,以免在加工过程中松动和因反向间隙而引起定心误差。加工软爪内定位表面时,要在软爪尾部夹紧一适当的棒料,以消除卡盘端面螺纹的间隙,如图 2.9 所示。

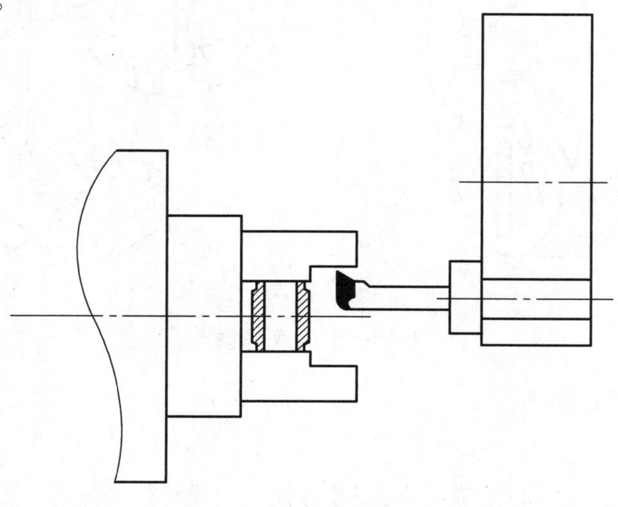

图 2.9　加工软爪

②当被加工工件以外圆定位时,软爪内直径应与工件外直径相同,略小更好,如图2.10(a)所示。其目的是消除夹盘的定位间隙,增加软爪与工件的接触面积。软爪内径大于工件外径会导致软爪与工件形成三点接触,如图2.10(b)所示。此种情况接触面积减小,紧夹牢固程度差,应尽量避免。软爪内径过小(见图2.10(c))会形成六点接触,一方面会在被加工表面留下压痕,另一方面也使软爪接触面变形。软爪有机械式和液压式两种。软爪常用于加工同轴度要求较高工件的二次装夹。

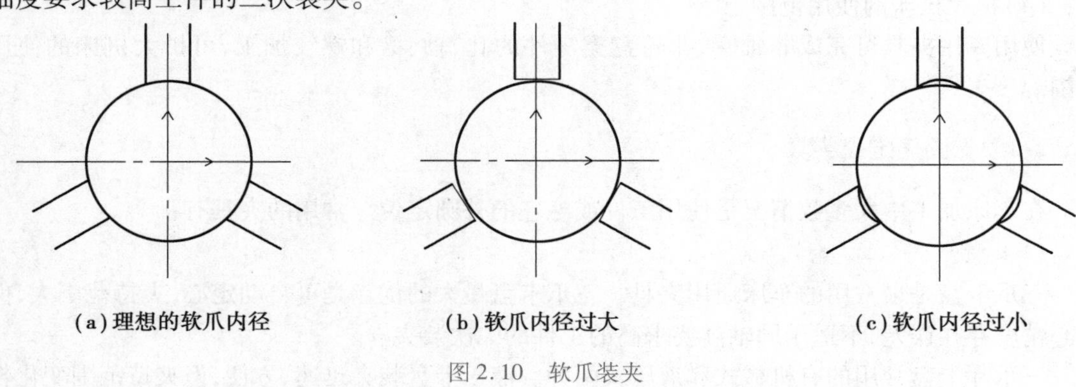

图2.10　软爪装夹

3)弹簧夹套

弹簧夹套定心精度高,装夹工件快捷方便,常用于精加工的外圆表面定位。弹簧夹套特别适用于尺寸精度较高、表面质量较好的冷拔圆棒料,若配以自动送料器,可实现自动上料。弹簧夹套夹持工件的内孔也是标准系列,并非任意直径。

4)四爪卡盘

加工精度要求不高、偏心距较小、零件长度较短的工件时,可采用四爪卡盘,如图2.11所示。

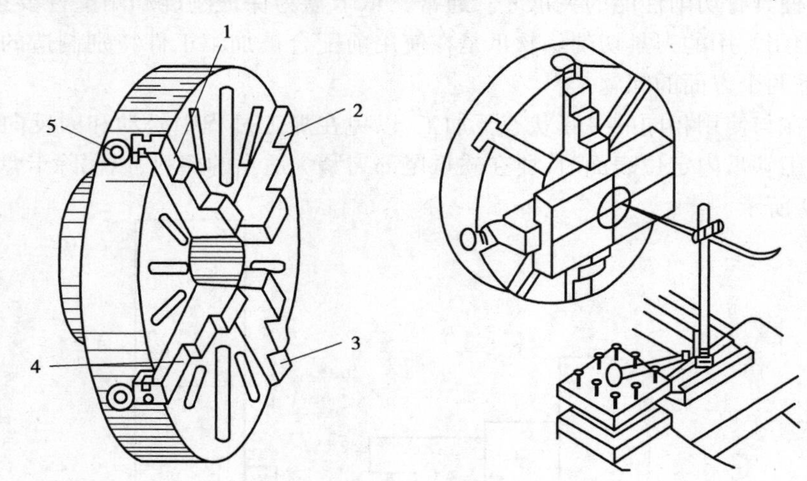

图2.11　四爪卡盘
1—4—卡爪;5—螺杆

2.3.3　中心孔定位夹具

1)两顶尖拨盘

两顶尖定位的优点是定心正确可靠,安装方便。顶尖作用是定心、承受工件的质量和切削力。顶尖可分为前顶尖和后顶尖。

前顶尖一种是插入主轴锥孔内的,如图2.12(a)所示;另一种是夹在卡盘上的,如图2.12(b)所示。前顶与主轴一起旋转,与主轴中心孔不产生摩擦。

后顶尖插入尾座套筒。后顶尖一种是固定的,如图2.13(a)所示;另一种是回转顶尖,如图2.13(b)所示。回转顶尖使用较广泛。

工件安装时,用对分夹头或鸡心夹头夹紧工件一端,拨杆伸向端面。两顶尖只对工件有定心和支承作用,必须通过对分夹头或鸡心夹头的拨杆带动工件旋转,如图2.14所示。

利用两顶尖定位还可加工偏心工件,如图2.15所示。

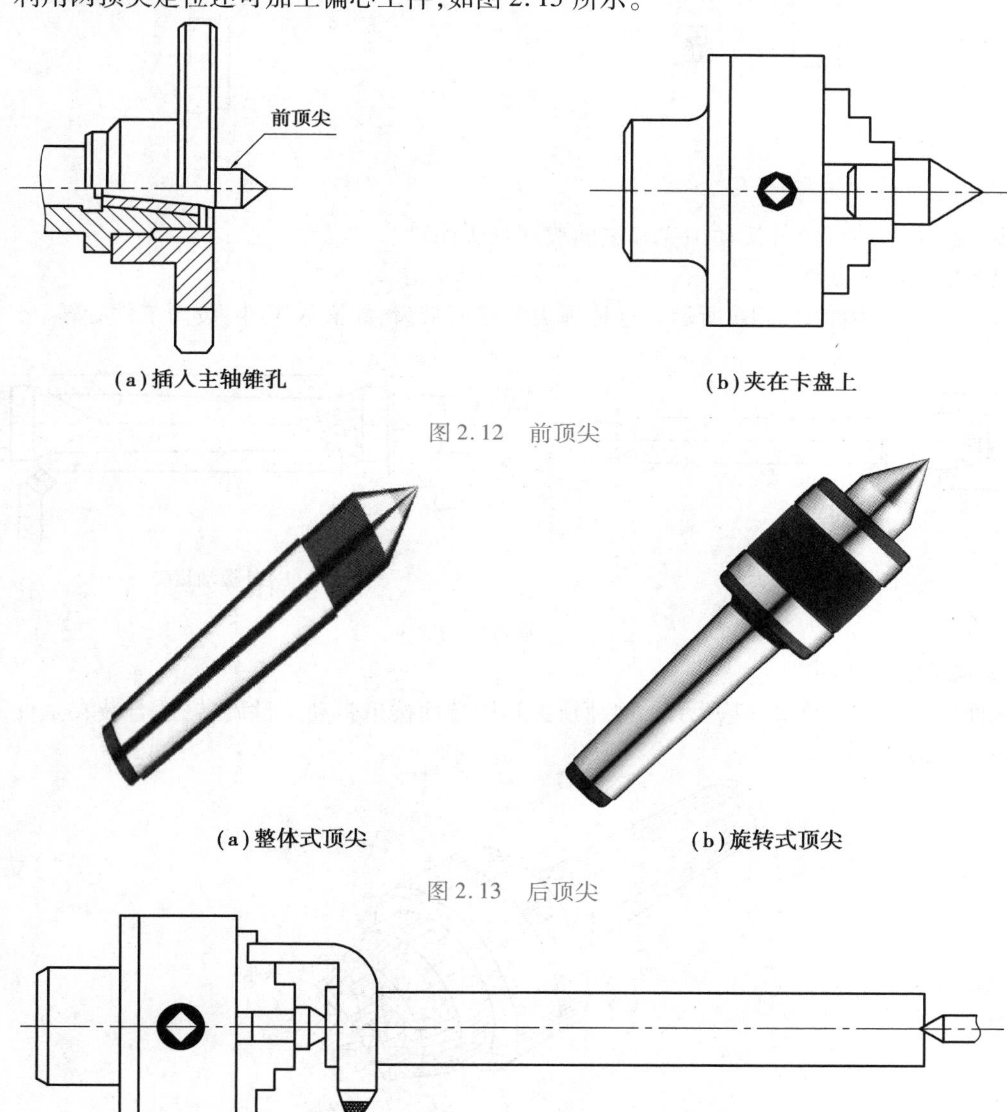

(a)插入主轴锥孔　　(b)夹在卡盘上

图2.12　前顶尖

(a)整体式顶尖　　(b)旋转式顶尖

图2.13　后顶尖

图2.14　两顶尖装夹工件

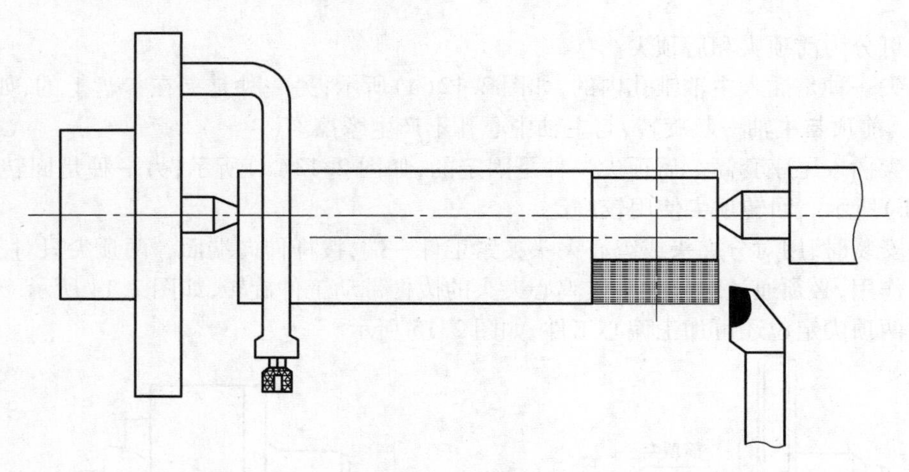

图 2.15　两顶尖车偏心

2)拨动顶尖

拨动顶尖常用有内外拨动顶尖和端面拨动顶尖两种。

(1)内外拨动顶尖

内外拨动顶尖如图 2.16 所示。这种顶尖的锥面带齿,能嵌入工件,拨动工件旋转。

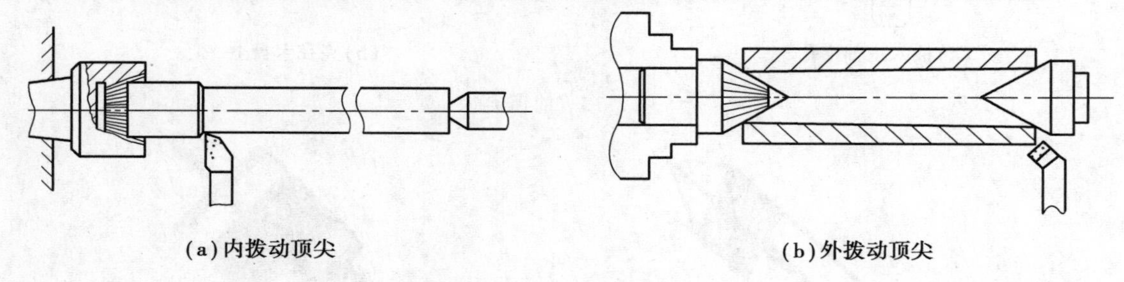

(a)内拨动顶尖　(b)外拨动顶尖

图 2.16　内外拨动顶尖

(2)端面拨动顶尖

端面拨动顶尖如图 2.17 所示。这种顶尖利用端面拨爪带动工件旋转,适合装夹工件的直径为 $\phi50 \sim \phi150$ mm。

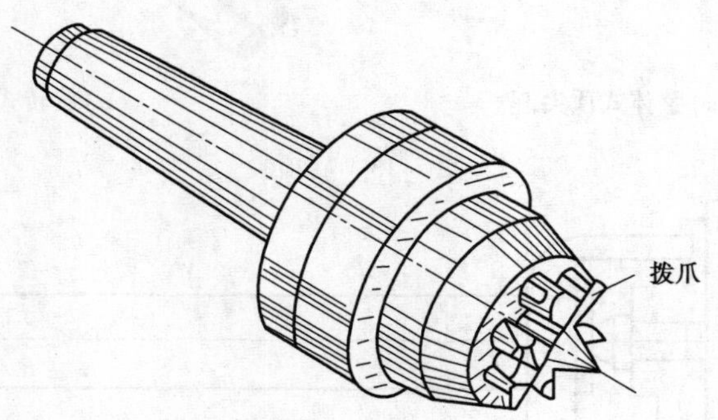

图 2.17　端面拨动顶尖

2.3.4　其他车削工装夹具

数控车削加工中有时会遇到一些形状复杂和不规则的零件,不能用三爪卡盘或四爪卡盘装夹，需借助其他工装夹具，如花盘、角铁等。

1）花盘

加工表面的回转轴线与基准垂直，外形复杂的零件可装夹在花盘上加工。如图 2.18 所示为用花盘装夹双孔连杆的方法。

2）角铁

加工表面的回转轴线与基准面平行，外形复杂的工件可装夹在角铁上加工。如图 2.19 所示为角铁加工的安装方法。

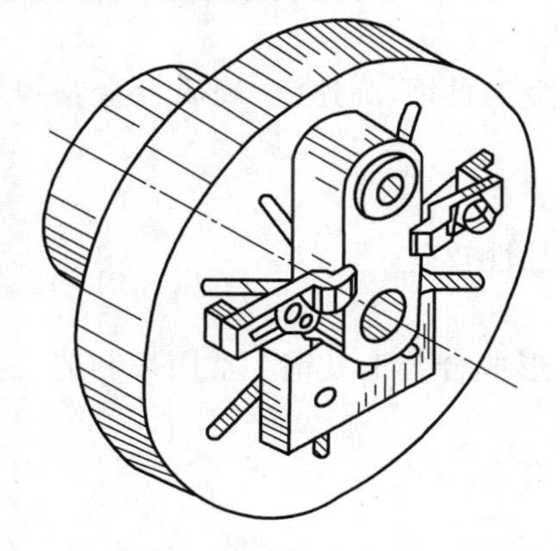

图 2.18　用在花盘装夹双孔连杆的方法

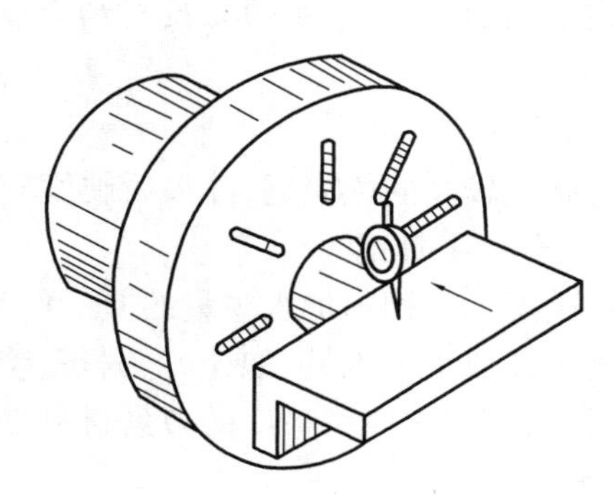

图 2.19　角铁的安装方法

2.4　刀具的选择及安装

刀具的选择考虑的因素较多，从刀具本身来看需要考虑的有刀具材料、结构和切削角度等。从加工的角度来看，还应考虑以下 4 个方面的因素：

①一次连续加工表面尽可能多。

②在切削过程中，刀具不能与工件轮廓发生干涉。

③有利于提高加工效率和加工表面质量。

④有合理的刀具强度和耐用度。

2.4.1　刀具材料

1）刀具材料的基本要求

刀具材料是指切削部分的材料。它在高温下工作，并要承受较大的压力、摩擦、冲击及振动等。因此，刀具材料应具备以下基本性能：

（1）较高的硬度

刀具材料的硬度必须高于工件材料的硬度，常温硬度一般在 60HRC 以上。

（2）有足够的强度和韧性

以承受切削力、冲击和振动。

（3）有较好的耐磨性

以抵抗切削过程中的磨损，维持一定的切削时间。

(4)较高的耐热性

以在高温下仍能保持较高硬度,又称红硬性或热硬性。

(5)有较好的工艺性

以便于制造各种刀具。工艺性包括锻造、轧制、焊接、切削加工、磨削加工及热处理性能等。

目前,还没有一种刀具材料能全面满足上述要求。因此,必须了解常用刀具材料的性能和特点,以便根据工件材料的性能和切削要求,选用合适的刀具材料。

2)常用的刀具材料

在切削加工中,常用的刀具材料有碳素工具钢、合金工具钢、高速钢、硬质合金及陶瓷材料等。

(1)碳素工具钢

含碳量较高的优质钢,淬火后硬度较高、价廉,但耐热性较差。

(2)合金工具钢

在碳素工具钢中加入少量的 Cr,W,Mn,Si 等元素,形成合金工具钢。常用来制造一些切削速度不高或手工工具,如锉刀、锯条、铰刀等。

目前,生产中应用最广的刀具材料是高速钢和硬质合金。

(3)高速钢

高速钢是含 W,Cr,V 等合金元素较多的合金工具钢。它的耐热性、硬度和耐磨性虽低于硬质合金,但强度和韧度却高于硬质合金,工艺性较硬质合金好,而且价格也比硬质合金低。

W18Cr4V 是国内使用最为普遍的刀具材料,广泛地用于制造各种形状较为复杂的刀具,如麻花钻、铣刀、拉刀、齿轮刀具及其他成形刀具等。

(4)硬质合金

硬质合金是以高硬度、高熔点的金属碳化物(WC,TiC 等)作基体,以金属 Co 等作黏结剂,用粉末冶金的方法而制成的一种合金。

其特点是:硬度高,耐磨性好,耐热性高,允许的切削速度比高速钢高数倍,但其强度和韧度均较高速钢低,工艺性也不如高速钢。

其用途:常制成各种形式的刀片,焊接或机械夹固在车刀、刨刀、端铣刀等的刀体(刀杆)使用。

国产的硬质合金可分为以下两大类:

①由 WC 和 Co 组成的钨钴类(YG 类)。

②由 WC,TiC,Co 组成的钨钛钴类(YT 类)。

YG 类硬质合金韧性较好,但切削韧性材料时,耐磨性较差。因此,它适于加工铸铁、青铜等脆性材料。

常用的牌号有 YG3,YG6,YG8 等。其中,数字表示 Co 的含量的百分率。Co 的含量少者,较脆较耐磨。

YT 类硬质合金比 YG 类硬度高、耐热性好,并且在切削韧性材料时较耐磨,但韧性较小,故适于加工钢件。

常用的牌号有 YT5,YT15,YT30 等。其中,数字表示 TiC 含量的百分率。TiC 的含量越高,韧性越差,而耐磨性和耐热性越好。

(5)陶瓷材料

陶瓷材料的主要成分是 Al_2O_3,刀片硬度高、耐磨性好、耐热性高,允许用较高的切削速度,加之 Al_2O_3 的价格低廉,原料丰富,因此很有发展前途。但陶瓷材料脆性大,切削时容易崩刃。我国制成的 AM,AMF,AMT,AMMC 等牌号的金属陶瓷,其成分除 Al_2O_3 外,还含有各种金属元素,抗弯强度比普通陶瓷刀片高。

(6)其他新型刀具材料简介

①人造金刚石

硬度接近 10 000 HV,而硬质合金仅达 1 000 ~ 2 000 HV,耐热性为 700 ~ 800 ℃。聚晶金刚石大颗粒可制成一般切削工具,单晶微粒主要制成砂轮。金刚石除可加工高硬度且耐磨的硬质合金、陶瓷、玻璃等外,还可加工有色金属及其合金。金刚石不宜加工铁族金属,这是因铁和碳原子的亲和力较强,易产生黏结作用加快刀具磨损。

②立方氮化硼(CBN)

其硬度(7 300 ~ 9 000 HV)仅次于金刚石。但它的耐热性和化学稳定性都大大高于金刚石,能耐 1 300 ~ 1 500 ℃的高温,并且与铁族金属的亲和力小。因此,它的切削性能好,不但适于非铁族难加工材料的加工,也适于铁族材料的加工。CBN 和金刚石刀具脆性大,故使用时机床刚性要好,主要用于连续切削,尽量避免冲击和振动。

2.4.2 车刀的几何角度

刀具几何角度有标注角度(或称刃磨角度)和工作角度(或称实际角度)。

标注角度是指在刀具图样上标注的角度。刀具的标注角度是在假定运动条件和安装条件下,在刀具标注角度的参考系中确定的。车刀的常用 5 个主要标注角度,即前角、后角、主偏角、副偏角及刃倾角。

工作角度是指按照切削工作的实际情况所确定的角度。

1)车刀切削部分的组成

车刀切削部分是由 3 个刀面组成的,即前刀面、主后刀面和副后刀面,如图 2.20 所示。

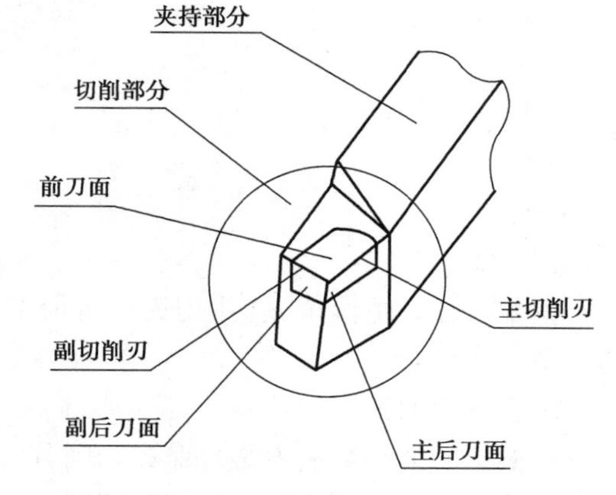

图 2.20 车刀的切削部分

(1)前刀面

前刀面是指刀具上切屑流过的表面。

(2)后刀面

后刀面是指刀具上与工件上切削中产生的表面相对的表面。

①主后刀面

同前刀面相交形成主切削刃的后刀面。

②副后刀面

同前刀面相交形成副切削刃的后刀面。

(3)切削刃

切削刃是指刀具前刀面上拟作切削用的刃。

①主切削刃

主切削刃是始于切削刃上主偏角为零的点,并至少有一段切削刃拟用来在工件上切出过渡表面的那个整段切削刃。切削时,主要的切削工作由它来负担。

②副切削刃

副切削刃是指切削刃上除主切削刃以外的,也起始于主偏角为零的点,但它向背离主切削刃的方向延伸。

③作用切削刃

作用切削刃是指在特定瞬间,工作切削刃上实际参与切削,并在工件上产生过渡表面和已加工表面的那段刃。

(4)刀尖

主切削刃和副切削刃的连接处相当少的一部分,称为刀尖。实际刀具的刀尖并非绝对尖锐,而是一小段曲线或直线,分别称为修圆刀尖和倒角刀尖。

2)车刀的主要几何角度

刀具要从工件上切除余量,就必须使它的切削部分具有一定的切削角度。在车刀设计、制造、刃磨及测量时,必需的主要角度如图2.21所示。

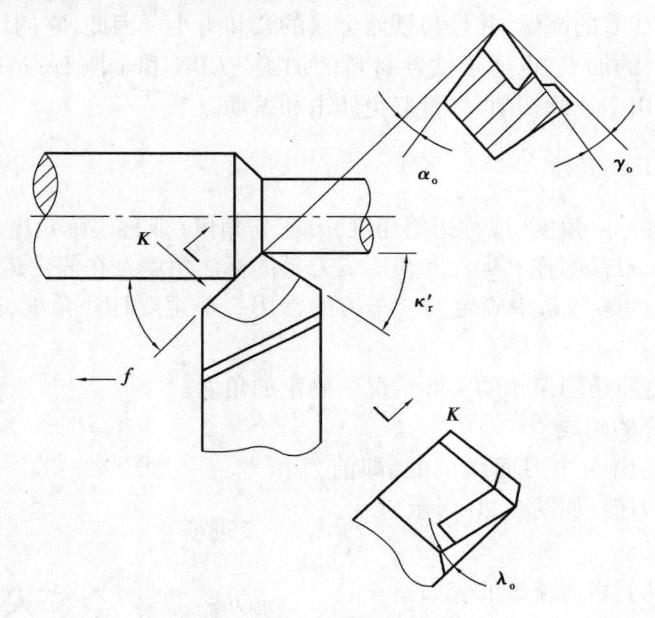

图2.21 车刀主要角度

(1)偏角

偏角可分为主偏角 κ_r(主刀刃与待加工表面的夹角)和副偏角 κ_r'(副切削刃与已加工表面的夹角)。

①主偏角的作用

主偏角的大小影响刀具寿命和切削分力的大小。在切削深度和进给量相同的情况下,改变主偏角的大小可改变切削厚度和切削宽度。减小主偏角使主切削刃参加切削的长度增加,切屑变薄,刀刃单位长度上的切削负荷减轻,同时加强了刀尖强度,增大了散热面积,因而使刀具寿命提高。但减小主偏角会使刀具作用在工件上的切削抗力增大,当加工刚性较差的工件时,容易引起工件的变形和振动。常用车刀的主偏角有45°,60°,75°,90°。

②副偏角的作用

副偏角的作用是减小副切削刃与工件已加工表面之间的摩擦，以防止切削时产生振动。副偏角的大小影响刀尖强度和表面粗糙度。在切削深度、进给量和主偏角相同的情况下，减小副偏角可使残留面积减小，表面粗糙度值减小。副偏角的大小在不产生摩擦和振动的条件下，主要依据表面粗糙度的要求来选取，一般为5°~15°。粗加工时，副偏角取较大值，精加工时偏角取较小值。

(2)前角 γ_o

前角是指前刀面与基面的夹角。前角的主要作用是：当取较大的前角时，切削刃锋利，切削轻快，即切削层材料变形小，切削力也小。但当前角过大时，切削刃和刀头的强度、散热条件和受力状况变差，将使刀具磨损加快，耐用度降低，甚至崩刃损坏。若取较小的前角，虽切削刃和刀头较强固，散热条件和受力状况也较好，但切削刃变钝，对切削加工也不利。

前角的大小通常根据工件材料、刀具材料和加工性质来选择。当工件材料塑性大、强度和硬度低或刀具材料的强度和韧性好或精加工时，取大的前角；反之，取较小的前角。前角大小的选择与工件材料、加工要求及刀具材料有关。通常按以下方法选取：

①加工塑性材料时，前角应选得大些；加工脆性材料时，应选小些。

②工件材料的强度低、硬度低时，前角应选得大些；反之，应选得小些，甚至选零度或负值。

③精加工时，前角应选大些；粗加工时，前角应选小些。

④刀具材料韧性好(如高速钢)，前角可选大些；刀具材料韧性差(如硬质合金)，前角应选小些。

(3)后角 α_o

后角是指切削平面与主后面之间的夹角。

后角的主要作用是减少刀具后刀面与工件表面间的摩擦，并配合前角改变切削刃的锋利与强度。后角大，摩擦小，切削刃锋利。但后角过大，将使切削刃变弱，散热条件变差，加速刀具磨损；反之，后角过小，虽切削刃强度增加，散热条件变好，但摩擦加剧。

后角的大小通常根据加工的种类和性质来选择。例如，粗加工或工件材料较硬时，要求切削刃强固，后角取较小值，即 $\alpha_o=6°\sim8°$；反之，对切削刃强度要求不高，主要希望减小摩擦和已加工表面的粗糙度值，后角可取稍大的值，即 $\alpha_o=8°\sim12°$。

(4)刃倾角 λ_s

刃倾角是指主刀刃与基面间的夹角。

刃倾角主要影响刀头的强度、切削分力和排屑方向。负的刃倾角可起到增强刀头的作用，但会使背向力增大，有可能引起振动，而且还会使切屑排向已加工表面，可能划伤和拉毛已加工表面。因此，粗加工时，为了增强刀头，常取负值；精加工时，为了保护已加工表面，常取正值或零度。车刀的刃倾角一般在 $-5°\sim5°$ 选取。有时，为了提高刀具耐冲击的能力，可取较大的负值。

3)刀具的工作角度

刀具的工作角度是考虑安装条件和进给运动的影响而确定的。主要考虑实际安装和进给运动的影响。刀具角度的参考系将发生变化，因此，刀具工作时的角度也随之发生变化。如图2.22所示，当车刀刀尖与工件中心等高时，若不考虑进给运动，车刀的工作前角、后角将等于标注角度的前角、后角。若将刀尖安装得高于或低于工件中心，则工件的前角、后角不等于标注的前角、后角。如图 2.23 所示,车外圆时,若刀杆中心线与进给方向不垂直,则工作主偏角和工作副偏角不等于标注主偏角和标注副偏角。

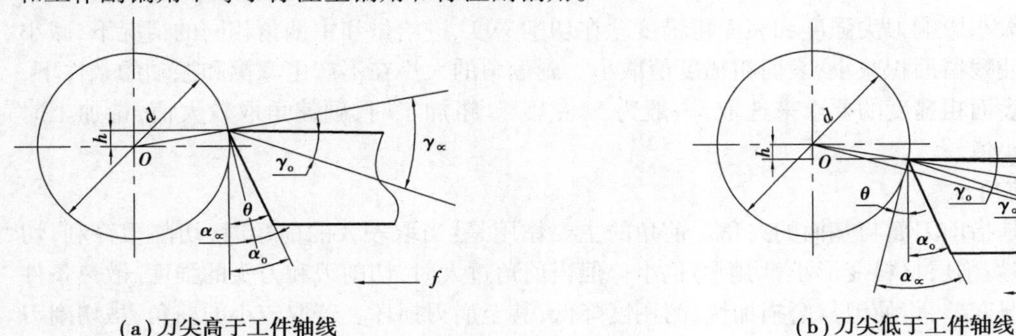

(a)刀尖高于工件轴线
(b)刀尖低于工件轴线

图 2.22 车刀安装高度对前角和后角的影响

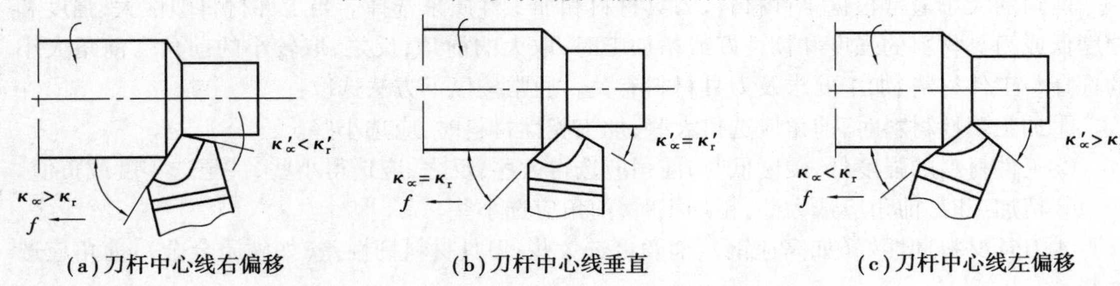

图 2.23 车刀安装偏斜对主偏角和副偏角的影响

2.4.3 常用车刀的安装

1)外圆车刀

①装夹车刀时,伸出长度一般不超过刀杆厚度的 1.5 倍,垫片要平整,数量要尽量少,并与刀架对齐,以防止车削产生振动。

②车刀刀尖一般应与工件轴线等高,否则会改变前角和后角的实际工件角度(车刀装夹高于工件轴线时,会使刀具前角增大,后角减小)。

③刀杆中心线应与进给方向垂直,否则会使主偏角和副偏角发生变化。车台阶时,台阶会与工件轴线不垂直。

④车刀要用两个以上螺钉压紧在刀架上,并逐个轮流拧紧。

2)切刀的安装

①切断刀伸出不宜过长,刀头中心线须与工件轴线垂直,以保证两侧副偏角对称。

②主切削刃须与工件中心等高,否则不能切到中心,还会损坏刀具。

③刀具底面应平整,否则会使两侧副后角不对称。

3)螺纹刀的安装

①装刀时,刀尖高度必须对准工件旋转中心。

②用螺纹样板装刀(透光检查),以防止螺纹刀装歪。

③刀尖伸出刀架不要过长(一般为刀杆厚度的 1.5 倍),以免切削时产生振动。

④车刀必须装夹紧固,防止松动。

2.4.4　刀具的刃磨

1)刀具的刃磨方法

①根据刀具材料正确选择碳化硅与氧化铝砂轮。

②刃磨刀具应先面,后角度;先粗磨,后精磨。

③刃磨姿势正确,握刀方法正确。

2)刃磨刀具的注意事项

①不能正对砂轮刃磨。

②不能在砂轮两侧面刃磨。

③不能两人同时在一台砂轮机上刃磨。

④刃磨刀具须戴上防护镜。

⑤刃磨刀具时,用力须均匀,不可用力过猛。

⑥离开砂轮机房时,必须关闭砂轮机。

2.5　切削用量与刀具耐用度

2.5.1　切削用量

1)切削用量概念

切削用量是指切削时各运动参数的数值。它是调整机床的依据。切削用量包括切削速度 v、进给量 f 和切削深度 a_p。这三者称为切削用量三要素。

(1)切削速度 v

切削速度 v 是指主运动的线速度,单位为 m/s（或 m/min）。外圆车削时,切削速度为

$$v = \frac{\pi dn}{1\ 000}$$

式中　d——工件待加工表面的直径,mm;

n——工件的转速,r/s 或 r/min。

(2)进给量 f

进给量是指工件或刀具回转一周,刀具与工件之间沿进给方向的相对位移。

(3)切削深度 a_p

切削深度是指待加工表面与已加工表面之间的垂直距离,单位为 mm。对车外圆,切削深度为

$$a_p = \frac{d_1 - d_2}{2}$$

式中　d_1——工件待加工表面直径,mm;

d_2——工件已加工表面的直径,mm。

2)切削用量的选择

合理选择切削用量,对保证质量、提高生产率和降低成本具有重要作用。加大进给量和切

削深度，提高切削速度，都使得单位时间内金属切除量增多，因而都有利于生产率的提高。但实际上，它们受工件材料、加工要求、刀具耐用度、机床动力及工件刚性等因素的限制，不可能任意选取。合理选择切削用量，就是在一定条件下选择切削三要素的最佳组合。

(1)粗加工时切削用量的选择

粗加工时，应尽快地切除多余的金属，同时还要保证规定的刀具耐用度。实践证明，对刀具耐用度影响最大的是切削速度，影响最小的是切削深度。

①切削深度的选择

在机床有效功率允许的情况下，应尽可能选择较大的切削深度。在切削表面有硬皮的铸锻件或切削不锈钢等加工硬化较严重的材料时，应可能使切削深度超过硬皮或硬化层深度。

②进给量的选择

根据车床、夹具、刀具组成的工艺系统的刚性，尽可能选择较大的进给量。

③切削速度的选择

根据工件材料和刀具材料确定切削速度，使之在已选定的切削深度和进给量的基础上能达到规定的刀具耐用度。粗加工的切削速度一般选中等或较低的数值。

(2)精加工时切削用量的选择

精加工时，首先应保证零件的加工精度和表面质量，同时也要考虑刀具耐用度和获得较高的生产效率。

①切削深度的选择

精加工通常选用较小的切削深度来保证工件的加工质量。

②进给量的选择

进给量大小主要依据表面粗糙度的要求选取。表面粗糙度 Ra 的值较小时，一般选取较小的进给量。

③切削速度的选择

精加工的切削速度应避开积屑瘤形成的切削速度区，硬质合金刀具一般多采用较高的切削速度，高速钢刀具则采用较低的切削速度。

3)数控车削加工常用切削用量

对应数控车削加工的常用刀具材料及工件材料，常见切削用量见表2.2。

表2.2　常见工件材料、所用刀具及相应的切削用量

加工材料		硬度HB	切深 a_p /mm	高速钢刀具		硬质合金刀具					
						未涂层				涂层	
				v /(m·min^{-1})	f /(m·r^{-1})	v/(m·min^{-1}) 焊接式	v/(m·min^{-1}) 可转位	f /(m·r^{-1})	材料	v /(m·min^{-1})	f /(m·r^{-1})
易切材料	低碳	100	1	55~90	0.18~0.20	185~240	220~275	0.18	YT15	320~410	0.18
		~	4	41~70	0.40	135~185	160~215	0.50	YT14	215~275	0.40
		200	8	34~55	0.50	110~145	130~170	0.75	YT5	170~220	0.50
	中碳	175	1	52	0.20	165	200	0.18	YT15	305	0.18
		~	4	40	0.40	125	150	0.50	YT14	200	0.40
		225	8	30	0.50	100	120	0.75	YT5	160	0.50

续表

加工材料		硬度HB	切深 a_p /mm	高速钢刀具		硬质合金刀具					
						未涂层			涂　层		
				v /(m·min^{-1})	f /(m·r^{-1})	v/(m·min^{-1}) 焊接式	v/(m·min^{-1}) 可转位	f /(m·r^{-1})	材料	v /(m·min^{-1})	f /(m·r^{-1})
碳钢	低碳	125	1	43~46	0.18	140~150	170~195	0.18	YT15	260~290	0.18
		~	4	34~38	0.40	115~125	135~150	0.50	TY14	170~190	0.40
		225	8	27~30	0.50	88~100	105~120	0.75	YT5	135~150	0.50
	中碳	175	1	34~40	0.18	115~130	150~160	0.18	YT15	220~240	0.18
		~	4	23~30	0.40	90~100	115~125	0.50	TY14	145~160	0.40
		275	8	20~26	0.50	70~78	90~100	0.75	YT5	115~125	0.50
	高碳	175	1	30~37	0.18	115~130	140~155	0.18	YT15	215~230	0.18
		~	4	24~27	0.40	88~95	105~120	0.50	TY14	145~150	0.40
		275	8	18~21	0.50	69~76	84~95	0.75	YT5	115~120	0.50
合金钢	低碳	125	1	41~46	0.18	135~150	170~185	0.18	YT15	220~235	0.18
		~	4	32~37	0.40	105~120	135~145	0.50	TY14	175~190	0.40
		225	8	24~27	0.50	84~95	105~115	0.75	YT5	135~145	0.50
	中碳	175	1	34~41	0.18	105~115	130~150	0.18	YT15	175~200	0.18
		~	4	26~32	0.40	85~90	105~120	0.50	TY14	135~160	0.40
		225	8	20~24	0.50	67~78	82~95	0.6	YT5	84~120	0.50
	高碳	175	1	30~37	0.18	105~115	135~145	0.18	YT15	175~190	0.18
		~	4	24~27	0.40	84~90	105~115	0.50	TY14	135~150	0.40
		275	8	18~21	0.50	66~72	82~90	0.75	YT5	105~120	0.50
高强度钢		225	1	20~26	0.18	90~105	115~135	0.18	YT15	150~185	0.18
		~	4	15~20	0.40	69~84	90~105	0.50	TY14	120~135	0.40
		350	8	12~15	0.50	53~66	69~84	0.75	YT5	90~105	0.50
高速钢		200	1	15~24	0.13~0.18	76~105	95~125	0.18	YW1	115~160	0.18
		~	4	12~20	0.25~0.40	60~84	60~100	0.50	YW2	90~130	0.40
		275	8	9~15	0.40~0.50	46~64	53~76	0.75	YW3	69~100	0.50
灰铸铁		160	1	26~43	0.18	84~135	100~165	0.2	YG8 YW2	130~190	0.18
		~	4	17~27	0.40	69~110	81~125	0.5		105~160	0.40
		260	8	14~23	0.50	60~90	66~100	0.6		84~130	0.50

2.5.2　刀具耐用度

1) 刀具耐用度

刀具刃磨后,从开始切削到磨损值达到磨钝标准为止所经过的切削时间,称为刀具耐用度,通常用T表示,单位为min或s,有时也用所加工零件的数量来表示。

2）刀具寿命

刀具寿命是指一把新刀具用到报废为止所经历的切削时间。其中，包括多次重磨（重磨次数用 n 来表示）。因此，刀具寿命等于刀具耐用度与 $n+1$ 的乘积。

3）切削用量与刀具耐用度的关系

①当其他条件不变时，切削速度 v 提高 1 倍，耐用度大约降低到原来的 3.13%。

②当其他条件不变时，进给量 f 提高 1 倍，耐用度则降低到原来的 21%。

③当其他条件不变时，切削深度 a_p 提高 1 倍，耐用度仅降低到原来的 78%。

可知，切削用量三要素对刀具耐用度的影响相差悬殊。因此，在实际使用中，在不影响生产率（金属切削率）的前提下，应尽量选取较大的切削深度 a_p 和较小的切削速度 v，使进给量 f 大小适中。

2.6 确定走刀路线

数控车削的走刀路线包括刀具运动轨迹和各种刀具的使用顺序，是预先编制在加工程序中的。合理地确定走刀路线、安排刀具的使用顺序，对提高加工效率、保证加工质量是十分重要的。数控车削的走刀路线不是很复杂，有一定的规律可遵循。

2.6.1 循环切除余量

数控车削加工过程一般要经过循环切除余量、粗加工和精加工 3 道工序。应根据毛坯类型和工件形状，确立循环切除余量的方法，以达到减少循环走刀次数、提高加工效率的目的。

1）轴套类零件

轴套类零件安排走刀路线的原则是：轴向走刀，径向进刀，循环切除余量的循环疑点在粗加工起点附近，这样可减少走刀次数，避免不必要的走空刀，节省加工时间。

2）轮盘类零件

轮盘类零件安排走刀的原则是：径向走刀，轴向进刀，循环去除余量的循环终点在粗加工起点附近。编制轮盘类零件的加工程序时，与轴套类零件相反，是从大直径端开始顺序向前。

3）铸锻类

铸锻件毛坯形状与加工后零件形状相似，留有一定的加工余量。循环去除余量的方式是刀具轨迹按工件轮廓线运动，逐渐逼近图纸尺寸。这种方法实质上是采用“零点漂移”的方式。

2.6.2 确定退刀路线

数控机床加工过程中，为了提高加工效率，刀具从起始点或换刀点运动到接近工件部位及加工完成后退回起始点是以 G0 方式（快速）运动的。

根据刀具加工零件部位的不同，退刀的路线确定方式也不相同。车床数控系统提供以下 3 种退刀方式：

1）斜线退刀方式

斜线退刀方式路线最短，适用于加工外圆表面的偏刀退刀，如图 2.24 所示。

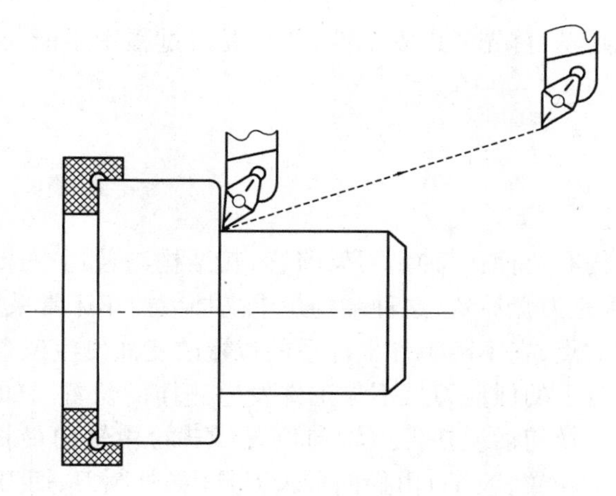

图2.24　斜线退刀方式

2)径-轴向退刀方式

这种退刀方式是刀具先径向垂直退刀,达到指定位置时再轴向退刀,如图2.25所示。切槽即采用这种退刀方式。

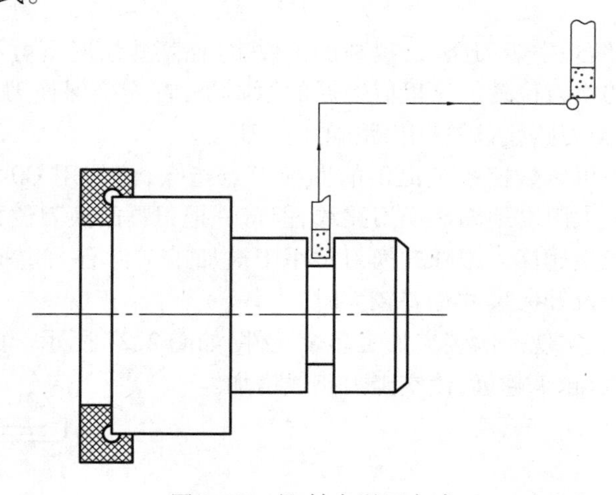

图2.25　径-轴向退刀方式

3)轴-径向退刀方式

轴-径向退刀方式的顺序与径-轴向退刀方式相反,如图2.26所示。镗孔即采用这种退刀方式。

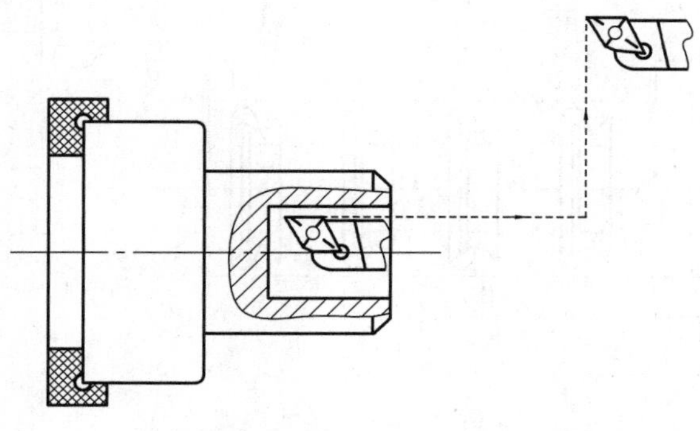

图2.26　轴-径向退刀方式

退刀方式选择的原则是:首先考虑安全性,即在退刀过程中不能与工件发生碰撞;其次考虑退刀路线最短。

2.6.3　换刀

1)设置换刀点

数控车床的刀盘结构有两种:一种是刀架前置,其结构与普通车床相似,经济型数控车床多采用这种结构;另一种是刀盘后置,这种结构是中高档数控车床常采用的。

换刀点是一个固定的点,它不随工件坐标系的位置改变而发生位置变化;换刀点最安全的位置是换刀时刀架或刀盘上的任何刀具不与工件发生碰撞的位置。如工件在第三象限,刀盘上所有刀具在第一象限。换句话说换刀点轴向位置(Z 轴)由轴向最长的刀具(如内孔镗刀、钻头等)确定;换刀点径向位置(X 轴)由径向最长刀具(如外圆刀、切刀等)确定。

这种设置换刀点方式的优点是安全、简便,在单件和小批量生产中经常采用;其缺点是增加了刀具到零件加工表面的运动距离,降低了加工效率,机床磨损也加大,大批量生产时往往不采用这种设置换刀点的方式。

2)跟随式换刀

在批量生产时,为缩短空走刀路线,提高加工效率,在某些情况下可不设置固定的换刀点,每把刀有其各自不同的换刀位置。这里应遵循的原则是:首先确保换刀时刀具不与工件发生碰撞;其次力求最短的换刀路线,即采用“跟随式换刀”。

跟随式换刀不使用机床数控系统提供的回换刀点指令,而使用 G0 快速定位指令。这种换刀方式的优点是能最大限度地缩短换刀路线,但每一把刀具的换刀位置要经过仔细计算,以确保换刀时不与工件发生碰撞。跟随式换刀常用于被加工工件有一定批量、使用的刀具数量较多、刀具类型多、径向及轴向尺寸相差较大时。

另外,跟随式换刀可实现一次装夹加工多个工件,如图 2.27 所示。此时,若采用固定换刀点换刀,工件会离换刀点越来越远,使空走刀路线增加。

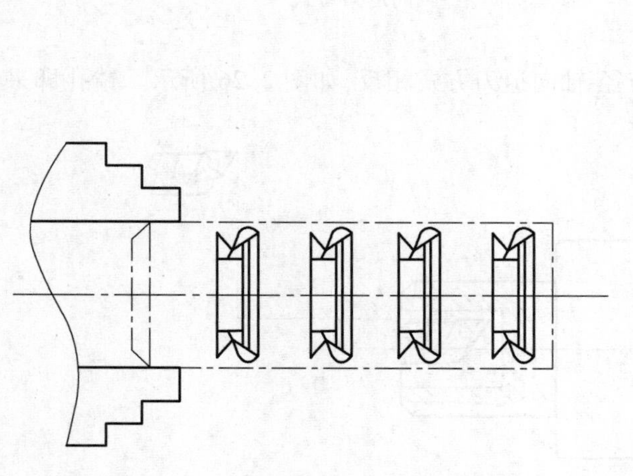

图 2.27　跟随式换刀

跟随式换刀时,每把刀具有各自的换刀点,设置换刀点时只考虑下一把刀具是否与工件发生碰撞,而不用考虑刀盘上所有刀具是否与工件发生碰撞,即换刀点位置只参考下一把刀具,但这样做的前提是刀盘上的刀具是按加工工序顺序排列的,调试时从第一把刀具开始。具体有以下两种方法:

(1)直接在机床上调试

这种方式的优点是直观,缺点是增加了机床的辅助时间。如图 2.28 所示,第二把外圆刀的安装位置与第一把外圆刀的安装位置不会完全重合,以第一把刀尖作为 ΔX,ΔZ 的坐标原点,比较第二把刀的刀尖与第一把刀的刀尖位置差和方向,在换第二把刀时,第一把刀所在的位置应该是刀尖距工件的加工部位最近点再叠加上第二把刀尖与第一把刀尖的差值 ΔX,ΔZ。例如,第一把刀距工件加工部位最近点是 X = 20,Z = 1,第二把刀的刀尖位置与第一把刀的刀尖位置差值为 ΔX = -1,ΔZ = 1,则第一把刀的换刀点位置是 X = 21,Z = 1,这样每把刀具都有各自的换刀点,以保证按加工顺序换刀时,刀具与工件不会发生碰撞,而新换刀具的位置离加工位置又最近,程序中所有刀具都离各自加工部位最近点换刀,从而缩短了刀具的空行程,提高了加工效率,这在批量街道中经常使用。

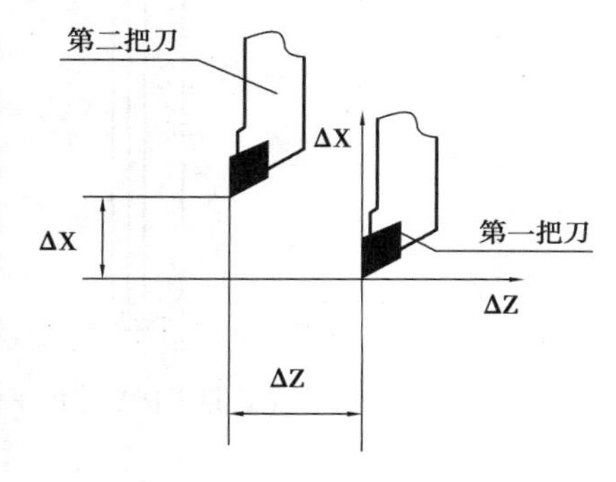

图 2.28　跟随换刀的测量

(2)使用机外对刀仪对刀

这种方法可直接得出程序中所有使用刀具的刀尖位置差。换刀点可根据对刀仪测得数据按上述方法直接计算,写入程序。但如果计算错误,就会导致换刀时刀具与工件发生碰撞,轻者损坏刀具、工件,重者机床严重受损。

使用跟随式换刀方式,换刀点位置的确定与刀具安装参数有关,如果加工过程中更换刀具,刀具的安装位置改变,程序中有关换刀点也要修改。

3)排刀法

在数控车床的生产实践中,为缩短加工时间,提高生产效率,对针对特定几何形状和尺寸的工件常采用“排刀法”。这种刀具排列方式的好处是在换刀时,刀盘或刀塔不需要转动。它是一种加工效率很高的安排走刀路线的方法。

如图 2.29(a)所示为利用排刀法加工的工件。

工件材料为铝,毛坯为管材。

所用刀具种类有外圆粗车刀、外圆精车刀、内圆粗车刀、内圆精车刀、切刀及螺纹刀。排刀法刀具装夹方式如图 2.29(b)所示。

内外圆车刀是背靠背并列在一起的,刀具距离 d 应小于或等于管材毛坯内径。这样,排列刀具目的是保持加工过程中主轴始终朝一个方向转动,避免主轴反转;内圆粗车刀与外圆精车刀之间的距离 D 应大于管材毛坯的内外半径之差。排刀式装夹刀具有一定的局限性,适用于小型零件。排刀法能装夹刀具的数量受刀具间隔及拖板 X 轴行程限制。

使用排刀法时,程序与刀具位置有关。一种编程方法是使用变换坐标系指令,为每一把刀设立一个坐标系;另一种方法是所有刀具使用一个坐标系,刀具位置差由程序坐标系补偿。但是,刀具一旦磨损或更换,就要根据刀尖实际位置重新调整程序,十分麻烦。

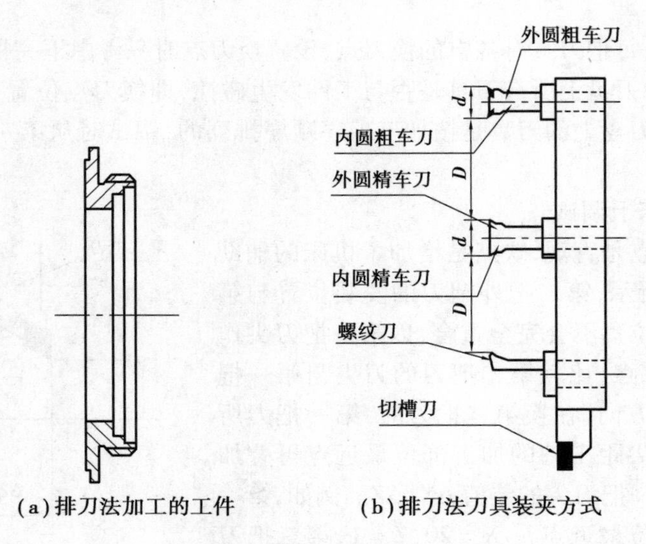

图 2.29　排刀法加工的工件

2.7　常用的对刀方法

对刀是数控加工必不可少的一个过程。数控车床刀架上安装的刀具,在对刀前刀尖在工件坐标系下的位置是无法确定的,而且每把刀的位置差异也是未知的。对刀的实质就是测出各把刀的位置差,将各把刀的刀尖统一到同一工件坐标系下的某个固定位置,以使各刀尖点均能按同一工件坐标系指定的坐标运动。

不同数控车床采用的对刀形式有所不同,这里介绍常用的 3 种方法。

2.7.1　试切法对刀

试切法对刀是数控车床普遍采用的一种简单而实用的对刀方法,如图 2.30 所示。但是,对不同的数控车床,因测量系统和计算系统的差别(主要在于闭环或开环),故具体实施时又有所不同。

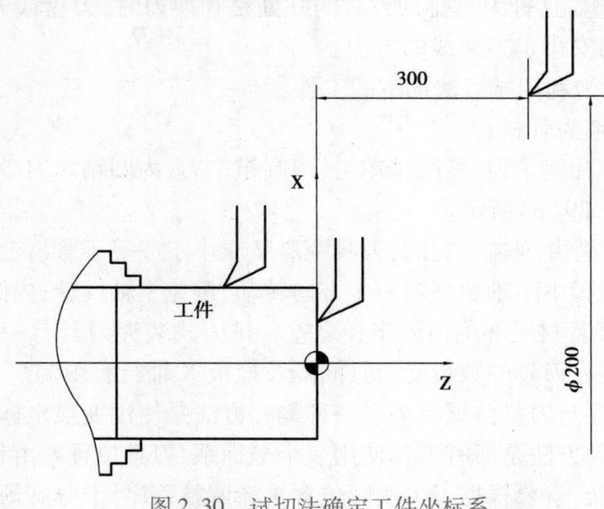

图 2.30　试切法确定工件坐标系

2.7.2　机内对刀

机内对刀一般是用刀具接触一个固定的触头，测得刀偏量，并修正刀具偏移量，但不是所有的数控车床都具有此功能。

2.7.3　机外对刀仪对刀

机外对刀仪既可测量刀具的实际长度，又可测得刀具之间的位置差。对数控车床，一般采用对刀仪测量刀具之间的位置差，将各把刀的刀尖对准对刀仪的十字线中间，以十字线为基准测得各把刀的刀偏量（X，Z 两个方向）。

2.8　车削加工的工艺特点

1）易于保证零件各加工表面的位置精度

车削时，零件各表面具有相同的回转轴线。在一次装夹中加工同一零件的外圆、内孔、端平面及沟槽等，能保证各外圆轴线之间及外圆与内孔轴线之间的同轴度要求。

2）生产率较高

除了车削断续表面之外，一般情况下，车削过程是连续进行的，不像铣削和刨削，在一次走刀过程中，刀齿多次切入和切出，产生冲击，并且当车刀几何形状、背吃刀量和进给量一定时，切削层公称横截面积是不变的，切削力变化很小，切削过程可采用高速切削和强力切削，生产效率高。车削加工既适于单件小批量生产，也适于大批量生产。

3）生产成本较低

车刀是刀中最简单的一种，其制造、刃磨和安装均较方便，刀费用低，车床附件多，装夹及调整时间较短，加之切削生产率高，故车削成本较低。

4）适于车削加工的材料广泛

除难以切削的 30 HRC 以上高硬度的淬火钢件外，可车削黑色金属、有色金属和非金属材料（有机玻璃、橡胶等），特别适合于有色金属零件的精加工。由于某些有色金属零件材料的硬度较低，塑性较大，若用砂轮磨削，软的磨屑易堵塞砂轮，难以得到粗糙度低的表面。因此，当有色金属零件表面粗糙度要求较小时，不宜采用磨削加工，而要用车削精加工。

2.8.1　车削外圆

车外圆是最常见、最基本的车削方法。如图 2.31 所示为使用各种不同的车刀车削中小型零件（包括车外回转槽）的方法。其中，右偏刀主要用于需要从左向右进给，车削右边有直角轴肩的外圆以及左偏刀无法车削的外圆。

2.8.2　车削内孔

车削内圆（孔）是指用车削方法扩大工件的孔或加工空心工件的内表面，这也是常用的车削加工方法之一。最常见的车孔方法如图 2.32 所示。在车削盲孔和台阶端面时，车刀先要纵向进给，当车到孔的根部时再横向进给，从外向中心进给车削端面或台阶端面，如图 2.32 所示。

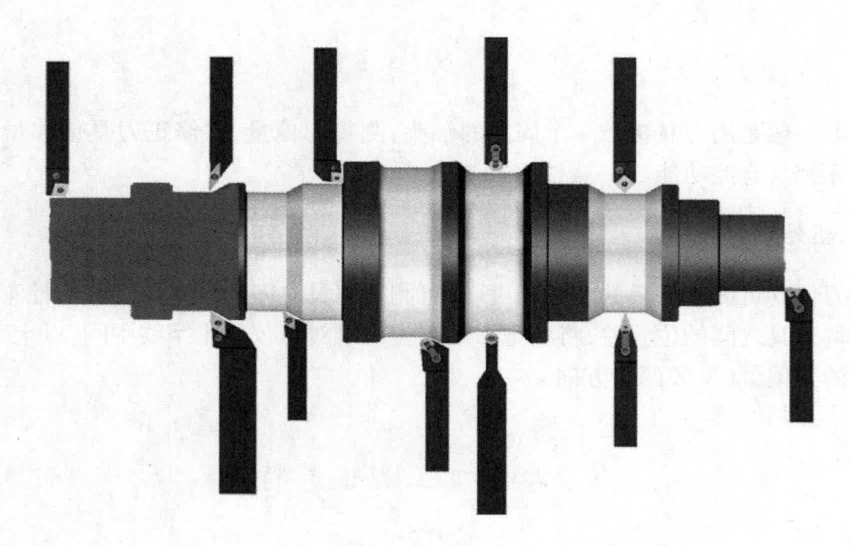

图 2.31　车削外圆

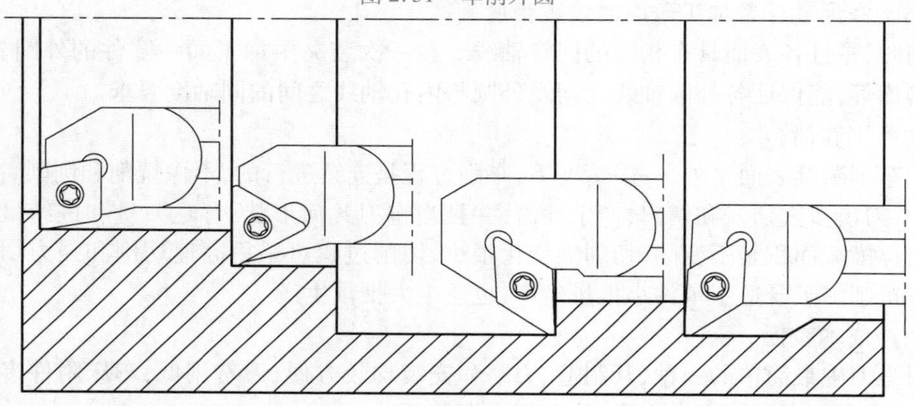

图 2.32　车削内孔

2.8.3　车削平面

车削平面主要指的是车端平面(包括台阶端面)。常见的方法如下:

①使用 45°偏刀车削平面,可采用较大的吃刀深度,大小平面均可车削。

②使用 90°左偏刀从外向中心进给车削平面,适用于加工尺寸较小的端面或一般的台阶端面。

③使用 90°左偏刀从中心向外进给车削平面,适用于加工中心带孔的端面或一般的台阶端面。

④使用右偏刀车削平面,刀头强度较高,适宜车削较大平面,尤其是铸锻件的大平面。

2.8.4　车削锥面

锥面可分为内锥面和外锥面,可分别视为内圆和外圆的一种特殊形式。内外锥面具有配合紧密,拆卸方便,多次拆卸后仍能保持准确对中的特点,广泛用于要求对中准确和需要经常拆卸的配合件上。工程中,经常使用的标准圆锥有莫氏锥度、米制锥度和专用锥度 3 种。

在普通车床上加工锥面的方法有小滑板转位法、尾座偏移法、靠模法及宽刀法等。小滑板转位法主要用于单件小批量生产,内外锥面的精度较低、长度较短(≤100 mm);尾座偏移法用于单件或成批生产轴类零件上较长的外锥面;靠模法用于成批和大量生产较长的内外锥面;宽刀法用于成批生产和大量生产较短(≤20 mm)的内外锥面。

2.8.5　车削螺纹

在普通车床上一般使用成形车刀来加工螺纹。如图2.33所示为加工普通螺纹、方牙螺纹、梯形螺纹及模数螺纹时使用的成形车刀。

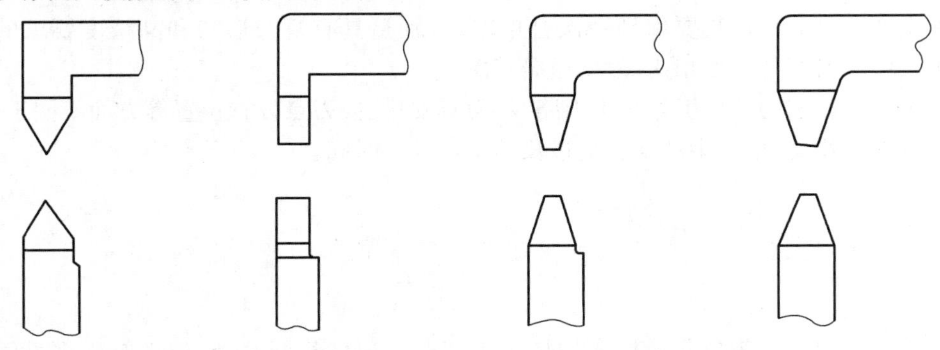

图2.33　在普通车床上加工螺纹时使用的成形车刀

由上述对车削工艺的分析可知,车削加工工艺路线的设计涉及材料、机床、刀具、夹具等整个工艺系统,还涉及热处理、测量、经济核算等方面。因此,一个优秀的工艺技术员除了应具备机械加工的专业知识外,还应具备一些本专业之外的相关知识。

2.9　数控车削的加工特点

1)加工特点

(1)适应能力强,适用于多品种小批量零件的加工

在传统的自动或半自动车床上加工一个新零件,一般需要调整机床或机床附件,以使机床适应加工零件的要求;而使用数控车床加工不同形状的零件时,只要重新编制或修改加工程序(软件)就可迅速达到加工要求,大大缩短更换机床硬件的技术准备时间,故适用于多品种、单件或小批量加工。

(2)加工精度高,一致性好

由于数控机床集机、电等高新技术为一体,加工精度普遍高于普通机床。数控车床的加工过程是由计算机根据预先输入的程序进行控制的,这就避免了因操作者技术水平的差异而引起的产品质量的不同。对一些具有复杂形状的工件,普通车床几乎不可能完成,而数控车床只是编制较复杂的程序就可达到目的,必要时还可用计算机辅助编程或计算机辅助加工。另外,数控车床的加工过程不受体力、情绪变化的影响。

(3)具有较高的生产效率和较低的加工成本

机床生产率主要是指加工一个零件所需要的时间,其中包括机动时间和辅助时间。数控

车床的主轴转速和进给速度变化范围很大,并可无级调速,加工时间可选用最佳的切削速度和进给速度,可实现恒转速和恒切速,以使切削参数最优化,提高生产率,降低加工成本,尤其对大批量生产的零件,批量越大,加工成本越低。

2)批量生产

对批量生产,特别是大批量生产,在保证加工质量的前提下要突出加工效率和加工过程的稳定性,其加工工艺与单件小批量不同。例如,夹具选择、走刀路线安排、刀具排列位置及使用顺序等都要仔细斟酌。

3)单件生产

单件生产的最大特点是要保证一次合格率,特别是具有复杂形状和高精度要求的工件。在单件生产中合格率与效率相比,效率退居其次。

单件生产所使用的数控工艺在走刀路线、刀具安排、换刀点设置位置等方面不同于批量生产。与批量生产相比,单件生产要避免过长的生产准备时间。

2.10 数控车削加工工艺与常规工艺相结合

数控机床的加工工艺与普通机床的加工工艺虽有很多相同之处,但也有许多不同之处。数控机床加工工艺路线设计与通用机床加工工艺路线设计的主要区别在于:它往往不是指从毛坯到成品的整个工艺过程,而仅是几道数控加工工序工艺过程的具体描述。因此,在工艺路线设计中一定要注意到,由于数控加工工序一般都穿插于零件加工的整个工艺过程中,因而要与普通加工工艺衔接好。

2.10.1 数控车削加工工艺是采用数控车床加工零件时所运用的方法和技术手段的总和

其主要内容包括以下9个方面:

①选择并确定零件的数控车削加工内容。

②对零件图纸进行数控车削加工工艺分析。

③工具、夹具的选择和调整设计。

④工序、工步的设计。

⑤加工路线的确定。

⑥加工轨迹的计算和优化。

⑦数控车削加工程序的编写、校验与修改。

⑧首件试加工与现场问题的处理。

⑨编制数控加工工艺技术文件。

总之,数控加工工艺内容较多,有些与普通机床加工相似。

2.10.2 数控车削加工工艺分析

工艺分析是数控车削加工的前期工艺准备工作。工艺制订得合理与否,对程序的编制、机床的加工效率和零件的加工精度都有重要影响。为了编制出一个合理的、实用的加工程序,要求编程者不仅要了解数控车床的工作原理、性能特点及结构,掌握编程语言及编程格式,还应熟练掌握工件加工工艺，确定合理的切削用量，正确选用刀具和工件装夹方法。因此，应遵循一般的工艺原则，并结合数控车床的特点，认真而详细地进行数控车削加工工艺分析。其主要内容有：根据图纸分析零件的加工要求及其合理性；确定工件在数控车床上的装夹方式；各表面的加工顺序、刀具的进给路线，以及刀具、夹具和切削用量的选择等。

由于生产规模的差异，同一零件的工艺方案有所不同。因此，应根据具体条件，经济、合理地选择车削工艺方案。

2.10.3　举例进行数控车削工艺分析

以如图 2.34 所示的典型轴类零件为例，零件材料为 45 钢，毛坯尺寸为 $\phi30\times80$ mm，无热处理和硬度要求，单件，试对该零件进行数控车削工艺分析。

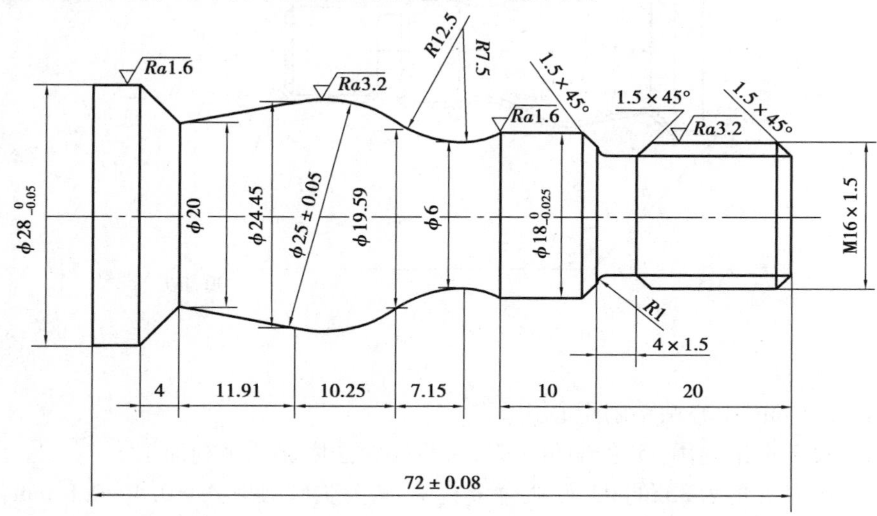

图 2.34　典型轴类零件

1）零件图工艺分析

该零件表面由圆柱、圆锥、顺圆弧、逆圆弧及螺纹等表面组成。其中，多个直径尺寸有较严的尺寸精度和表面粗糙度等要求；球面 $\phi25$ mm 的尺寸公差还兼有控制该球面形状（线轮廓）误差的作用。尺寸标注完整，轮廓描述清楚。零件材料为 45 钢，无热处理和硬度要求。

通过上述分析，可采用以下 3 点工艺措施：

①对图样上给定的几个精度要求较高的尺寸，因其公差数值较小，故编程时不必取平均值，而全部取其基本尺寸即可。

②在轮廓曲线上，有 3 处为圆弧，其中两处为既过象限又改变进给方向的轮廓曲线。因此，在加工时应进行机械间隙补偿，以保证轮廓曲线的准确性。

③为便于装夹，坯件左端应预先车出夹持部分，右端面也应先粗车出并钻好中心孔。

2）选择设备

根据被加工零件的外形和材料等条件，选用 CK6136 数控车床。

3）确定零件的定位基准和装夹方式

（1）定位基准

确定坯料轴线和左端大端面（设计基准）为定位基准。

(2)装夹方法

左端采用三爪自定心卡盘定心夹紧,右端采用活动顶尖支承的装夹方式。

4)确定加工顺序及进给路线

加工顺序按由粗到精、由近到远(由右到左)的原则确定,即首先从右到左进行粗车(留0.25 mm精车余量),然后从右到左进行精车,最后车削螺纹。

CK6136数控车床具有粗车循环和车螺纹循环功能,只要正确使用编程指令,机床数控系统就会自动确定其进给路线。因此,该零件的粗车循环和车螺纹循环不需要人为确定其进给路线(但精车的进给路线需要人为确定)。该零件从右到左沿零件表面轮廓精车进给,如图2.35所示。

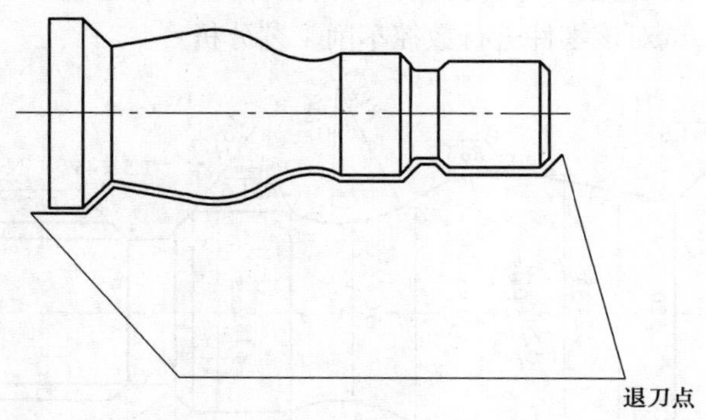

图2.35 精车轮廓进给路线

5)刀具选择

①选用A2.5 mm中心钻钻削中心孔。

②平端面及车夹位选用95°主偏角车刀,有足够的强度保证顺利加工。

③粗车选用刀尖角为35°的93°硬质合金右偏刀,刀尖圆弧取 $r_\varepsilon=0.4\sim0.8$ mm,以防止副后刀面与工件轮廓干涉(可用作图法检验)。

④精车选用刀尖角为35°的93°硬质合金右偏刀,刀尖圆弧半径应小于轮廓最小圆角半径,取 $r_\varepsilon=0.1\sim0.4$ mm,车螺纹选用硬质合金60°外螺纹车刀。

⑤将所选定的刀具参数填入数控加工刀具卡片中(见表2.3),以便编程和操作管理。

表2.3 数控加工刀具卡片

产品名称或代号		×××	零件名称	典型轴类零件	零件图号	×××
序号	刀具号	刀具规格名称	刀尖半径	加工表面		备 注
1	T01	A2.5中心钻		钻中心孔		
2	T02	硬质合金95°主偏角车刀	0.8	车夹位及端面		右偏刀
3	T03	硬质合金93°外圆车刀	0.4	粗车轮廓		右偏刀
4	T04	硬质合金93°外圆车刀	0.2	精车轮廓		右偏刀

续表

序号	刀具号	刀具规格名称	刀尖半径	加工表面			备　注
5	T05	硬质合金60°外螺纹车刀	0.2	车螺纹			
编制	××× 审核 ×××		批准	×××		共　页	第　页

6)削用量选择

背吃刀量的选择：轮廓粗车循环时，选 a_p =2 mm，精车 a_p =0.25 mm；螺纹粗车时，选 a_p 为0.8，0.6，0.4，0.16 mm(见表3.2 常用螺纹切削的进给次数与吃刀量)。

①主轴转速的选择。车直线和圆弧时，查表2.2 选粗车切削速度 v_c =120 m/min、精车切削速度 v_c =165 m/min，然后利用公式 $v_c = \pi dn/1\ 000$ 计算主轴转速 n(粗车直径 D =30 mm，精车工件直径取平均值25 mm)：粗车1 300 r/min，精车2 000 r/min。车螺纹时，外径16 mm，主轴转速选取 n =800 r/min。

②进给速度的选择。查表2.2 选择粗车、精车每转进给量，再根据加工的实际情况确定粗车每转进给量为0.2 mm/r，精车每转进给量为0.1 mm/r，最后根据公式 $v_f = nf$ 计算粗车、精车的进给速度分别为260，200 mm/min。

③综合前面分析的各项内容，并将其填入表2.4 中。此表是编制加工程序的主要依据和操作人员配合数控程序进行数控加工的指导性文件，主要内容包括工步顺序、工步内容、各工步所用的刀具及切削用量等。

表2.4　典型轴类零件数控加工工艺卡片

单位名称	×××	产品名称或代号		零件名称		零件图号	
		×××		典型轴类零件		×××	
工序号	程序编号	夹具名称		使用设备		车间	
001	×××	三爪卡盘和活动顶尖		CK6136数控车床		实训中心	
工步号	工步内容	刀具号	刀具规格	主轴转速 n /($r \cdot min^{-1}$)	进给速度 f /($mm \cdot min^{-1}$)	背吃刀量 a_p /mm	备注
1	车夹位	T02	95°外圆车刀	1 000			手动
2	平端面	T02	95°外圆车刀	1 000			手动
3	钻中心孔	T01	A2.5 中心钻	950			手动
4	粗车轮廓	T03	93°外圆车刀	1 300	260	2	自动
5	精车轮廓	T04	93°外圆车刀	2 000	200	0.25	自动
6	粗车螺纹	T05	60°外螺纹刀	800	1 200		自动
7	精车螺纹	T05	60°外螺纹刀	800	1 200	0.16	自动
编制 ×××	审核	×××	批准 ×××	年　月　日		共　页	第　页

2.11 常见零件结构的工艺分析及工序安排

一般在编制数控程序前要先安排工序,安排工序前要先分析零件结构对加工工艺的影响。

数控车床所能加工零件的复杂程度比数控铣床简单,数控车床最多能控制 3 个轴(即 X 轴、Z 轴、C 轴),加工出的曲面是刀具(包括成形刀具)的平面运动和主轴的旋转运动共同形成的。因此,数控车床的刀具轨迹不会太复杂。其难点主要在于加工效率、加工精度的提高,特别是对切削性能差的材料或切削工艺性差的零件,如小深孔、薄壁件、窄深槽、斜槽等。这些结构的零件允许刀具运动的空间狭小,工件结构刚性差,安排工序时需要特殊考虑。

2.11.1 零件的配合表面和非配合表面

一般零件包括配合表面和非配合表面。配合表面标注有尺寸公差、形位公差和表面粗糙度等要求,这些部位的加工包括 3 个部分工艺安排:首先去除余量以接近工件形状,然后粗车至留有余量的工件轮廓形状,最后精加工完成。

在实际生产中,为提高效率、延长刀具使用寿命,精加工时往往只对有精度要求的部位进行加工。也就是说,粗加工只对需要精加工的部位留余量。为达到该目的,需要在编制加工工艺时改变被加工的结构尺寸。具体来说,就是改变需要精加工部位的尺寸。设改变后的尺寸为 D_1,图纸标注尺寸中值为 D,则

$$D_1 = D + \text{精加工余量}$$

采用改变工件结构尺寸的方法,可避免对工件不必要的部位进行加工,特别是在大批生产中可有效地提高生产率,减小刀具损耗,提高产品合格率。

2.11.2 悬伸结构

大部分车床在切削时是在零件悬伸状态下进行的。悬伸件的加工分两种形式:一种是尾端无支承;另一种是尾端有顶尖支承。尾端用顶尖支承是为了避免工件悬伸过长时造成刚性下降,在切削过程中引起工件变形。

工件切削过程中的变形与悬伸长度成正比。可采用几种方式减小工件悬伸过长时造成的变形。

1)合理选择刀具

(1)主偏角

刀具要求径向切削力越小越好,因造成工件悬伸部分弯曲的因素主要是径向力。刀具主偏角常选用 93°。

(2)前角

为减小切削力和切削热,应选用较大的前角($\gamma_o = 15° \sim 30°$)。

(3)刃倾角

选择正刃倾角,$\lambda = 3°$,使切削流向未加工表面,并使卷屑效果更好,避免产生切屑缠绕。

(4)刀尖圆弧半径

为减小径向切削力,应选用较小的刀尖圆弧半径($R \leqslant 0.4$ mm)。

2）选择循环去除余量方式

此方式适用于悬伸较长，尾端无支承、径向变形较小的台阶轴。数控车床在粗加工时（棒料）要去除较多的余量，其合理的方法是循环去除余量。循环去除余量的方法有两种：一种是局部循环去余量，如图 2.36（a）所示；另一种是整体循环去余量，如图 2.36（b）所示。

整体式循环去除余量方式的进刀次数少、效率高，但会在切削开始时就减小工件根部尺寸，从而削弱了工件抵抗切削力变形的能力；局部循环去除余量方式从被加工的悬臂端依次向卡盘方向循环去除余量，此种方式虽然增加了径向进刀次数，降低了加工效率，但工件可获得更好的抵抗切削变形能力。

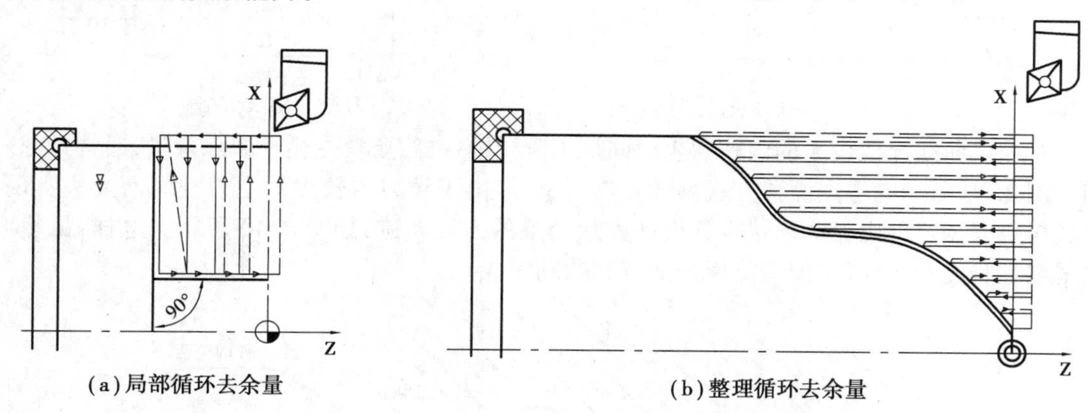

图 2.36　循环去除余量方式

3）改变刀具轨迹补偿切削力引起的变形

随着工件悬伸量的加工，工件因切削力产生的变形将增大，在很多情况下采用上述的方法仍不能解决问题。

因切削力产生变形规律是离固定端越远，变形越大，在尾端无支承的情况下形成倒锥形；在尾端有支承的情况下形成腰鼓形。遇到这种情况时，可改变刀具轨迹来补偿因切削力引起的工件变形，以加工出符合图纸要求的工件。刀具轨迹的修改要根据实际测得的工件变形量来设计。

2.11.3　空间狭小类结构

某些套类零件直径较小，长度较长，内表面起伏较大，使得切削空间狭小，刀具动作困难。针对这类结构的工件在设定刀具运动轨迹时，不能完全按照工件的结构形状编程，必须留出退刀空间。

如图 2.37 所示为汽车加速杆橡胶螺纹套模具的凹模型腔。

橡胶模具尺寸要求不是很严格，模具型腔内表面的粗糙度可通过后工序抛光来达到。加工该凹模的最大困难是型腔内螺纹深而长，为增强螺纹刀杆的刚性，刀杆在型腔的允许空间内应尽可能粗，而模具本身型腔内部螺纹螺距又较大，这样就限制了螺纹刀杆尺寸的增加。螺纹刀如图 2.38 所示。按模具内部型腔空间，对螺纹刀各部分的要求如下（见图 2.37 和图 2.38）：

刀头伸出长度为

$$A \geqslant \frac{D - d}{2}$$

螺纹刀刀宽度为

$$B = A + d_1, \quad 且\ B \leqslant d$$

螺纹刀刀杆直径为

$$d_1 = B - A$$

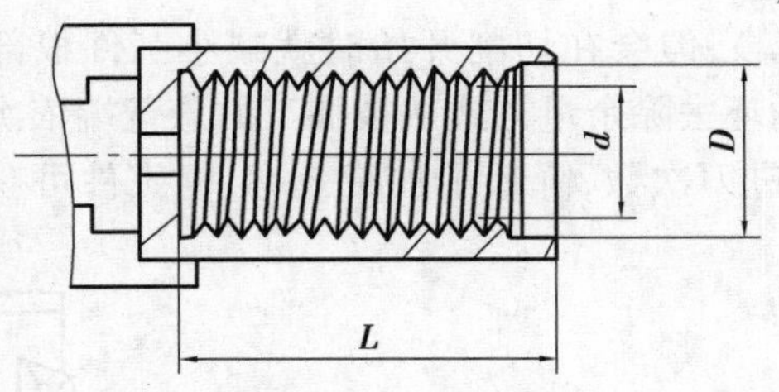

图 2.37 汽车加速杆橡胶套模具的凹模型腔

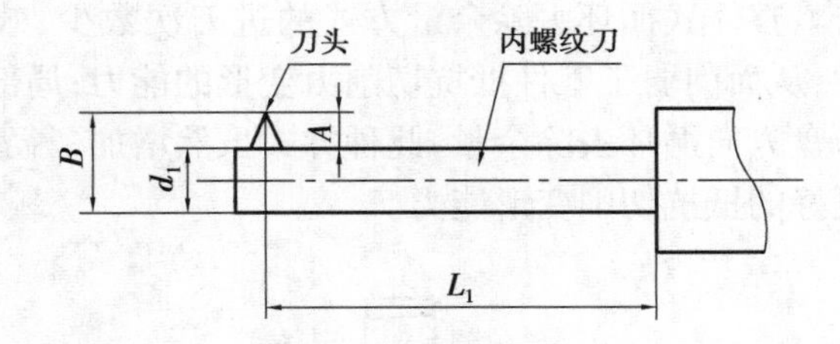

图 2.38 螺纹刀结构

对加工曲线起伏较大的内轮廓表面同加工阶梯轴一样，要首先循环去除余量，通常考虑采用如图 2.39 所示的零点漂移方式循环去除余量，但由于镗刀需较大的退刀空间而无法实现，因此需要根据零件内轮廓形状重新设计去除余量的刀具轨迹，如图 2.40 所示。这样，虽然增加了编程难度和工作量，但却能保证加工的顺利完成。

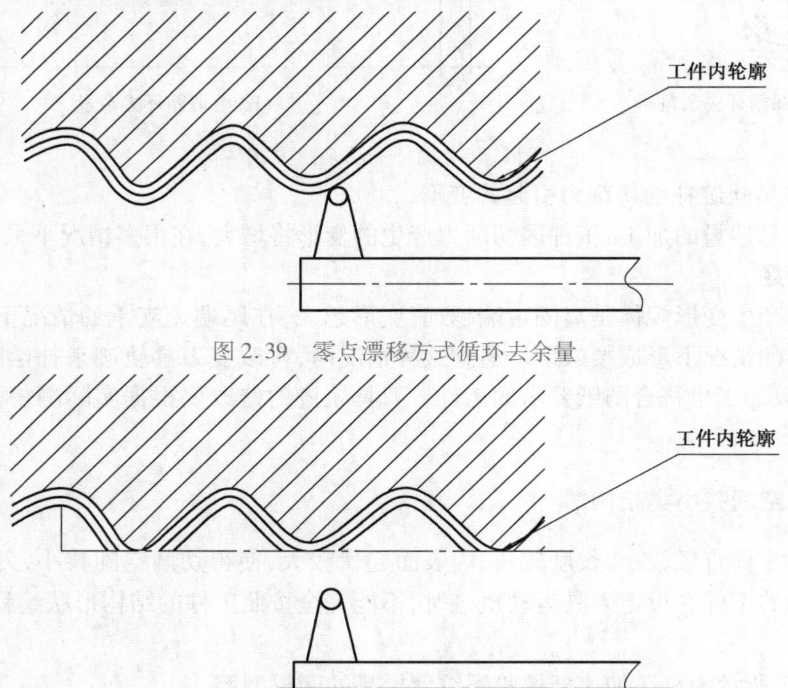

图 2.39 零点漂移方式循环去除余量

图 2.40 零件去除余量时的实际加工轨迹

2.11.4 台阶式曲线深孔结构

此类零件结构与狭小结构类有相似之处，不同的是内孔曲面自端面向内逐渐缩小，且大小端直径尺寸相差较大。此类结构的典型模具是圆瓶形型腔，如图 2.41 所示。加工这类结构零件的主要问题是刀杆刚性、刀头的合理悬伸长度及刀具的切削角度。加强刀杆刚性有两种途径:一是根据被加工型腔设计变截面刀杆,材料可选用合金钢加淬火处理;二是采用硬质合金刀杆,但成本相对较高。

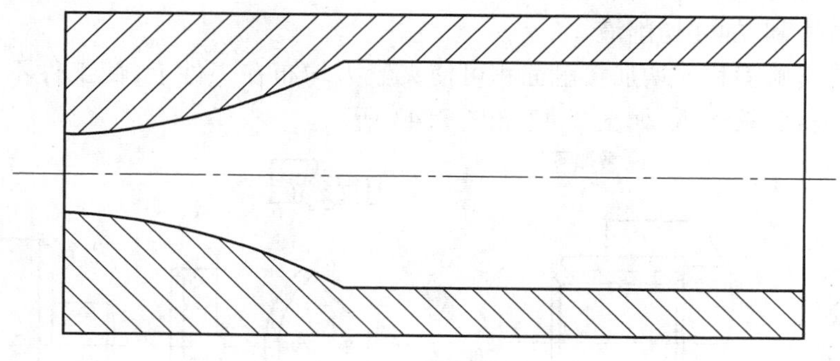

图 2.41　圆瓶形型腔

2.11.5　薄壁结构

薄壁类零件自身结构刚性差,在切削过程中易产生振动和变形,承受切削力和夹紧力能力差,容易引起热变形。在编制加工此类结构的零件时,要注意以下 3 个方面的问题:

1)增加切削工序以逐步修正由于材料去除所引起的工件变形

对结构刚性较好的轴类零件,因去除多余材料而产生变形的问题不严重,一般只安排粗车和精车两道工序。但对薄壁类零件,至少要安排粗车→半精车→精车,甚至更多道工序。在半精车工序中修正因粗车引起的工件变形,如果还不能消除工件变形,要根据具体变形情况适当再增加切削工序。

从理论上讲,工件被去除的金属越多引起的变形量越大。对薄壁零件前序加工给后序加工所留的加工余量是可以计算的,但引起薄壁零件切削变形的因素较多且十分复杂,如材料、结构形状、切削力、切削热等,预先往往很难估计,通常是在实际加工中测量,根据实际测量值安排最佳切削工序和合理的后序余量。

以粗加工→半精加工→精加工工序为例,计算后序加工余量的公式为

半精加工余量 = 粗加工后工件变形量 + 精加工余量

如采用更多的加工工序,计算方法以此类推。

2)工序分析

薄壁类零件应按粗、精加工分序。薄壁件通常需要加工工件的内外表面,内表面的粗加工和精加工都会导致工件变形,故应按粗、精加工分序,首先内外表面粗加工,然后内外表面半精加工。以此类推,均匀地去除工件表面多余部分,这样有利于消除切削变形。这种方法虽然增加了走刀路线,降低了加工效率,但提高了加工精度。

3)加工薄壁结构的工序安排

薄壁类零件的加工要经过内外表面的粗加工、半精加工、精加工等工序,工序之间的顺序安排对工件变形量的影响较大,一般应作以下考虑:

①粗加工时,优先考虑去除余量较大的部位。因余量去除大工件变形量就大,两者之间成正比。如果工件外圆和内孔需切除的余量相同,则首先进行内孔粗加工,因先去除外表面余量时工件刚性降低较大,而在内孔加工时,排屑较困难,使切削热和切削力增加,这两方面的因素会使工件变形增大。

②精加工时,优先加工精度等级低的表面(虽然精加工切削余量小,但也会引起切削工件微小变形),然后加工精度等级高的表面(精加工可再次修正被切削工件的微小变形量)。

③保证刀具锋利,加注切削液。

④增加装夹接触面积。增加接触面积可使夹紧力均布在工件上,使工件不易变形。通常采用开缝套筒和特殊软卡爪,如图2.42和图2.43所示。

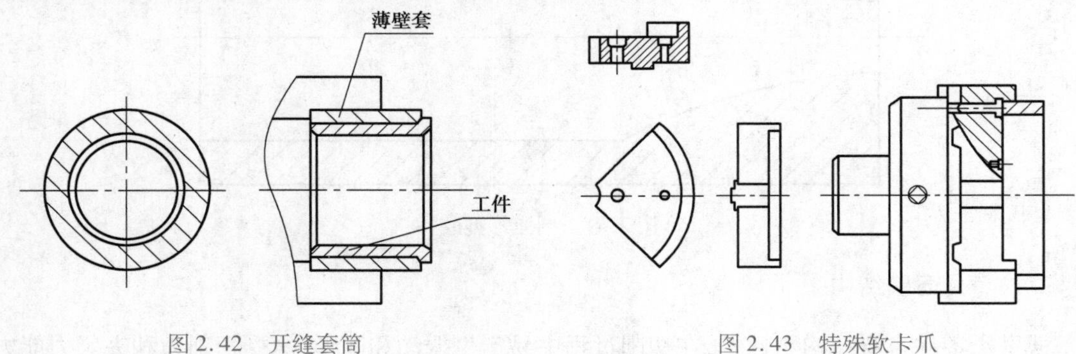

图2.42　开缝套筒　　　　图2.43　特殊软卡爪

2.12　数控加工工艺文件

数控加工工艺文件不仅是进行数控加工和产品验收的依据,也是需要操作者遵守和执行的规程,同时还为产品零件重复生产积累了必要的工艺资料,进行技术储备。这些由工艺人员完成的工艺文件是编程员在编制加工程序单时所依据的相关技术文件。编写数控加工工艺文件也是数控加工工艺设计的内容之一。

不同的数控机床,工艺文件的内容也有所不同。一般来说,工艺文件应包括:

1)机械加工工艺过程卡

机械加工工艺过程卡用来阐明工艺人员对数控加工工序的技术要求、工序说明,数控加工前应留有的加工余量。它是编程员与工艺人员协调工作和编制数控加工程序的重要依据之一。机械加工工艺过程卡见表2.5。

表2.5　机械加工工艺过程卡

<table>
<tr><td rowspan="2">零件名称</td><td rowspan="2" colspan="2"></td><td rowspan="2">机械加工工艺过程卡</td><td>毛坯种类</td><td></td><td>共　页</td></tr>
<tr><td>材料</td><td></td><td>第　页</td></tr>
<tr><td>工序号</td><td>工序名称</td><td colspan="3">工序内容</td><td>设　备</td><td>工艺装备</td></tr>
<tr><td></td><td></td><td colspan="3"></td><td></td><td></td></tr>
<tr><td></td><td></td><td colspan="3"></td><td></td><td></td></tr>
<tr><td></td><td></td><td colspan="3"></td><td></td><td></td></tr>
<tr><td></td><td></td><td colspan="3"></td><td></td><td></td></tr>
<tr><td></td><td></td><td colspan="3"></td><td></td><td></td></tr>
<tr><td></td><td></td><td colspan="3"></td><td></td><td></td></tr>
<tr><td></td><td></td><td colspan="3"></td><td></td><td></td></tr>
</table>

续表

工序号	工序名称	工序内容		设　备		工艺装备
编制		日期		审核		日期	

2）数控加工工序卡

数控加工工序卡与普通加工工序卡相似之处是由编程员根据被加工零件而编制数控加工的工艺和作业内容。与普通加工工序卡不同的是，此卡中还应反映使用的辅具、刀具切削参数、切削液等。它是操作人员用数控加工程序进行数控加工的主要指导性工艺资料。工序卡应按照已确定的工步顺序填写。数控加工工序卡见表2.6。

表2.6　数控加工工序卡

零件名称		数控加工工序卡		工序号		工序名称		共　页
								第　页
材料		毛坯状态		机床设备		夹　具		
工步号	工步内容		刀具规格	刀具材料	量具	背吃刀量	进给量/(mm·min^{-1})	主轴转速/(r·min^{-1})
编制		日期		审核		日期		

3）数控机床调整单

数控机床调整单是机床操作人员在数控加工前调整机床的依据。它主要包括机床控制面板开关调整单和数控加工零件安装与零点设定卡两部分。机床控制面板开关调整单主要记有机床控制面板上有关“开关”的位置，如进给速度F，调整旋钮位置或超调（倍率）

旋钮位置，刀具半径补偿旋钮位置或刀具补偿拨码开关组数值表，垂直校验开关，以及冷却方式等。

4）数控加工刀具卡

数控加工时，对刀具的要求十分严格。数控加工刀具卡要反映刀具编号、刀具结构、刀杆型号、刀片型号及材料或牌号等。它是组装数控加工刀具和调整数控加工刀具的依据。数控加工刀具卡见表2.7。

表2.7　数控加工刀具卡

零件名称			数控加工刀具卡				工序号	
工序名称			设备名称				设备型号	
工步号	刀具号	刀具名称	刀柄型号	刀具			补偿量/mm	备　注
				直径/mm	刀长/mm	刀尖半径/mm		
编制		审核		批准		共　页	第　页	

5）数控加工进给路线图

机床刀具运行轨迹图是编程人员进行数值计算、编制程序、审查程序及修改程序的主要依据。数控加工进给路线图见表 2.8。

表 2.8　数控加工进给路线图

<table>
<tr><td colspan="2">数控加工进给路线图</td><td>零件
图号</td><td></td><td>工序号</td><td></td><td>工步号</td><td></td><td>程序号</td><td></td></tr>
<tr><td>机床
型号</td><td></td><td>程序
段号</td><td></td><td>加工
内容</td><td colspan="3"></td><td>共　页</td><td>第　页</td></tr>
<tr><td colspan="10"></td></tr>
</table>

6）数控加工程序单

数控加工程序单是编程员根据工艺分析情况，经过数值计算，按照数控机床规定的指令代码，根据运行轨迹图的数据处理而进行编写的。它是记录数控加工工艺过程、工艺参数和位移数据等的综合清单，用来实现数控加工。它的格式随数控系统和机床种类的不同而有所差异。数控加工程序单见表 2.9。

表 2.9　数控加工程序单

<table>
<tr><td colspan="2" rowspan="2">数控加工程序单</td><td>产品名称</td><td></td><td>零件名称</td><td></td><td>共　页</td></tr>
<tr><td>工序号</td><td></td><td>工序名称</td><td></td><td>第　页</td></tr>
<tr><td>序号</td><td>程序编号</td><td>工序内容</td><td>刀具</td><td>切削深度
（相对最高点）</td><td colspan="2">备　注</td></tr>
<tr><td></td><td></td><td></td><td></td><td></td><td colspan="2"></td></tr>
<tr><td></td><td></td><td></td><td></td><td></td><td colspan="2"></td></tr>
<tr><td></td><td></td><td></td><td></td><td></td><td colspan="2"></td></tr>
<tr><td></td><td></td><td></td><td></td><td></td><td colspan="2"></td></tr>
<tr><td></td><td></td><td></td><td></td><td></td><td colspan="2"></td></tr>
<tr><td></td><td></td><td></td><td></td><td></td><td colspan="2"></td></tr>
<tr><td></td><td></td><td></td><td></td><td></td><td colspan="2"></td></tr>
<tr><td></td><td></td><td></td><td></td><td></td><td colspan="2"></td></tr>
<tr><td></td><td></td><td></td><td></td><td></td><td colspan="2"></td></tr>
<tr><td></td><td></td><td></td><td></td><td></td><td colspan="2"></td></tr>
<tr><td></td><td></td><td></td><td></td><td></td><td colspan="2"></td></tr>
<tr><td colspan="4">装夹示意图：</td><td colspan="3">装夹说明：</td></tr>
<tr><td colspan="2">编程/日期</td><td></td><td>审核/日期</td><td colspan="3"></td></tr>
</table>

第 3 章 数控车床操作

3.1 HNC-808DiT 车床数控系统

3.1.1 产品概述

HNC-808DT 车床数控系统是基于成熟的华中 8 型数控系统平台,为总线式数控装置,产品稳定可靠,属 8 型系列数控装置的中高端产品;采用全铝合金外框,造型简洁大方;采用新平台软件,定制化的软件开发更加简便快捷;MCP 面板分体式结构,模块化设计,可支持客制化;支持 NCUC 及 EtherCat 总线式远程 I/O 单元,集成手持单元;采用 LED 液晶显示屏 10.4 in 屏(1 in =25.4 mm)。

3.1.2 产品特点

①高性能驱动采用硬件电流环、陷波器、过调制、弱磁等技术(见图 3.1),显著提高电流环响应特性和伺服控制刚度与响应。

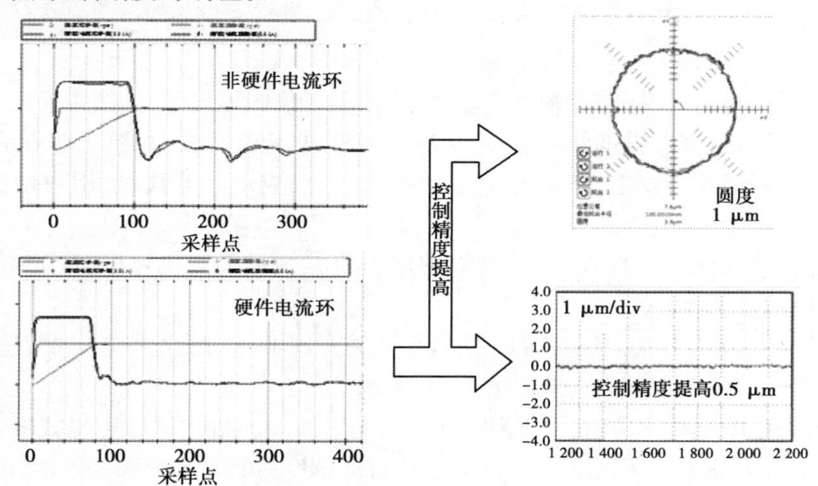

图 3.1 硬件电流环、陷波器、过调制、弱磁

②全系列低压 LMDD 系列和高压 HMDD 系列电机标配 1 600 万线高分辨率光电编码器(见图 3.2),提高了加工的精度和光洁度,如图 3.3 所示。

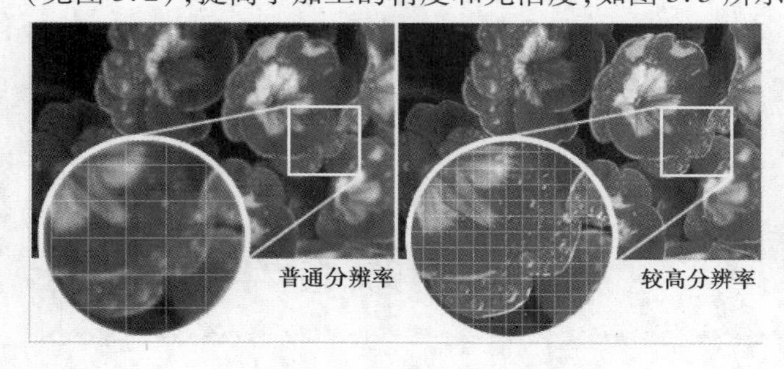

图 3.2　光电编码器

图 3.3　加工的精度

③基于 QT 开发框架,定制化的 HMI 开发更加简便快捷,菜单、显示风格、显示颜色等界面样式现场可调,模块化的设计,二次开发和专机开发方便快捷,如图 3.4 所示。

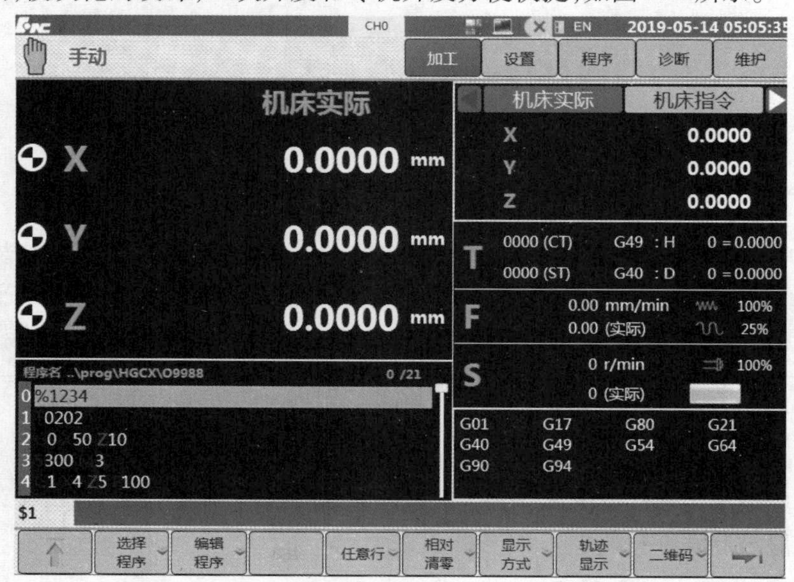

图 3.4　加工界面

④支持多工位显示,支持多主轴负载显示,支持多工位图形显示,如图 3.5 所示。

⑤参数分类显示,修改查询便捷,自定义显示配置,自定义分类,如图 3.6 所示。

⑥实时监控程序运行状态,实时显示寄存器状态,集成示波器功能,用户调试方便,如图 3.7 所示。

⑦系统与伺服联调简单直观,系统指导和推荐值方式加大调机效率,覆盖所有环路与攻丝,如图 3.8 所示。

⑧简单的 PLC 功能开关。通过界面的 PLC 开关实现不同功能选择、不同装置型号面板控制选择,实现机床厂便捷调试与配套,如图 3.9 所示。

⑨简单的补偿数据导入方法。RENISHAW 激光干涉仪测量数据原生格式输入,无须修改和计算,直接通过 U 盘载入系统,立即补偿生效,机床精度检测效率提高 2 倍,如图 3.10 所示。

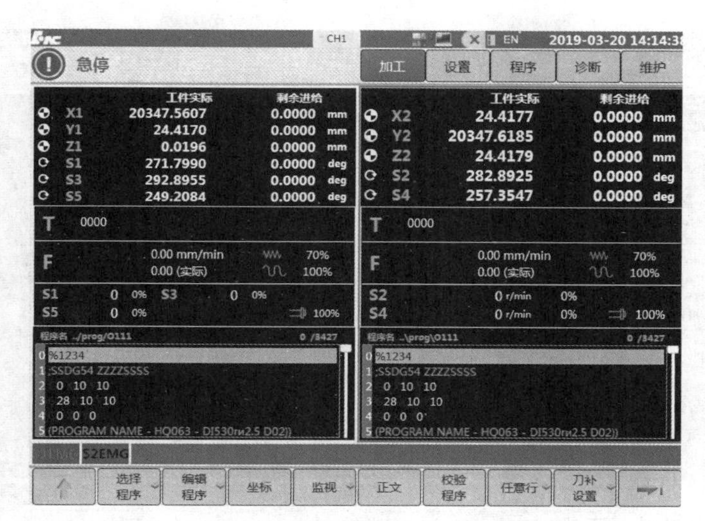

图 3.5　多工位图形显示界面

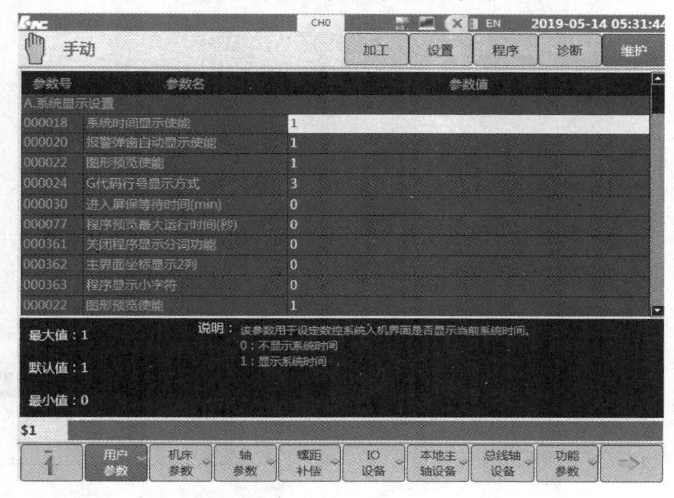

图 3.6　维护界面

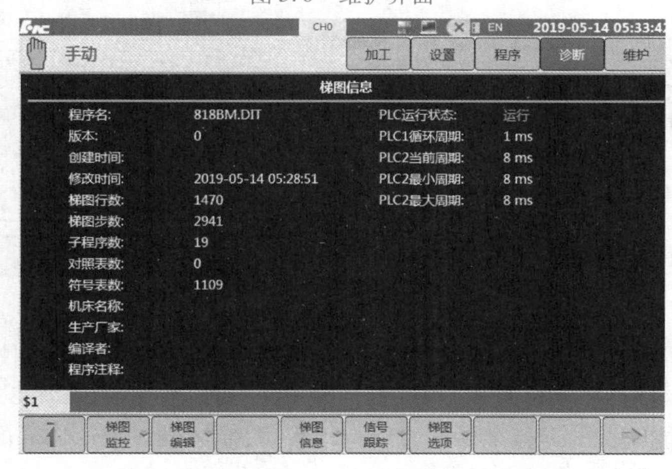

图 3.7　诊断梯图信息显示界面

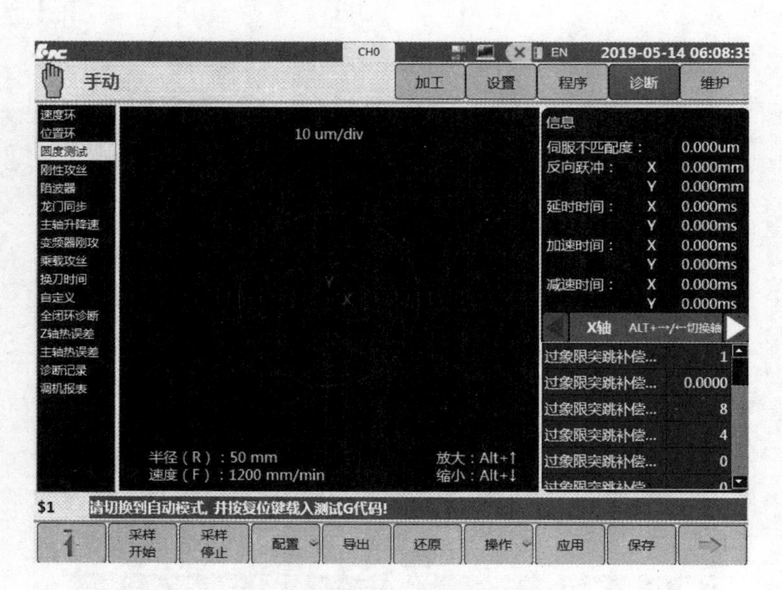

图 3.8 诊断图形测试界面

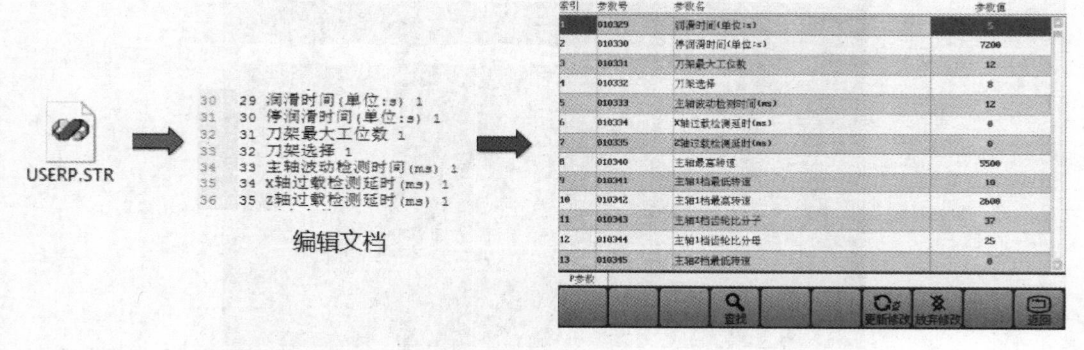

索引	参数号	参数名	参数值
1	010329	润滑时间(单位:s)	5
2	010330	停润滑时间(单位:s)	7200
3	010331	刀架最大工位数	12
4	010332	刀架选择	8
5	010333	主轴波动检测时间(ms)	12
6	010334	X轴过载检测延时(ms)	0
7	010335	Z轴过载检测延时(ms)	0
8	010340	主轴最高转速	5500
9	010341	主轴1档最低转速	10
10	010342	主轴1档最高转速	2600
11	010343	主轴1档齿轮比分子	37
12	010344	主轴1档齿轮比分母	25
13	010345	主轴2档最低转速	0

图 3.9 PLC 结构图

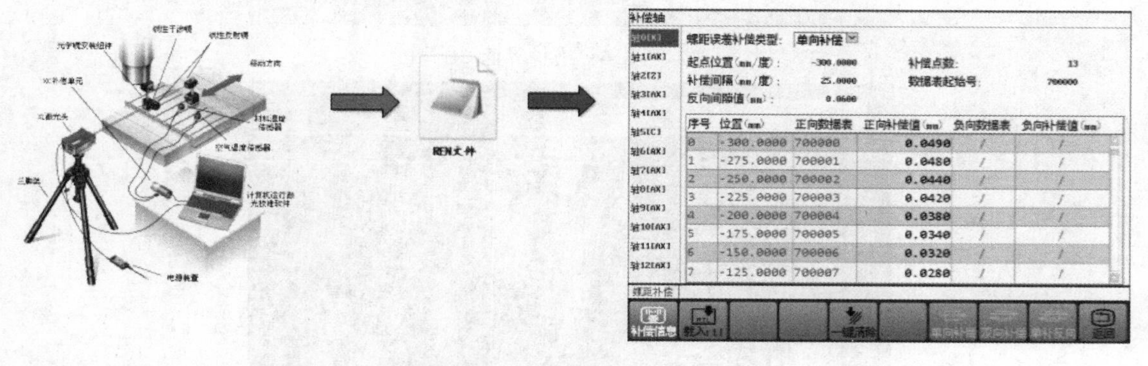

序号	位置(mm)	正向数据表	正向补偿值(mm)	负向数据表	负向补偿值(mm)
0	-300.0000	700000	0.0490	/	/
1	-275.0000	700001	0.0480	/	/
2	-250.0000	700002	0.0440	/	/
3	-225.0000	700003	0.0420	/	/
4	-200.0000	700004	0.0380	/	/
5	-175.0000	700005	0.0340	/	/
6	-150.0000	700006	0.0320	/	/
7	-125.0000	700007	0.0280	/	/

图 3.10 补偿数据导入

⑩螺纹修复功能. 加工好一个螺纹，然后进行重新装夹，并记录坐标到螺纹修复功能界面中，打开“再切削螺纹有效”功能按键，再进行二次加工，螺纹可复刀，如图 3.11 所示。

⑪螺纹修复功能调试。运行 Z 轴的直线运动程序，使 Z 轴以 1 m/min 的速度运行，观察 Z 轴的跟踪误差，将此跟踪误差填入参数 102049（1 m 每分时的跟踪误差）中，如图 3.12 所示。

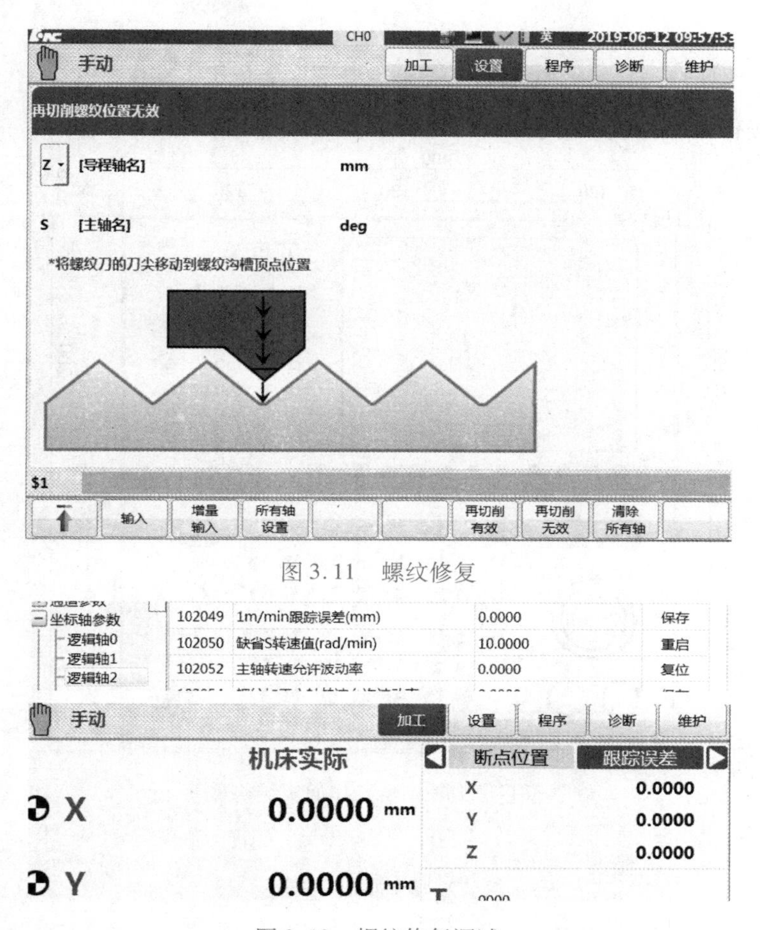

图 3.11　螺纹修复

图 3.12　螺纹修复调试

在螺纹修复主界面中进行对刀设定时，必须将子菜单中的“再切削无效”按钮按下，才可进行对刀设定或清除数据。对刀设定完成后，必须将“再切削有效”按键按下，才可进行螺纹修复功能，如图 3.13 所示。

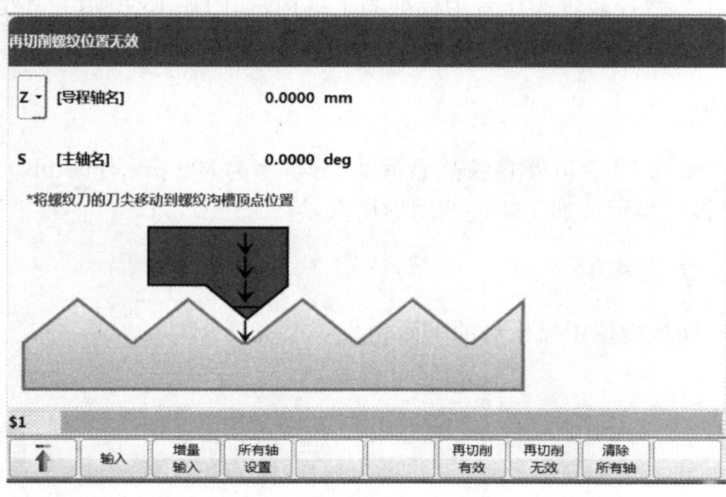

图 3.13　螺纹修复调试

3.1.3 产品尺寸

数控系统操作面板结构尺寸如图 3.14 所示。

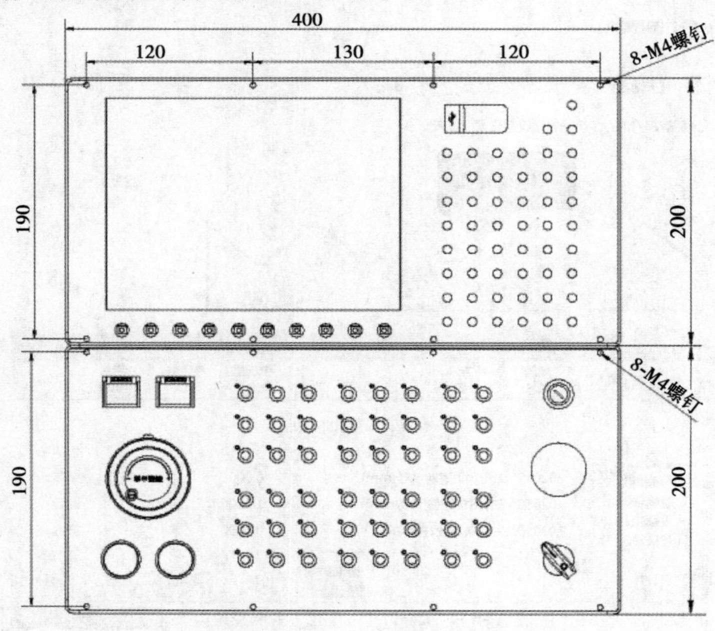

图 3.14 数控系统操作面板结构尺寸

3.2 操作装置

3.2.1 操作台结构

HNC-808DT 车床数控装置操作台为标准固定结构，如图 3.15 所示。其结构美观、体积小巧，外形尺寸为 400 mm×400 mm×110 mm。

3.2.2 显示器

操作台的左上部为 10.4 in 彩色液晶显示器（分辨率为 800 pix×600 pix），用于汉字菜单、系统状态、故障报警的显示及加工轨迹的图形仿真。

3.2.3 机床控制面板 MCP

标准机床控制面板键位于操作台的下面。

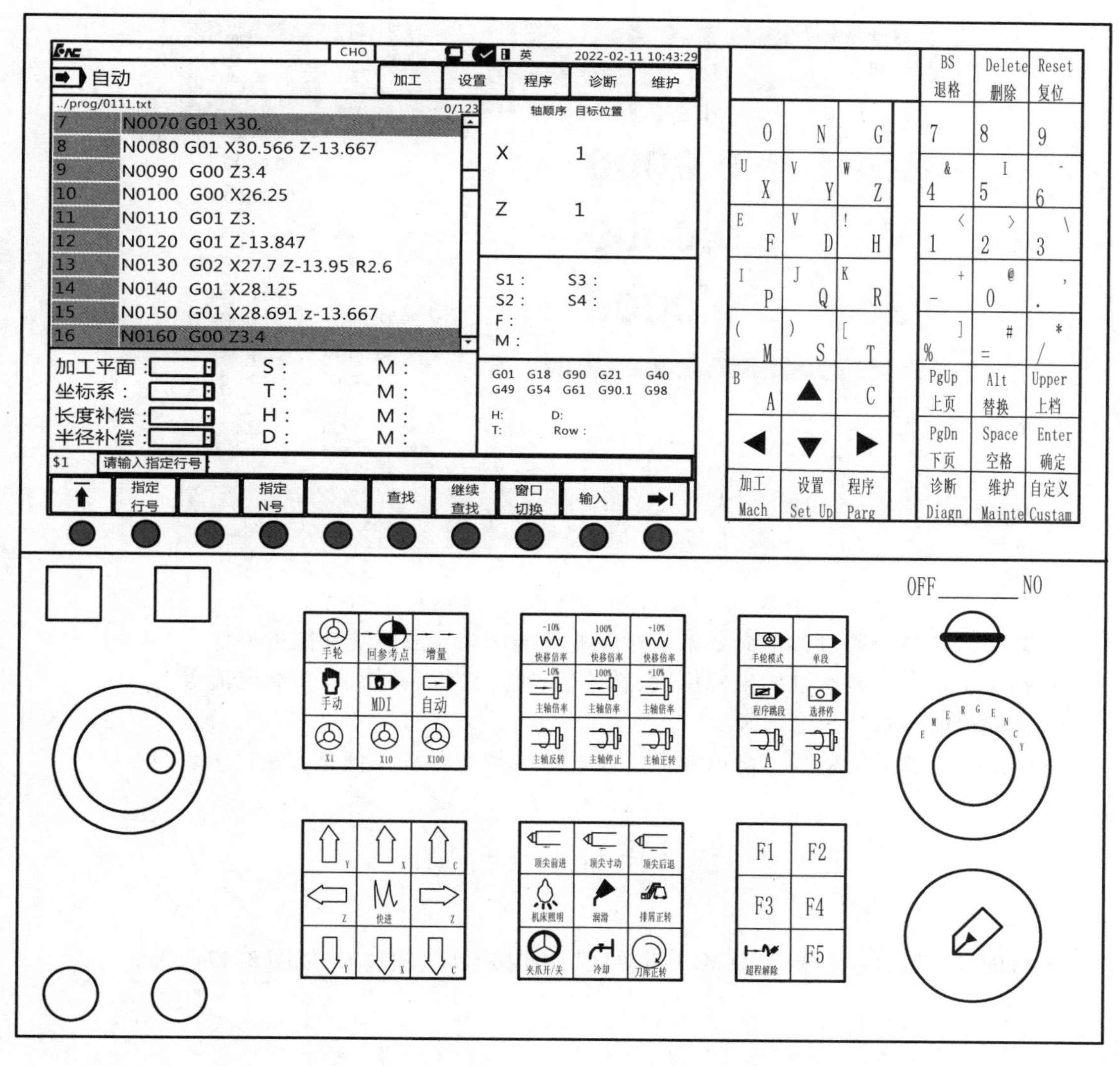

图3.15 华中HNC-808DT数控系统操作面板图

3.3 显示区域划分

HNC-808DT数控系统的操作界面如图3.16所示。

其中：

①标题栏。加工方式：系统工作方式根据机床控制面板上相应按键的状态可在自动（运行）、单段（运行）、手动（运行）、增量（运行）、回零、急停之间切换；系统报警信息；0级主菜单名：显示当前激活的主菜单按键；U盘连接情况和网络连接情况；系统标志，时间。

②图形显示窗口。这块区域显示的画面，根据所选菜单键的不同而不同。

③G代码显示区。预览或显示加工程序的代码。

④输入框。在该栏键入需要输入的信息。

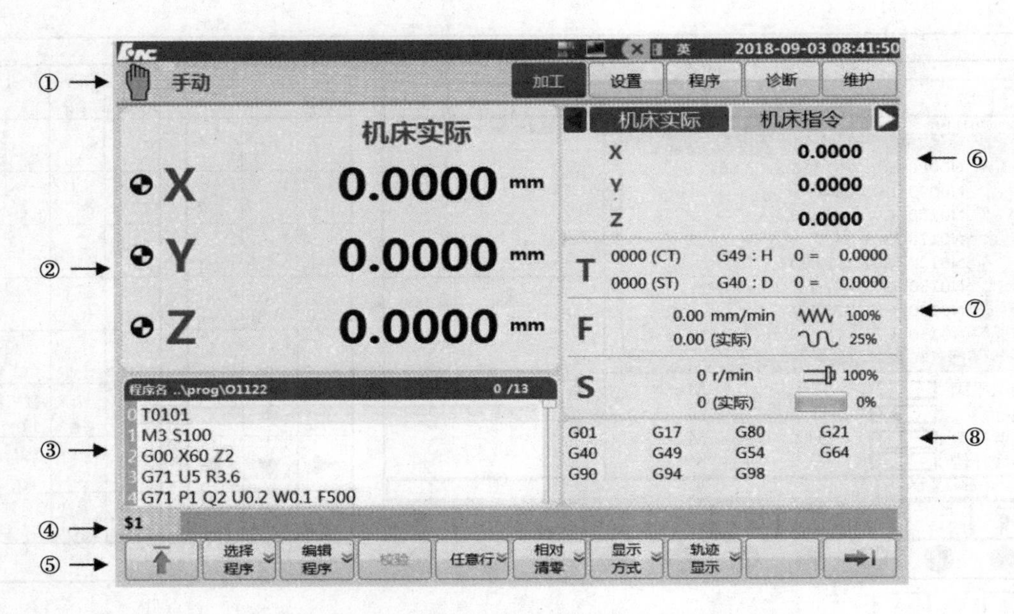

图 3.16　华中 HNC-808DT 数控装置显示界面

⑤菜单命令条。通过菜单命令条中对应的功能键来完成系统功能的操作。

⑥轴状态显示。显示轴的坐标位置、脉冲值、断点位置、补偿值、负载电流等。

⑦辅助机能。T/F/S 信息区。

⑤G 模态及加工信息区。显示加工过程中的 G 模态及加工信息。

3.4　主机面板按键区

主机面板按键区包括精简型 MDI 键盘区、功能按键区、软键区，如图 3.17 所示。

3.4.1　MDI 键盘区

通过该键盘区，实现命令输入及编辑。其大部分键具有上档键功能，即同时按下上档键和字母/数字键，输入的是上档键的字母/数字。

3.4.2　功能按键区

HNC-808DT 系统该功能有加工、设置、程序、诊断、维护、自定义 6 个功能按键。各功能按键可选择对应的功能集以及对应的显示界面。

3.4.3　软键功能区

HNC-808DT 系统显示屏幕下方有 10 个软键，该类键上无固定标志。其中，左右两端为返回上级或继续下级菜单键，其余为功能软键。各软键功能对应为其上方屏幕的显示菜单，随着菜单变化，其功能也不相同。

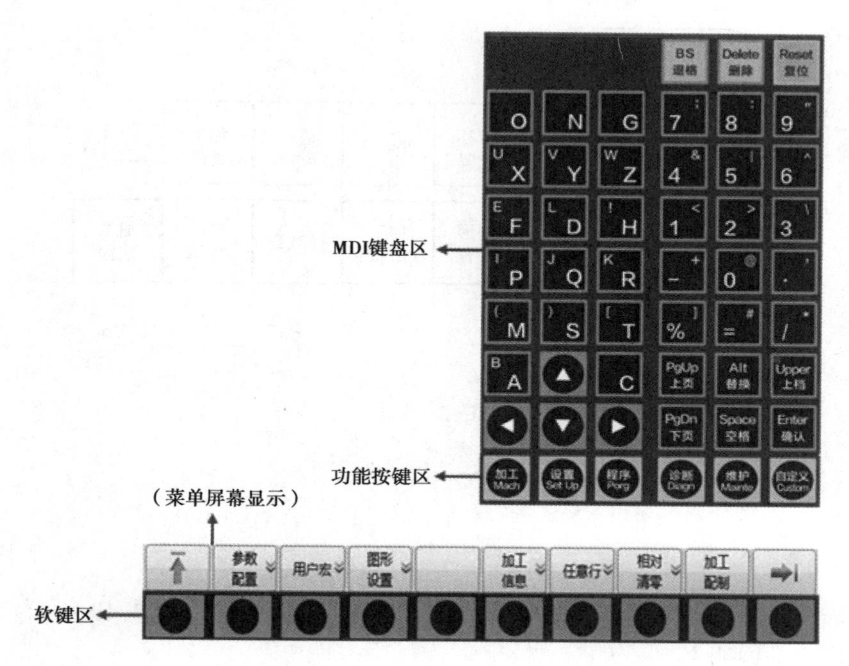

图3.17　华中HNC-808DT主机面板按键

3.4.4　功能按键与软键的应用

①每个功能键的显示界面下均有一组功能菜单，功能菜单的选择由软键实现。

②每组功能菜单由10个软键构成（一般预留有空白键），其中最左端按键为“返回上级菜单”键（『』），最右端按键为“继续菜单”键（『』），箭头为蓝色时有效。

③开机第一次选择功能键时显示的界面，为该功能集的默认界面，其下方功能菜单为一级主菜单。通过“⇨”可查找该级的扩展菜单。

④功能集下的各级菜单，最多有1个主菜单，1个扩展菜单。通过“『』”循环切换，此时只菜单变化，界面不变。

⑤切换功能集前的界面选择将被记忆，即当再次切换回该功能集时，显示的功能菜单及界面为上次退出时的菜单和界面。

⑥本系统各功能集最多为4级菜单结构，右边有“︾”标识的功能软键可向下查找下级菜单。返回上级菜单用“⇧”键。

⑦各级菜单软键的配置，本系统标准版本已根据用户的实际需要，设置了人性化的显示界面或菜单。对特殊需求，用户也可自行配置。

⑧数据输入等人机对话窗口，一般可用相应软键打开，但有些安全要求较高的数据输入，需按“Enter”键激活对话框，然后方可输入数据或参数。

⑨人机对话框没有退出时，功能按键不可切换功能集。

⑩人机对话框的退出方式：正确输入数据，再按“Enter”键，完成数据正确录入后，即可退出对话窗口。如不当激活或需放弃当前输入，按“复位”键，也可退出对话窗口，且输入数据不被录入。

华中HNC-808DT软件菜单层次如图3.18所示。

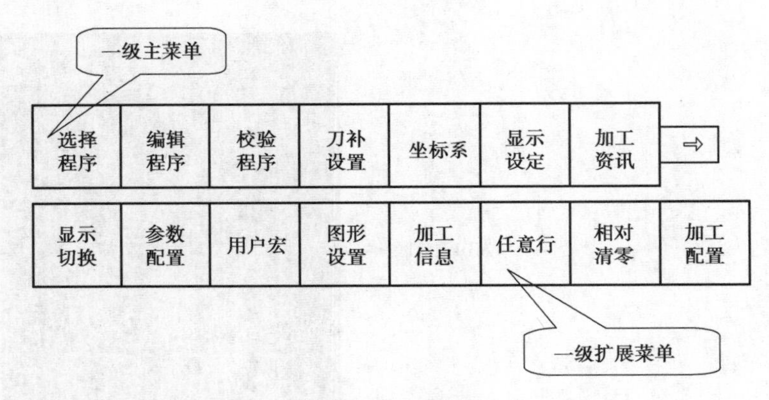

图 3.18　华中 HNC-808DT 软件菜单层次

3.5　机床操作面板区域

本操作面板各按键功能均基于 HNC-808DT 系统的标准 PLC，如图 3.19 所示。如有不同，请参阅机床厂家的说明书。

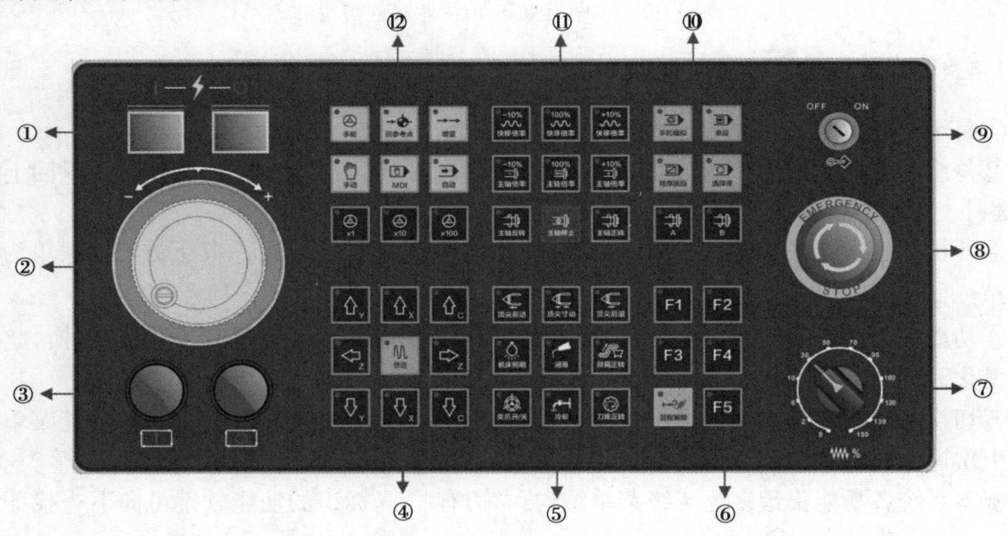

图 3.19　华中 HNC-808DT 机床操作面板

其中：

①电源通断开关。

②手摇脉冲发生器。

③循环启动/进给保持。

④进给轴移动控制按键区。

⑤机床控制按键区。

⑥机床控制扩展按键区。

⑦进给速度修调波段开关。

⑧急停按键。

⑨编辑锁开/关。

⑩运行控制按键区。

⑪速度倍率控制按键区。

⑫工作方式选择按键区。

3.6　机床基本操作

3.6.1　复位

系统上电进入软件操作界面时,系统的工作方式为“急停”。为控制系统运行,需右旋并拔起操作台右上角的“急停”按钮,使系统复位。复位后,应首先“回零”。

3.6.2　返回机床参考点(回零)

系统接通电源、复位后,首先进行机床各轴回参考点操作。其方法如下:

①如果系统显示当前的工作方式不是回零方式,按一下控制面板上面的“回参考点”按键,确保系统处于“回零”方式。

②按“+X”和“+Z”键,使机床回零。回零后,机床实际坐标显示X0,Z0,即回零完成。

3.6.3　急停

机床运行过程中,在危险或紧急情况下,按下“急停”按钮,CNC即进入急停状态,伺服进给及主轴运转立即停止工作。松开“急停”按钮(顺时针旋转按钮,自动跳起),CNC进入复位状态。

3.6.4　超程解除

在伺服行程的两端各有一个行程开关,每当伺服机构碰到行程开关时,就会出现超程。当某轴出现超程(“超程解除”按键内指示灯亮)时,系统视其状态为紧急停止。要退出超程状态时,可进行以下操作:

①置工作方式为“手动”或“手摇”方式。

②一直按压着“超程解除”按键。

③在手动或手摇方式下,使该轴向相反方向退出超程状态。

④松开“超程解除“按键。

若显示屏上运行状态栏“运行正常”代替了“出错”,可继续操作。

注意:在操作机床退出超程状态时,务必注意移动方向及移动速率,以免发生撞机。

3.6.5　关机

按下“急停”按钮→断开数控电源→断开机床电源。

3.6.6 机床手动操作

机床手动操作,主要包括以下内容:

①机床控制面板,如图3.20所示。

②手动移动机床坐标轴(手动、手摇、增量等)。

③手动控制主轴(启动、点动)。

④刀位转换、冷却液开、关。

a. 刀位转换。在手动方式下,按"刀库正转"键,刀台顺时针90°旋转(立式4工位刀架),即可换刀。

b. 冷却液开关。在手动方式下,按一下"冷却"键,冷却液开;再按一下,冷却液关。

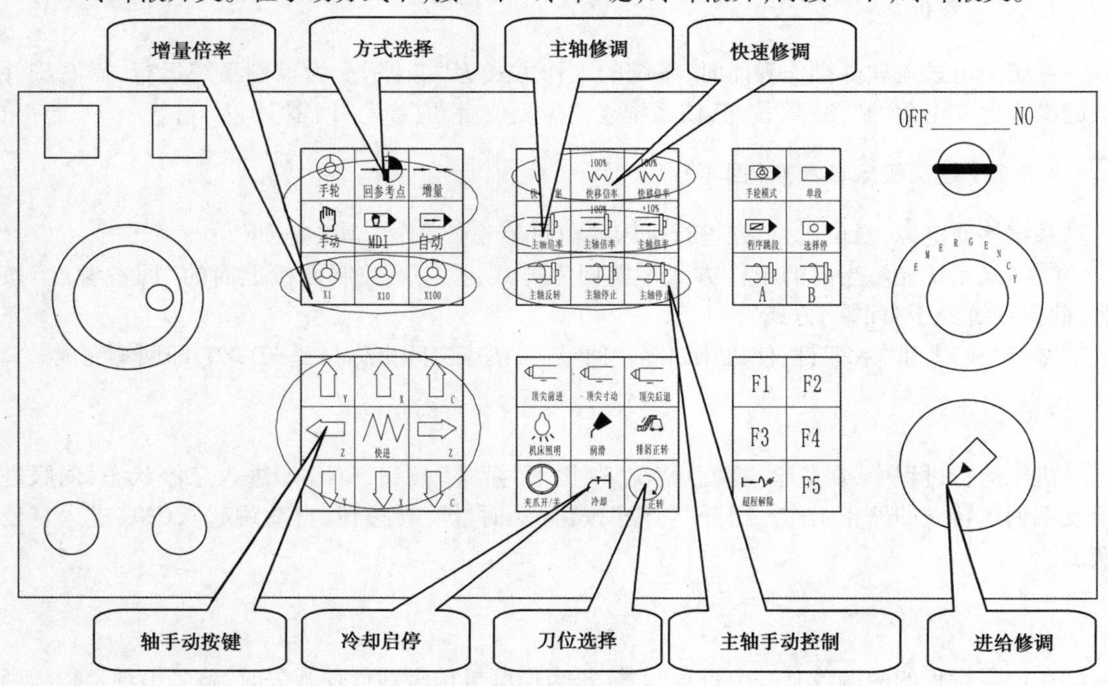

图3.20 机床控制面板

⑤手动数据输入(MDI)。在机床控制面板中,选择"MDI"键,显示界面进入MDI操作界面,如图3.21所示。

进入MDI界面后,命令行有光标闪烁。这时,可从MDI键盘输入一个代码指令段,即可进行运行。

A. 输入MDI指令段有以下两种方法:

a. 一次输入,即一次输入多个指令字的信息。

b. 多次输入,即每次输入一个指令信息。

例如,要输入G00 X100 Z100运行指令段,可以:

a. 一次输入:直接输入"G00 X100 Z100",并按"Enter"键。

b. 多次输入:先输入"G00",按"Enter"键;再输入"X100",按"Enter"键;继续输入"Z100"按"Enter"键。

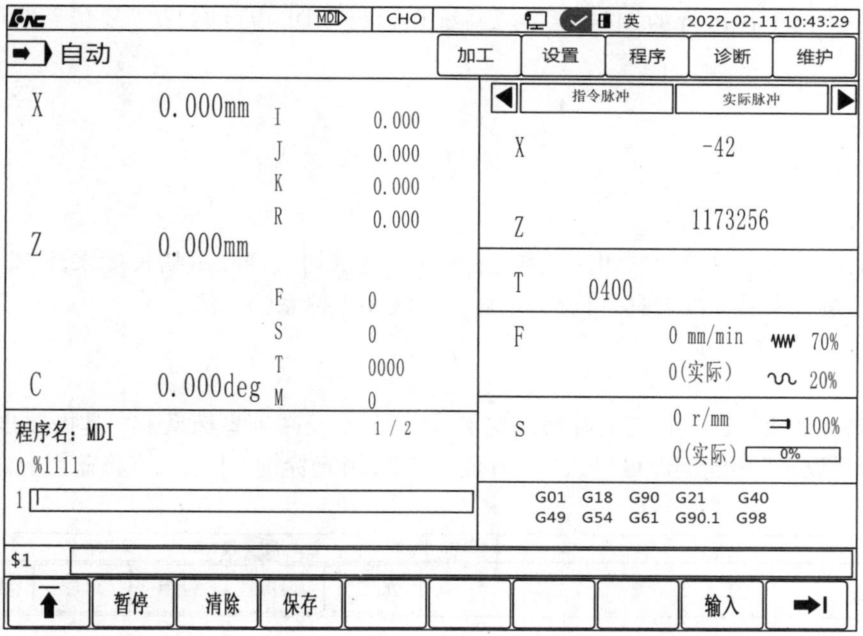

图 3.21　MDI 界面

在输入命令时，可在命令行看见输入的内容，在按“Enter”键之前，发现输入错误，可用“退格”“删除”“►”“◄”键进行编辑；按“Enter”键后，系统发现输入错误，会提示相应的错误信息。此时，可按“清除”功能键，将输入的数据清除。

B. MDI 指令段。在输入完一个 MDI 指令段后，点击软键“输入”键，显示面板显示“输入完成”，如图 3.22 所示。再按一下操作面板上的“循环启动”键，系统即开始运行输入的 MDI 指令。

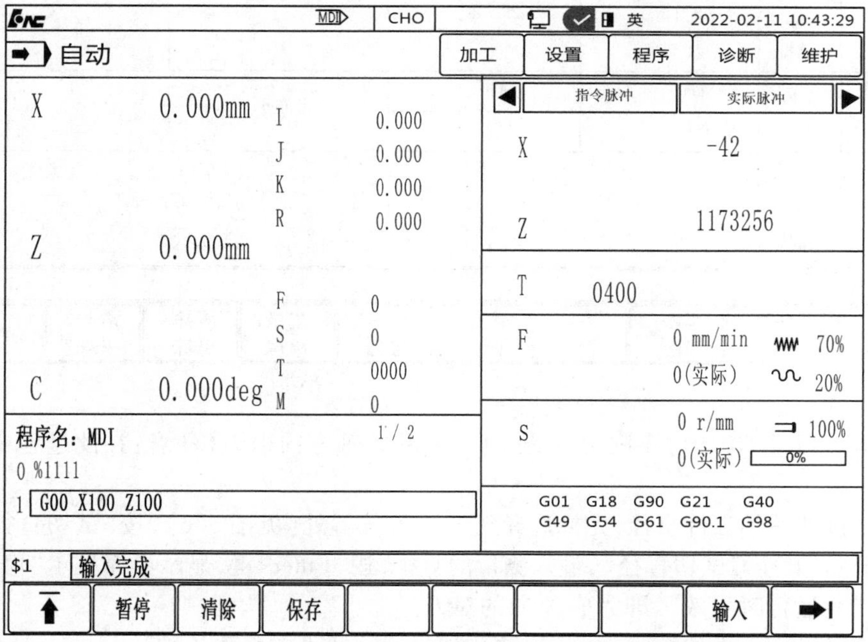

图 3.22　MDI 输入界面

C. 停止当前正在运行的 MDI 指令。系统在运行 MDI 指令时，按“复位”键可停止 MDI 运行。

3.7 对刀方法及步骤

对刀采用试切法对刀。试切法是指通过试切，由试切直径和试切长度来计算刀具偏置的方法。根据是否采用标准刀具，可分为绝对刀偏法和坐标系输入法。

3.7.1 绝对刀偏法

每一把刀具独立建立自己的补偿偏置值，该值将会反映到坐标系上。其操作步骤如下：

①按下“设置”功能键即可进入“刀具偏置表”，用光标键“↑”“↓”将蓝色亮条移动到要设置刀偏行(见图 3.23)。

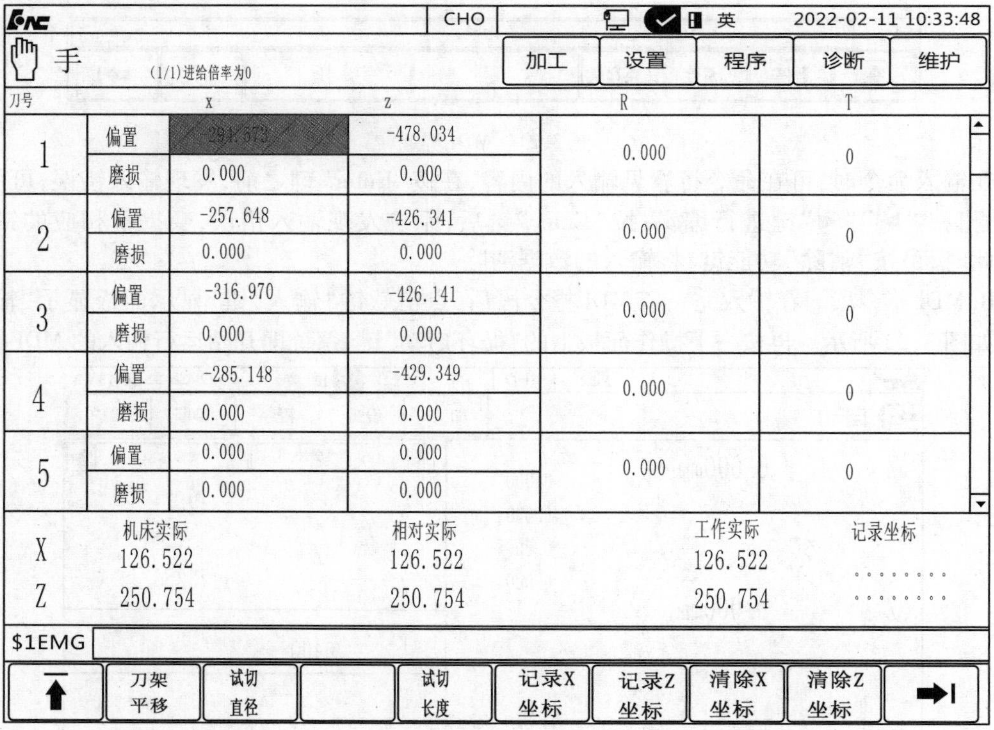

CHO　英　2022-02-11 10:33:48

手　(1/1)进给倍率为0　加工　设置　程序　诊断　维护

刀号		X	Z	R	T
1	偏置	-294.573	-478.034	0.000	0
	磨损	0.000	0.000		
2	偏置	-257.648	-426.341	0.000	0
	磨损	0.000	0.000		
3	偏置	-316.970	-426.141	0.000	0
	磨损	0.000	0.000		
4	偏置	-285.148	-429.349	0.000	0
	磨损	0.000	0.000		
5	偏置	0.000	0.000	0.000	0
	磨损	0.000	0.000		

	机床实际	相对实际	工作实际	记录坐标
X	126.522	126.522	126.522	....
Z	250.754	250.754	250.754	....

$1EMG

刀架平移　试切直径　试切长度　记录X坐标　记录Z坐标　清除X坐标　清除Z坐标

图 3.23　刀具偏置表

②用车刀刀具(T0101)车削工件的外径，再沿 Z 轴方向退刀(注意：在此过程中不要移动 X 轴)。

③测量试切后的工件直径，光标选择到 1 号 X 偏置处(见图 5.6)，按“试切直径”功能键，显示界面显示“1 号刀试切直径”，输入测量的直径，按“Enter”键，显示界面显示“修改成功，下次换刀时或重运行时生效”，即完成 X 向的对刀。

④用刀具试切工件的端面，再沿 X 轴；同方向退刀(不能移动 Z 轴)。

⑤根据编程原点，计算试切工件端面到该刀具要建立的工件坐标系原点的有向距离，光标选择到 1 号偏置处，按“试切长度”功能键，显示界面显示“1 号刀试切长度”，输入有向距离值，按“Enter”键，显示界面显示“修改成功，下次换刀时或重运行时生效”，即完成 Z 轴对刀。

如要设置其余的刀具对刀，就再重复上述步骤。

注意：

①对刀前，机床必须先回机械零点。

②试切工件端面到该刀具要建立的工件坐标系的原点位置的有向距离就是试切工件端面在要建立的工件坐标系中 Z 轴坐标值。

3.7.2　坐标系数据

坐标系数据的设置操作步骤如下：

①点击“设置”默认界面，点击“坐标系”软键（见图 3.24），进入坐标设置界面，如图 3.25 所示。

⬆	选择程序	编辑程序		刀补设置	坐标系	显示设定	加工资讯	显示切换	➡I

图 3.24　设置一级主菜单

外部零点偏移	相对坐标系	机床实际	相对实际
X 0.000毫米	X -93.322毫米	X -93.322	X 0.000
Z 0.000毫米	Z -448.310毫米	Z -121.001	Z 327.309
C 0.000度	C 0.000度		
G54	**G55**	**G56**	**G57**
X [illegible]毫米	X 0.000毫米	X 0.000毫米	X 0.000毫米
Z 0.000毫米	Z 0.000毫米	Z 0.000毫米	Z 0.000毫米
C 0.000度	C 0.000度	C 0.000度	C 0.000度

MDI　CHO　2019-05-14 05:05:35

自动　加工　设置　程序　诊断　维护

$1

⬆　当前输入　增量输入　全部清零　➡I

图 3.25　坐标系设定

②按“▼”“■”“■”“▲”键，选择要输入的数据类型 G54，G55，G56，G57 坐标系。

③选择“当前输入”功能键，显示“是否将到前位置设为选中坐标系零点（Y/N）”，按“确定”键，即将该处的机床实际坐标值自动保存在该坐标系下，如选择“增量输入”功能键，则显示“设置 Z 轴 G54 坐标偏置值”，输入有向数字，按“Enter”键，G54 坐标系 Z 坐标将原有坐标输入值进行加减，获得新得坐标值。

3.8 程序输入与文件管理

在系统主菜单界面下，按“加工”功能键，即可进入程序功能菜单的显示界面，如图3.26所示。

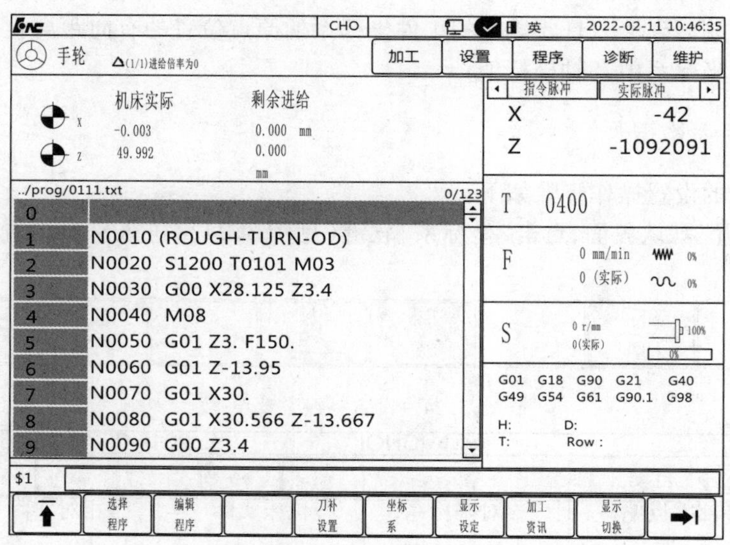

图3.26 程序功能显示界面

在该一级扩展菜单下，可对零件程序进行编辑、存储和校验等操作。

3.8.1 选择程序

在“加工”功能键一级菜单下，点击“选择程序”软键，将弹出如图3.27所示的菜单。

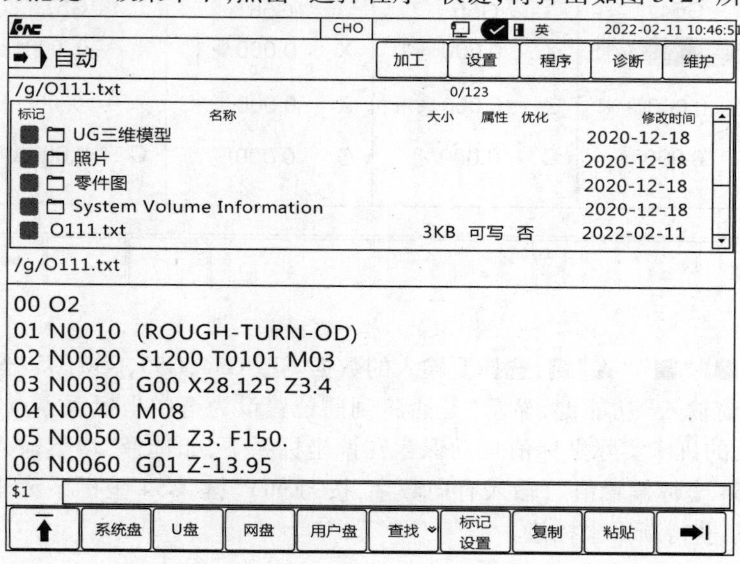

图3.27 选择程序显示界面

其中：

①系统盘：保存在电子盘上的程序文件。

②U 盘：保存在 U 盘的程序文件。

③网盘：建立在网络连接后，网络路径映射和程序文件。

④用户盘：本系统将储存卡（CF 卡）分为操作系统盘区、数控系统盘区和用户盘区。用户盘用于备份、存储等，与机床操作无关。

注意：程序文件名一般是由字母“O”开头，后面跟 4 个（或多个）数字或字母组成，系统缺省认为程序文件名是由“O”开头。

3.8.2　删除程序文件

①在选择程序菜单中，用“▲”“▼”键移动光标条，选中要删除的程序文件。

②按“DEL”键，将选中程序文件从当前存储器上删除。

注意：删除的程序文件不可恢复，删除操作前应确认。

3.8.3　编辑程序

在加工一级菜单下，点击“编辑程序”软键，将弹出如图 3.28 所示的“编辑程序”菜单。在此界面下，可编辑当前程序。

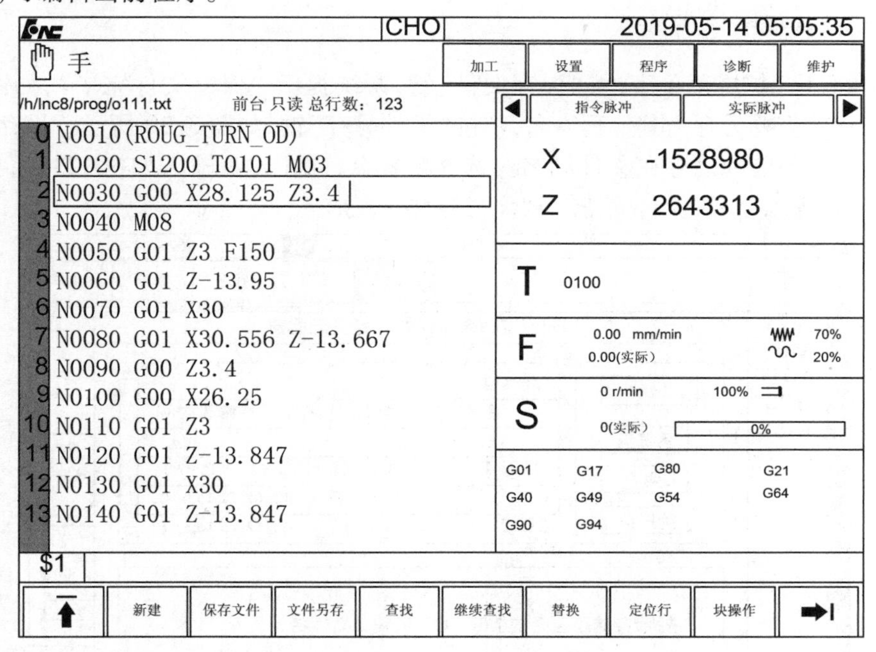

图 3.28　编辑程序显示界面

编辑过程中用到的主要快捷键如下：

DEL：删除光标后的一个字符，光标位置不变，余下的字符左移一个字符位置。

PGUP：使编辑程序向程序头滚动一屏，光标位置不变。如果到了程序头，则光标移到文件首行的第一个字符处。

PGDN：使编辑程序向程序尾滚动一屏，光标位置不变。如果到了程序尾，则光标移到文件末行的第一个字符处。

BS:删除光标前的一个字符,光标向前移动一个字符位置,余下的字符左移一个字符位置。

◀:使光标左移一个字符位置。

▶:使光标右移一个字符位置。

▲:使光标向上移一行。

▼:使光标向下移一行。

3.8.4 新建程序

在指定磁盘或目录下建立一个新文件,但新文件不能和已在的文件名同名。

在"加工"功能菜单下,点击"编辑程序"软键,再点击"新建"软键,如图3.29所示。此时,输入栏将显示"请输入文件名:O"菜单,光标在"输入新建功立业文件名"处闪烁,输入文件名后,按"Enter"键后可用MDI键盘输入编辑新的程序。

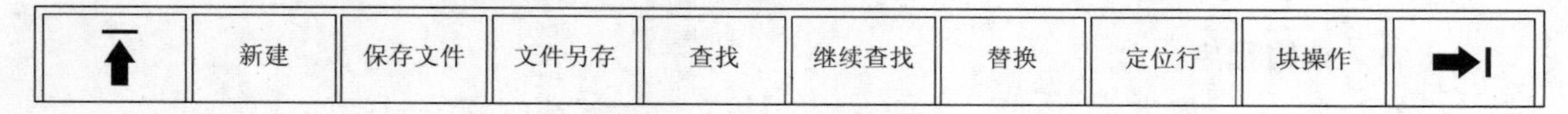

图3.29 加工功能键一级扩展菜单

3.8.5 保存程序

在"编辑程序"扩展菜单下,按"保存文件"键,系统提示"保存文件完毕",如图3.29所示。如果该程序需要另存为其他程序名,则按"文件另存"键,如图3.30所示。另存文件的前提是更改新文件不能和已存在文件同名。选择系统盘,MDI键盘输入如"O1234",按"Enter"键,系统显示栏提示"保存文件完毕",程序另存文件完成。

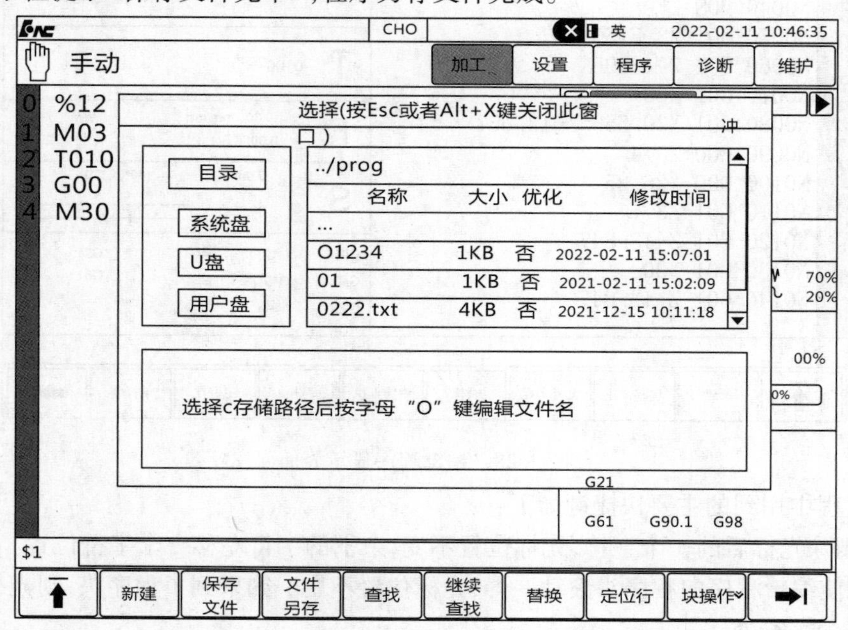

图3.30 另保存文件显示界面

3.8.6　程序复制与粘贴

①在“程序”默认界面下，用“查找”方式或“光标”键、“翻页”键，选择需复制、粘贴的程序；按“复制”软键（见图3.31），并在输入框中提示“复制成功”。

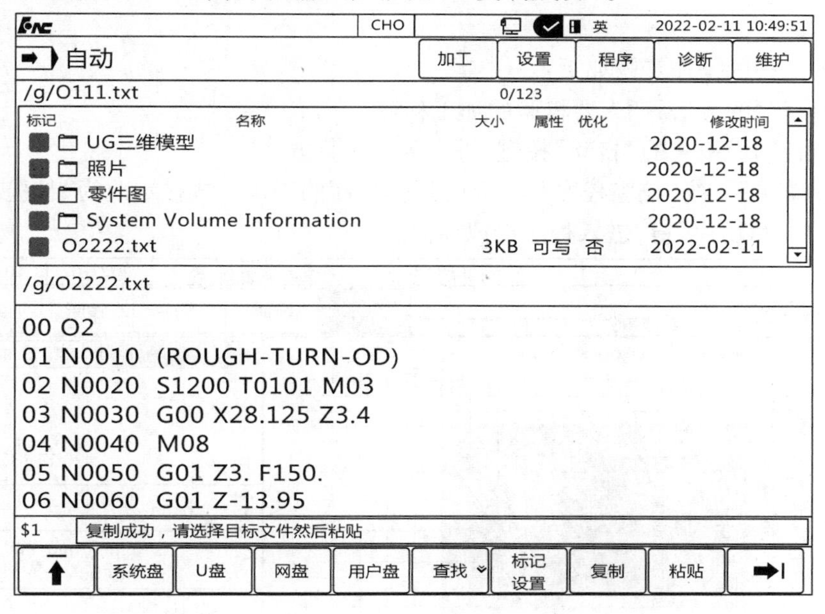

图3.31　程序复制显示界面

②选择目标分区，按“系统盘”“U盘”“网盘”软键，若需粘贴到文件目录中，需选中文件目录，按“Enter”键打开目录；按“粘贴”软键，完成粘贴，在对话框中有“粘贴成功”提示，如图3.32所示。

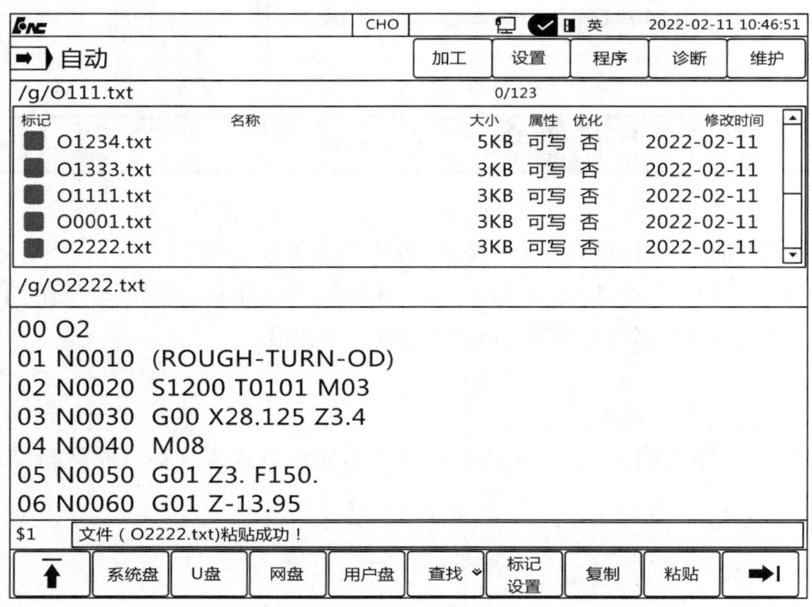

图3.32　程序粘贴显示界面

3.8.7 程序校验

程序校验用于对调入加工缓冲区程序文件进行校验，并提示可能出现的错误。

注意：以前未在机床上运行的新程序在调入后最好先进行校验运行，正确无误后再启动自动运行。

程序校验运行的操作步骤如下：

①按选择程序的方法，调入要校验的加工程序。

②按机床控制面板上的“自动”按键，进入程序运行方式。

③在程序菜单下，按“校验程序”键，此时操作界面的工作方式显示改为“校验运行”（见图3.33）。点击“显示切换”键，进入程序模拟界面。

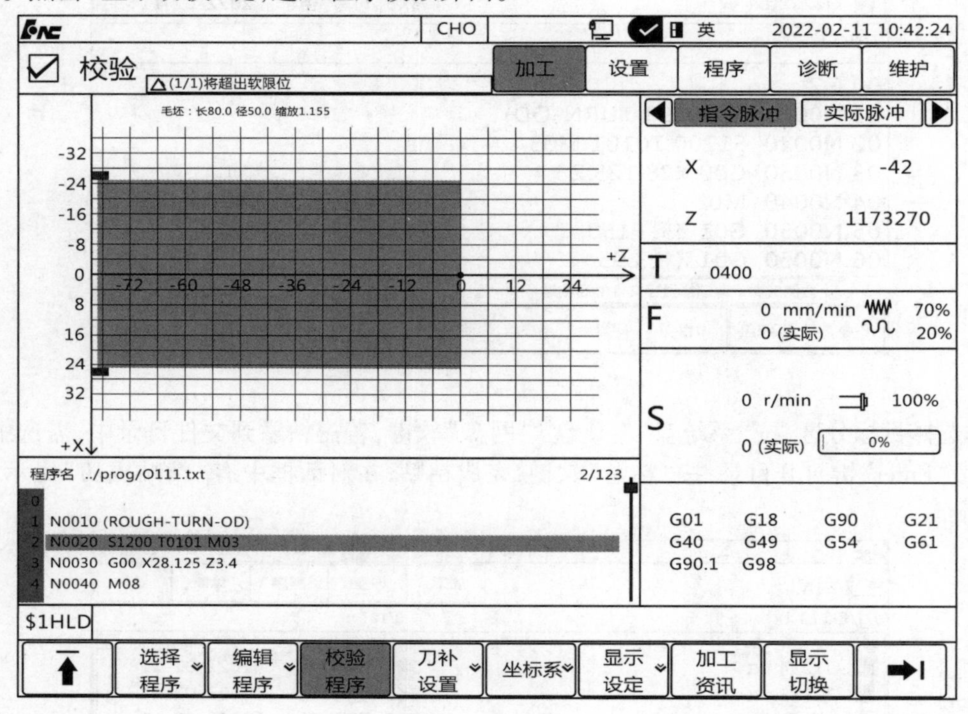

图3.33 程序校验运行界面

④按机床控制面板上的“循环启动”按键，程序校验开始。

⑤若程序正确，校验完成，如图3.34所示。光标返回程序头，且操作界面的工作方式显示改回“自动”；若程序有错，命令行将提示程序的哪一行有错。

注意：

①校验运行时，机床不运动。

②为确保加工程序正确无误，应选择不同的图形显示方式来观察校验运行结果。

3.8.8 运行控制

1）启动自动运行

系统调入零件加工程序，经校验无误后，可正式启动运行。

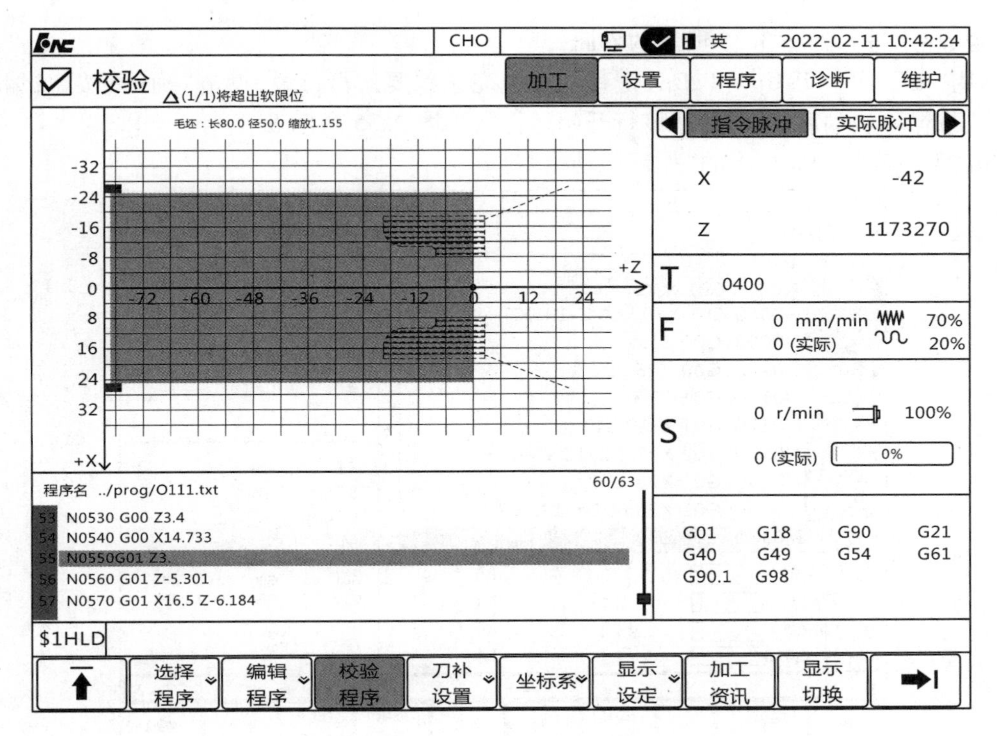

图3.34　程序校验完成界面

①按下机床控制面板上的“自动”按键(指示灯亮),进入程序运行方式。

②按下机床控制面板上的“循环启动”按键(指示灯亮),机床开始自动运行调入的零件加工程序。

2)暂停运行

在程序运行的过程中,需要暂停运行,可按以下步骤操作:

①在程序运行的任何位置,按下机床控制面板上的“进给保持”按键(指示灯亮),系统处于进给保持状态。

②按下机床控制面板上的“循环启动”按键(指示灯亮),机床又开始自动运行调入的零件加工程序。

3)中止运行

在程序运行的过程中,需要中止运行,可按以下步骤操作:

①在程序运行的任何位置,按下机床控制面板上的“进给保持”按键(指示灯亮),系统处于进给保持状态。

②按下机床控制面板上的“手动”键,将机床的M,S功能关掉。

③此时如要退出系统,可按下机床控制面板上的“急停”键,中止程序的运行。

④此时如要中止当前程序的运行,又不退出系统,可按下“复位”键重新装入程序。

4)从任意行开始执行

(1)从当前行开始运行

从任意行开始运行的操作步骤如下:

①加工方式选择自动方式,选择加工程序,点击加工功能键,选择一级扩展菜单,点击“任

意行”键，显示进入如图 3.35 所示的界面。

②用“▲”“▼”“PgUp”“PgDn”键移动蓝色亮条到要运行行段，点击“确认”按钮，编辑栏将显示“按循环启动后，系统将从该行开始运行”，如图 3.35 所示。

③按下机床控制面板上的“循环启动”按键。

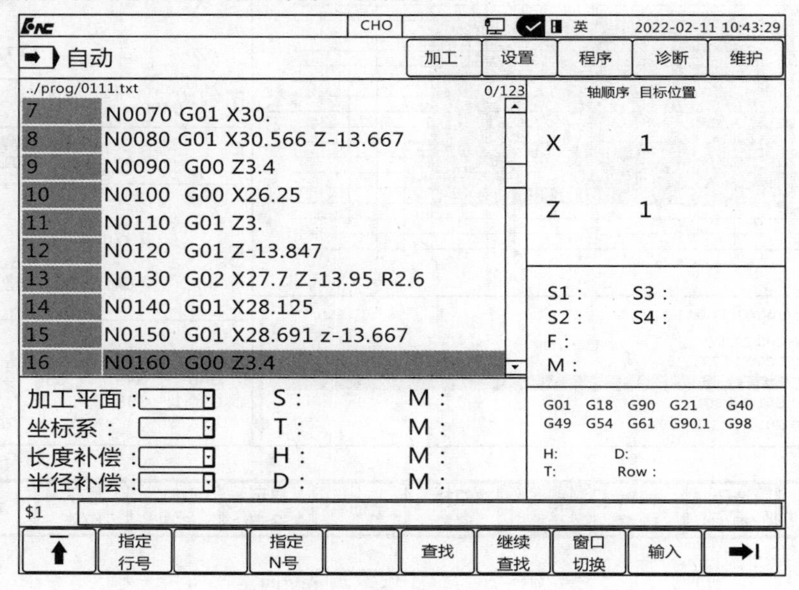

图 3.35　程序当前行界面

(2)从指定行号开始运行

从指定行开始运行的操作步骤如下：

①加工方式选择自动方式，选择加工程序，点击加工功能键，选择一级扩展菜单，点击“任意行”键，再点击“指定行号”键。显示“请输入指定行号”，如图 3.36 所示。

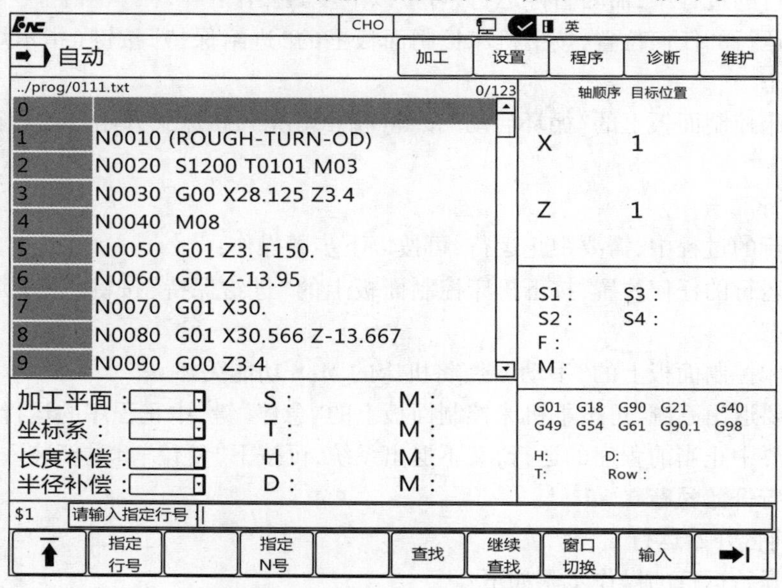

图 3.36　程序指定行号运行界面

②输入开始运行的指定行号,按“Enter”键。

③按下机床控制面板上的“循环启动”按键,程序从指定行开始运行。

(3)从指定 N 号开始运行

从指定行开始运行的操作步骤如下:

①加工方式选择自动方式,选择加工程序,点击加工功能键,选择一级扩展菜单,点击“任意行”键,再点击“指定 N 号”键。显示“请输入指定行号”,如图 3.37 所示。

②输入开始运行的指定行号,按“Enter”键。

③按下机床控制面板上的“循环启动”按键,程序从指定行开始运行。

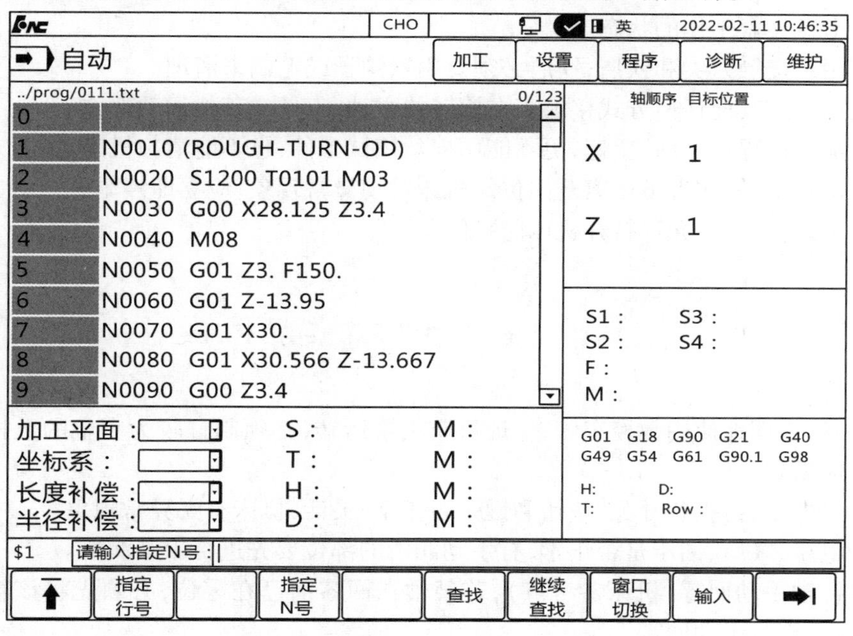

图 3.37　从指定 N 号开始运行界面

5)单段运行

按下机床控制面板上的“单段”按键(指示灯亮),系统处于单段自动运行方式,程序将逐段执行。执行完该段指令命令,需点击“循环启动”键,才能执行下一段程序。

6)手轮模拟

①手轮模拟功能是否开启切换。

②该功能开启时,可通过手轮控制刀具按程序轨迹运行。正向摇手轮时,继续运行后面的程序;反向摇手轮时,反向回退已运行的程序。

7)程序跳段

程序段首标有“/”符号时,该程序段是否跳过切换。

8)选择停

①程序运行到“M00”指令时,是否停止切换。

②若程序运行前已按下该键(指示灯亮),当程序运行到“M00”指令时,则进给保持,再按“循环启动”键才可继续运行后面的程序;若没有按下该键,则连贯运行该程序。

3.9 数控机床安全生产规程

数控机床安全生产规程如下：

①工作时，应穿好工作服、安全鞋，戴好工作帽及防护镜。注意：不允许戴手套操作机床。

②使用的刀具应与机床允许的规格相符，有严重破损的刀具应及时更换。

③调整刀具所用工具不要遗忘在机床内。

④检查卡盘夹紧工作的状态。

⑤禁止用手接触刀尖和铁屑，铁屑必须要用铁钩子或毛刷来清理。

⑥禁止用手或其他任何方式接触正在旋转的主轴、工件或其他运动部位。

⑦禁止加工过程中量活、变速，更不能用棉丝擦拭工件，也不能清扫机床。

⑧车床运转中，操作者不得离开岗位。机床发现异常现象，应立即停车。

⑨在加工过程中，不允许打开机床防护门。

3.10 数控车床操作规程

为了正确、合理地使用数控车床，保证机床正常运转，必须制订较为完整的数控车床操作规程。通常应做到：

①机床通电后，检查各开关、按钮和键是否正常、灵活，机床有无异常现象。

②检查电压、气压、油压是否正常，有手动润滑的部位要先进行手动润滑。

③各坐标轴手动回零（机床参考点），若某轴在回零前已在零位，必须先将该轴移动离零点一段距离后，再行手动回零。

④在进行工作台回转交换时，台面上、护罩上、导轨上不得有异物。

⑤机床空运转达 15 min 以上，使机床达到热平衡状态。

⑥程序输入后，应认真核对，保证无误，包括对代码、指令、地址、数值、正负号、小数点及语法的查对。

⑦按工艺规程安装找正夹具。

⑧正确测量和计算工件坐标系，并对所得结果进行验证和验算。

⑨将工件坐标系输入偏置页面，并对坐标、坐标值、正负号、小数点进行认真核对。

⑩未装工件以前，应空运行一次程序，看程序能否顺利执行，刀具长度选取和夹具安装是否合理，有无超程现象。

⑪刀具补偿值（刀长、半径）输入偏置页面后，要对刀补号、补偿值、正负号、小数点进行认真核对。

⑫无论是首次加工的零件，还是周期性重复加工的零件，首件都必须对照图样工艺、程序和刀具调整卡，进行逐段程序的试切。

⑬单段试切时，快速倍率开关必须打到最低挡。

⑭每把刀首次使用时，必须先验证它的实际长度与所给刀补值是否相符。

⑮在程序运行中，要观察数控系统上的坐标显示，了解目前刀具运动点在机床坐标系及工件坐标系中的位置，了解程序段的位移量，还剩余多少位移量等。

⑯程序运行中，也要观察数控系统上的工作寄存器和缓冲寄存器显示，查看正在执行的程序段各状态指令和下一个程序段的内容。

⑰在程序运行中，要重点观察数控系统上的主程序和子程序，了解正在执行主程序段的具体内容。

⑱进刀时，在刀具运行至工件表面30~50 mm处，必须在进给保持下，验证Z轴剩余坐标值与X轴、Y轴坐标值与图样是否一致。

⑲对一些有试刀要求的刀具，采用“渐近”方法。如镗一小段长度，检测合格后，再镗到整个长度。使用刀具半径补偿功能的刀具数据，可由小到大，边试边修改。

⑳试切和加工中，刃磨刀具和更换刀具后，一定要重新测量刀长，并修改好刀补值和刀补号。

㉑程序检索时，应注意光标所指位置是否合理、准确，并观察刀具与机床运动方向坐标是否正确。

㉒程序修改后，对修改部分一定要仔细计算和认真核对。

㉓手摇进给和手动连续进给操作时，必须检查各种开关所选择的位置是否正确，弄清正负方向，认准按键，再进行操作。

㉔清扫机床，并将各坐标轴停在中间位置。

3.11　数控车床的日常维护保养

数控车床操作人员要严格遵守操作规程和机床日常维护和保养制度，严格按机床和系统说明书的要求，正确、合理地操作机床，尽量避免因操作不当影响机床使用。数控机床日常保养内容和要求见表3.1。

表3.1　数控机床日常保养内容和要求

序号	检查周期	检查部位	检查要求
1	每天	导轨润滑	检查润滑油的油面、油量，及时添加油，润滑油泵能否定时启动、打油及停止，导轨各润滑点在打油时是否有润滑油流出
2	每天	X,Y,Z及回旋轴导轨	清除导轨面上的切屑、赃物、冷却水剂，检查导轨润滑油是否充分，导轨面上有无划伤及锈斑，导轨防尘刮板上有无夹带铁屑。如果是安装滚动滑块的导轨，当导轨上出现划伤时，应检查滚动滑块
3	每天	压缩空气气源	检查气源供气压力是否正常，含水量是否过大
4	每天	机床进气口的油水自动分离器和自动空气干燥器	及时清理分水器中滤出的水分，加入足够润滑油，空气干燥器是否能自动切换工作，干燥剂是否饱和

续表

序号	检查周期	检查部位	检查要求
5	每天	气液转换器和增压器	检查存油面高度并及时补油
6	每天	主轴箱润滑恒温油箱	恒温油箱正常工作,由主轴箱上油标确定是否有润滑油,调节油箱制冷温度能正常启动,制冷温度不要低于室温太多(相差2~5 ℃,否则主轴容易产生空气水分凝聚)
7	每天	机床液压系统	油箱、油泵无异常噪声,压力表指示正常压力,油箱工作油面在允许的范围内,回油路上背压不得过高,各管接头无泄露和明显振动
8	每天	主轴箱液压平衡系统	平衡油路无泄露,平衡压力指示正常,主轴箱上下快速移动时压力波动不大,油路补油机构动作正常
9	每天	数控系统及输入/输出	如光电阅读机的清洁,机械结构润滑良好,外接快速穿孔机或程序服务器连接正常
10	每天	各种电气装置及散热通风装置	数控柜、机床电气柜进气排气扇工作正常,风道过滤网无堵塞,主轴电机、伺服电机、冷却风道正常,恒温油箱、液压油箱的冷却散热片通风正常
11	每天	各种防护装置	导轨、机床防护罩应动作灵敏而无漏水,刀库防护栏杆、机床工作区防护栏检查门开关应动作正常,恒温油箱、液压油箱的冷却散热片通风正常
12	每周	各电柜进气过滤网	清洗各电柜进气过滤网
13	半年	滚珠丝杠螺母副	清洗丝杠上旧的润滑油脂,涂上新的油脂,清洗螺母两端的防尘网
14	半年	液压油路	清洗溢流阀、减压阀、滤油器、油箱油低,更换或过滤液压液压油,注意加入油箱的新油必须经过过滤和去水分
15	半年	主轴润滑恒温油箱	清洗过滤器,更换润滑油,检查主轴箱各润滑点是否正常供油
16	每年	检查并更换直流伺服电机碳刷	从碳刷窝内取出碳刷,用酒精清除碳刷窝内和整流子上碳粉。当发现整流子表面有被电弧烧伤时,抛光表面、去毛刺,检查碳刷表面和弹簧有无失去弹性,更换长度过短的碳刷,并跑合后才能正常使用
17	每年	润滑油泵、过滤器等	清理润滑油箱池底,清洗更换滤油器
18	不定期	各轴导轨上镶条、压紧滚轮、丝杠	按机床说明书上规定调整
19	不定期	冷却水箱	检查水箱液面高度,冷却液装置是否工作正常,冷却液是否变质,经常清洗过滤器,疏通防护罩和床身上各回水通道。必要时,更换并清理水箱底部
20	不定期	排屑器	检查有无卡位现象

3.12　数控系统的日常维护

数控系统是数控机床的核心。它主要有两种类型:一是完全由硬件逻辑电路构成的专用硬件数控装置(NC 装置);二是由计算机硬件和软件组成的计算机数控装置(CNC 装置)。随着计算机技术发展,目前数控装置主要是 CNC 装置。CNC 装置由硬件控制系统和软件控制系统组成,其日常维护主要包括以下 6 个方面:

①严格制订并且执行 CNC 系统的日常维护的规章制度

根据不同数控机床的性能特点,严格制订其 CNC 系统的日常维护的规章制度,并且在使用和操作中要严格执行。

②应尽量少开数控柜门和强电柜的门

在机械加工车间的空气中往往含有油雾、尘埃,它们一旦落入数控系统的印刷线路板或电气元件上,则易引起元器件的绝缘电阻下降,甚至导致线路板或者电气元件的损坏。

③定时清理数控装置的散热通风系统,以防止数控装置过热

散热通风系统是防止数控装置过热的重要装置。因此,应每天检查数控柜上各个冷却风扇运转是否正常,每半年或一季度检查一次风道过滤器是否有堵塞现象。如果有,则应及时清理。

④注意 CNC 系统的输入/输出装置的定期维护

如 CNC 系统的输入 [illegible] 的清洗。

⑤经常监视 [illegible] 压

CNC 系统对 [illegible] 要求。例如,FANUC 公司生产的 CNC 系统,允许电网电压在额定值的 8 [illegible] 会造成 CNC 系统不能正常工作,甚至会引起 CNC 系统内部电子元件的 [illegible]

⑥存储器用电池 [illegible]

CNC 系统中部分 [illegible] 储器中的存储内容在断电时靠电池供电保持,一般采用锂电池或可充电的镍镉电池。当电池电压下降到一定值时,就会造成数据丢失。因此,要定期检查电池电压。当电池电压下降到限定值或出现电池电压报警时,就要及时更换电池。更换电池时,一般要在 CNC 系统通电状态下进行,这才不会造成存储参数丢失。因此,机床参数要做好备份,一旦数据丢失,在调换电池后,可重新输入参数。

软件控制系统日常维护一定要做到:不能随意更改机床参数。若需要修改参数,必须做好修改记录。

第4章 数控车床编程

数控车床的程序编制过程主要包括分析零件图样、工艺分析、数学处理编制程序单及程序检验。

1）编程步骤与要求

（1）分析图样和制订工艺方案

根据零件图样，制订加工路线，合理选择切削用量及刀具等。

（2）数学处理

确定工艺方案后，根据零件的几何尺寸、加工路线，计算刀具的中心轨迹，计算基点和节点的坐标值。

①基点

一个零件的轮廓由许多不同的几何要素组成，如直线、圆弧、二次曲线等。各几何要素之间的连接点，称为基点。

②节点

当被加工零件轮廓与机床的插补功能不一致时，如加工椭圆、双曲线、抛物线等，用直线或圆弧去逼近加工曲线。这时，逼近线段与被加工曲线的交点，称为节点。

（3）编制程序单及程序检查

在完成工艺处理及计算后，即可进行零件加工程序的编制，并在编制完程序后逐段检查编制的程序。

2）数控车床编程的种类

程序编制可分为手工编程和自动编程两大类。

（1）手工编程

手工编程由人工来完成数控机床程序编制的各个阶段的工作。在点位或直线切削控制中以及在轮廓控制中工件形状不十分复杂时，均可采用手工编程。

（2）自动编程

在加工形状复杂，特别是涉及复杂外形结构时，刀具运动轨迹的计算是非常复杂烦琐的，用手工编程已不可能。这时，通常采用计算机及相应软件（如UG，CAXA等）自动编制加工程序。

4.1　坐标系规定

4.1.1　坐标系命名原则

在数控机床上加工零件时，刀具与零件的相对运动，必须在明确的坐标系中才能按规定的程序进行加工。为了便于编程时描述机床的运动，简化程序的编制方法，保证记录数据的互换性，数控机床坐标和运动方向均已标准化。我国机械工业部1982年颁布了《数控机床　坐标和运动方向的命名》(JB/T 3051—1999)。其命名原则和规定如下：

①刀具相对于静止的工件而运动的原则。这一原则是为了编程人员能在不知道是刀具移近还是工件移近的情况下，就能依据零件图纸，确定机床的加工过程。

②标准机床直线运动坐标系是一个右手笛卡儿坐标系。即机床某一运动的正方向是使工件和刀具距离增大的方向。通常取Z轴平行于机床的主轴，X轴是水平的且平行于工件装夹面，Y轴的正方向按右手笛卡儿坐标系确定(见图4.1)。

③旋转坐标A，B，C相应地表示在X轴、Y轴、Z轴正方向上按右手螺旋前进的方向。

④机床运动方向。机床的某一运动部件的正方向是增大刀具和工件距离的方向，即在车床上，规定大拖板沿床身(纵向)向尾座移动为Z坐标的正方向；刀架朝摇把方向移动为X坐标的正方向(后置刀架正好相反)。

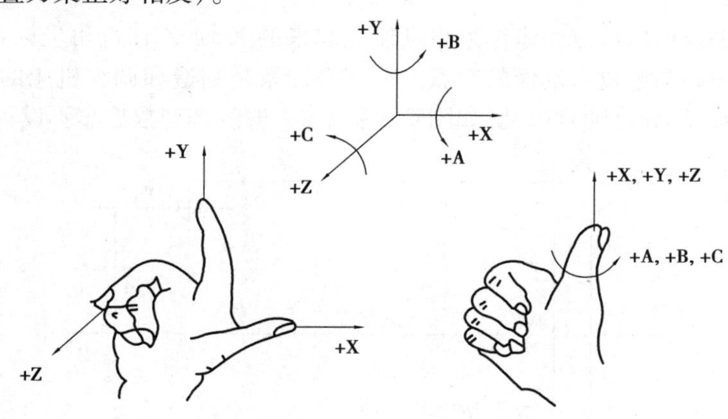

图4.1　笛卡儿坐标系

4.1.2　绝对坐标系统与增量坐标系统

在编程时，表示刀具(或机床)运动位置的坐标值通常有两种方式：一种是绝对尺寸，另一种是增量尺寸，如图4.2和图4.3所示。

1)绝对坐标

绝对坐标是表示刀具(或机床)运动位置的坐标值是相对于固定的坐标原点给出的。

2)增量坐标

增量坐标所表示的刀具(或机床)运动位置的坐标值是相对于前一位置的(相对于前一位置实际移动的距离)，而不是相对于固定原点给出的。

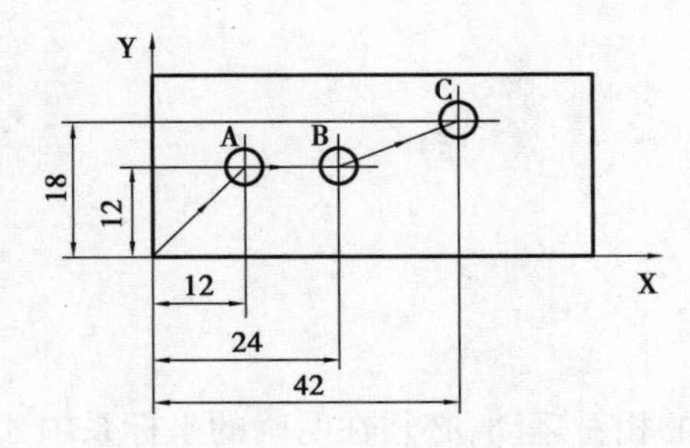

刀具位置	坐标	
	ΔX	ΔY
A	12	12
B	24	12
C	42	18

图 4.2　绝对尺寸标注及坐标计算

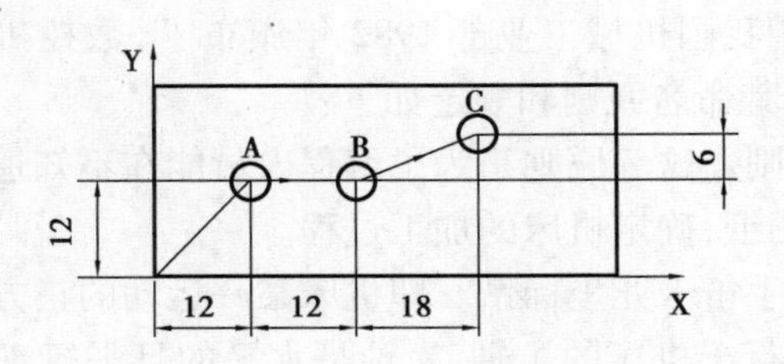

刀具位置	坐标	
	ΔY	ΔY
A	12	12
B	24	0
C	18	6

图 4.3　增量(相对)尺寸标注及坐标计算

4.1.3　数控车床编程中的坐标系

数控车床坐标系可分为机床坐标系和工件坐标系(编程坐标系)。

1)机床坐标系

机床坐标系是以机床原点为坐标系原点建立起来的 X 轴、Z 轴直角坐标系。车床的机床原点为主轴旋转中心与卡盘后端面的交点。机床坐标系是制造和调整机床的基础,也是设置工件坐标系的基础,不允许随意改动,如图 4.4 所示(一般经济型数控车不设机床原点)。

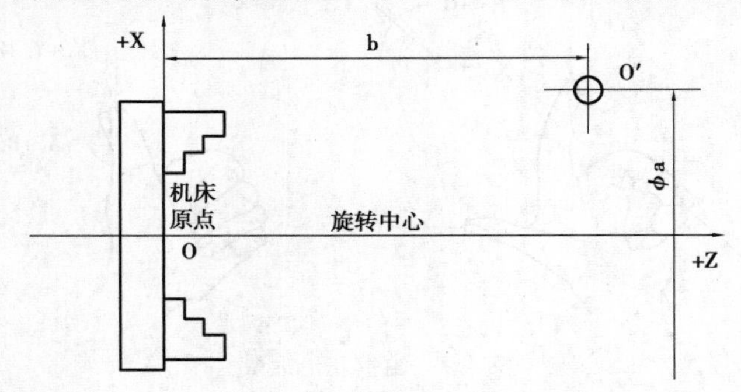

图 4.4　机床坐标系

2)参考点

参考点是机床上的一个固定点。该点是刀具退离到一个不变的极限点(见图 4.5,O′即参考点),其位置由机械挡块或行程开关来确定。以参考点为原点,坐标方向与机床坐标方向相同而建立的坐标系,称为参考坐标系。在实际使用中,通常以参考坐标系计算坐标值。

3)工件坐标系

数控编程时,应首先确定工件坐标系和工件原点。零件在设计中有设计基准,在加工中有加工工艺基准,同时应尽量将工艺基准与设计基准统一。该统一的基准点,通常称为工件原点;以工件原点建立起来的 X,Z 直角坐标系,称为工件坐标系。在车床上的工件原点可选择在工件的左端或右端面上,如图 4.5 所示。

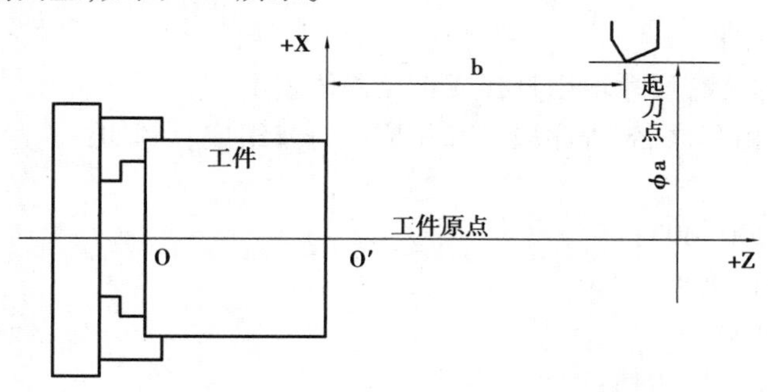

图 4.5　工件坐标系

4.2　程序段格式

程序段格式是指程序段书写规则。它包括数控机床要执行的功能和执行该功能所需的参数。一个零件加工程序是由若干程序段组成。每个程序段又由不同的功能字组成。车床数控系统常用的功能字见表 4.1。

表 4.1　数控系统常用的功能字

功　能	地址	范　围	意　义
程序号	P,N	1 ~ 99	指定程序号,子程序号
顺序段号	N	0000 ~ 9 999	程序段号
准备功能	G	00 ~ 99	指令动作方式
坐标字	X,Z,I,K,R,L	0.01 ~ 9 999.99	运动指令坐标、圆心坐标、螺距、半径、循环次数
进给速度	F	12 ~ 2 000 mm/min	进给速度指令
主轴功能	S	0 ~ 5 000 r/min	主轴转速指令
刀具功能	T	1 ~ 8	刀具指令
辅助功能	M	0 ~ 99	辅助指令

数控系统不要求每个程序段都具有上面这些指令,但在每个程序段中,指令要遵守一定格式来排列。等每个功能字在不同的程序段格式可能有不同的定义,详见具体指令。

一个程序段由一个或多个程序字组成。程序字通常由地址字和地址字后面的数字和符号组成。在上一程序段已写明而本程序段里不发生变化的那些字仍然有效,可不再重写。例如:

N0420 G03 X70 Z－40 I0 K－20 F100;

在程序段中,N,G,X,Z,I,K,F 均为地址功能字。

N:程序段号。

G03:准备功能,也可写成 G3。

X,Z,R(I,K):坐标地址。

F:进给量。

03,70,40 等:数据字。

程序中,X 方向的所有尺寸均用直径或直径差值表示。

一个完整的程序由程序名、程序段号和相应的符号组成。例如:

```
%0001;
N0010 T0101 S1200 M03;
N0020 G00 X0 Z1 M08;
N0030 G01 Z0 F100;
N0040 G03 X30 Z-15 R15;
N0050 G01 Z-20;
N0060 G01 X35;
N0070 G03 X40 Z-22.5 R2.5;
N0080 G01 Z-30;
N0090 M09;
N0100 M30;
```

程序段号用来标识组成程序的第一个程序段。它由字母 N 后面跟数字 0000 ~ 9999 组成。程序段号必须写在每一段的开始。各程序段号原则上应按其在程序中的先后顺序由小到大排列,为了便于在需要的地方插入新的程序段,在编程时不要给程序段连续序号,建议程序段以 10 为间隔进行编号,这样便于插入程序时赋予不同段号,也可省略不写。

4.3 HNC-808DiT 车床数控系统的编程

4.3.1 常用 G 功能

常用 G 功能如下:

模态　G00　快速定位
模态　G01　线性插补
模态　G02　顺时针圆弧插补(刀具运动轨迹为逆时针方向)
模态　G03　逆时针圆弧插补(刀具运动轨迹为顺时针方向)
　　　G04　暂停
模态　G20　英制输入
模态　G21　公制输入
　　　G28　返回参考点
　　　G29　由参考点返回
模态　G32　螺纹切削
模态　G36　直径编程
模态　G37　半径编程

模态　G40　刀尖半径补偿取消
模态　G41　左刀补
模态　G42　右刀补
模态　G54　工件坐标系 1 选择
模态　G55　工件坐标系 2 选择
模态　G56　工件坐标系 3 选择
模态　G57　工件坐标系 4 选择
模态　G58　工件坐标系 5 选择
模态　G59　工件坐标系 6 选择
模态　G71　内(外)径粗车复合循环
模态　G72　端面车削复合循环
模态　G73　闭环车削复合循环
模态　G76　螺纹切削复合循环
模态　G80　内(外)径切削循环
模态　G81　端面切削循环
模态　G82　螺纹切削循环
模态　G90　绝对编程方式
模态　G91　增量编程方式
模态　G94　每分钟进给
模态　G95　每转进给
模态　G96　圆周恒线速度控制开
模态　G97　圆周恒线速度控制关

注:模态是指指令不仅在本程序段内有效,而且在以后的程序段内仍保持有效,直到被适当的指令代替或中止为止。

4.3.2　G 功能的使用

1) G00——快速定位

本指令是将刀具快速移动到指定的位置。一般作为空行程运动,既可以是单坐标运动,又可以是两坐标运动。

格式:

G00 X(U)□□ Z(W)□□;

注:①X,Z:绝对编程时,为快速定位终点在工件坐标系中的坐标。

②G00:运动轨迹一般不是一条直线,而是两条或 3 条直线的组合。

③U,W:相对坐标方式编程,下同。

【例 4.1】　如图 4.6 所示的程序如下:

绝对值方式编程(G90)

G00 X75 Z200;

增量值方式编程(G91):

G91 G00 X－25 Z－100;

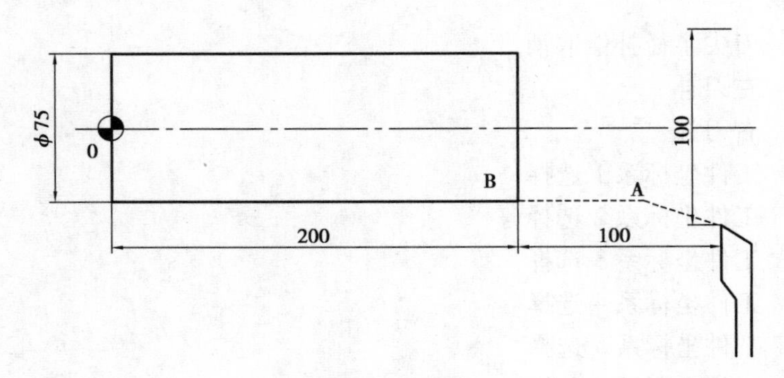

图 4.6　G00 走刀路线示意图

或

G00 U－25 W－100；

G00 U－25 Z200；

G00 X75 W－100；

运动轨迹为：刀尖先是 X，Z 同时走 25 快速到 A 点，接着 Z 向再走 75 快速到 B 点。

2）G01——直线插补

本指令是将刀具按给定速度沿直线移动到指定的位置。一般作为切削加工运动指令。既可以是单坐标运动，又可以两坐标联动。

格式：

G00 X（U）□□ Z（W）□□ F□□；

注：①G01 指令中应给出速度 F 值。速度范围为 12～2 000 mm/min。

②只有一个坐标值时，刀具将沿该方向运动；有两个坐标值时，刀具将按给定的终点坐标值作直线插补运动。

【例 4.2】　如图 4.7 所示的程序如下（假设刀尖在 A 点，移动到 B 点）：

绝对值编程方式（G90）：

G01 X40 Z20 F100；

增量值编程方式（G91）：

G91 G01 X10 Z－35 F100；

3）G02——顺圆弧插补

本指令是将刀具按所需圆弧运动。其运动轨迹为顺时针方向。

编制圆弧程序时，应确定圆弧的起点、终点和圆弧半径（或圆心）坐标。圆弧起点坐标由前面已执行过的程序段来确定（前面程序段中刀具到达的终点坐标值，即本程序段的起点坐标），终点坐标及圆弧半径（或圆心坐标）要在本程序段中给出。

格式：

G02 X（U）□□ Z（W）□□ R□□ F□□；　　　　（半径 R 编程）

或

G02 X（U）□□ Z（W）□□ I□□ K□□ F□□；　　　　（圆心坐标编程）

注：①R：圆弧半径值；I，K：圆心相对圆弧起点的坐标值，I 为 X 方向直径量，K 为 Z 方向。

②X，Z：圆弧终点在工件坐标系中的坐标。

③整圆不能用 R 编程，“＋”表示圆弧角小于 180°（“＋”可省略）；“－”表示圆弧角大于 180°。

【例4.3】　如图4.8所示,AB段圆弧程序如下:

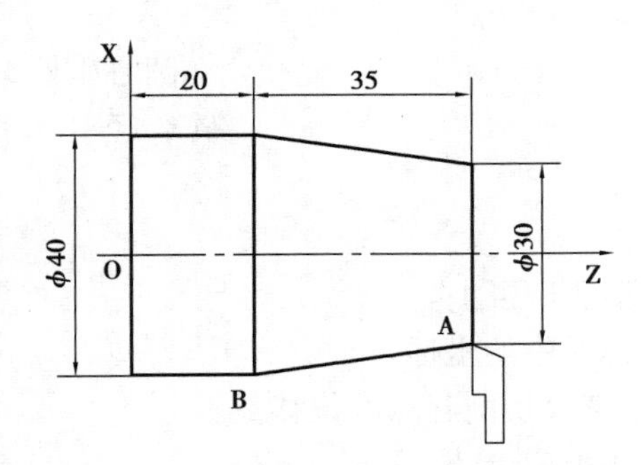

图4.7　G01走刀路线示意图

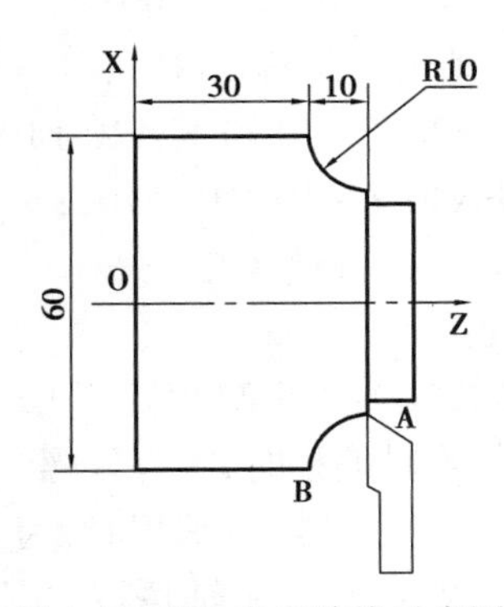

图4.8　G02走刀路线示意图

绝对值方式编程(G90):

G02 X60 Z30 I20 K0 F100;　　(圆心坐标编程)

G02 X60 Z30 R10 F100;　　(半径R编程)

增量值方式编程(G91):

G91 G02 X20 Z-10 I20 K0 F100;　　(圆心坐标编程)

G91 G02 X20 Z-10 R10 F100;　　(半径R编程)

4) G03——逆圆弧插补

本指令是将刀具按所需圆弧运动。其运动轨迹为逆时针方向。

用G03指令编程时,除圆弧旋转方向与G02指令相反外,其余与G02指令编程相同。

格式:

G03 X□□ Z□□ R□□ F□□;　　(半径R编程)

或

G03 X□□ Z□□ I□□ K□□ F□□;　　(圆心坐标编程)

【例4.4】　如图4.9所示,AB段圆弧程序如下:

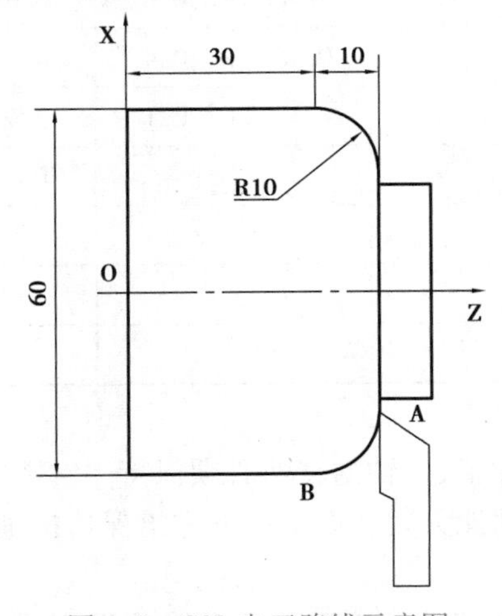

图4.9　G03走刀路线示意图

绝对值方式编程(G90):

G03 X60 Z30 I0 K-10 F100;　　(圆心坐标编程)

G03 X60 Z30 R10 F100;　　　　　　　　　　　　　　　　　　　　　　(半径 R 编程)

增量值方式编程(G91):

G03 X20 Z－10 I0 K－10 F100;　　　　　　　　　　　　　　　　　(圆心坐标编程)

G03 X20 Z－10 R10 F100;　　　　　　　　　　　　　　　　　　　　(半径 R 编程)

5) G32——螺纹加工

格式:

G32 X(U)□□ Z(W)□□ R□□ E□□ P□□ F□□;

X,Z:绝对编程时,为有效螺纹终点在工件坐标系中的坐标。

U,W:相对(增量)编程时,为有效螺纹相对于螺纹切削起点的位移量。

F:螺纹导程,即主轴每转一圈,刀具相对于工件的进给量。

R,E:螺纹切削的退尾量,R 表示 Z 向退尾量,R 表示 X 向退尾量。R,E 在绝对和相对编程时都以增量方式指定,其为正表示沿 X,Z 正向退回,为负表示沿 X,Z 负向退回。使用 R,E 可免去退刀槽。R,E 可省略,表示不用回退功能:根据螺纹标准 R 一般取 2 倍的螺距,E 取螺纹的牙型高。

P:主轴基准脉冲处距离螺纹切削起始点的主轴转角(单头螺纹不用)。

螺纹车削加工为成型车削,且切削进给量较大,刀具强度较差,一般要分数次加工。常用螺纹切削的进给次数与吃刀量见表 4.2。

表 4.2　常用螺纹切削的进给次数与吃刀量

公制螺纹								
螺距		1.0	1.5	2	2.5	3	3.5	4
牙深(半径量)		0.694	0.974	1.299	1.624	1.949	2.273	2.598
切削次数及吃刀量(直径量)	1 次	0.7	0.8	0.9	1.0	1.2	1.5	1.5
	2 次	0.4	0.6	0.6	0.7	0.7	0.7	0.8
	3 次	0.2	0.4	0.6	0.6	0.6	0.6	0.6
	4 次		0.16	0.4	0.4	0.4	0.4	0.4
	5 次			0.1	0.4	0.4	0.4	0.4
	6 次				0.15	0.4	0.4	0.4
	7 次					0.2	0.2	0.4
	8 次						0.15	0.3
	9 次							0.2

注:①从螺纹粗加工到精加工,主轴的转速必须保持一常数。

②螺纹切削时,进给保持功能无效。如果按下进给保持按键,刀具在加工完螺纹切削后停止运动。

③在螺纹加工中,应设置足够的升速进刀段和降速退刀段,以消除伺服滞后造成的螺距误差。

【例 4.5】　如图 4.10 所示,圆柱螺纹编程,每吃刀量(直径值)分别为 0.8,0.6,0.4,

0.16 mm。其程序如下：

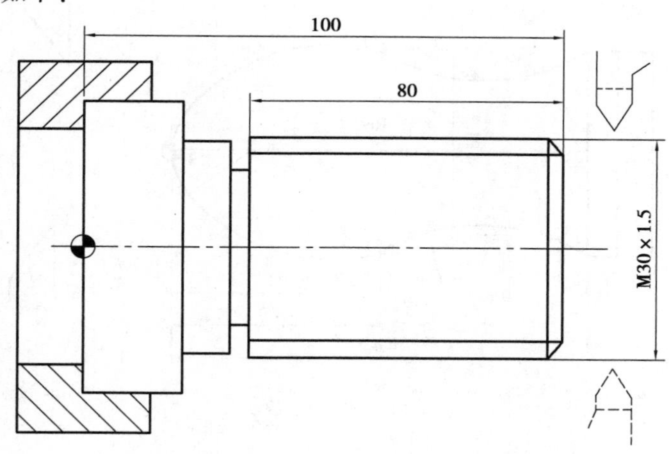

图4.10　螺纹编程实例

```
%0001;                          (主程序程序名)
N10 M03 S600 T0101;             (主轴正转600 r/min,选定1号刀具1号刀偏)
N20 G00 X29.2 Z101.5;           (到螺纹起点,升速段1.5 mm,吃刀深0.8 mm)
N30 G32 Z19 F1.5;               (切削螺纹到螺纹终点,降速段1 mm)
N40 G00 X40;                    (X轴方向快退)
N50 Z101.5;                     (Z轴方向快退到螺纹起点)
N60 X28.6;                      (X轴方向快速进到螺纹起点,吃刀深0.6 mm)
N70 G32 Z19 F1.5;               (切削螺纹到螺纹终点,降速段1 mm)
N80 G00 X40;                    (X轴方向快退)
N90 Z101.5;                     (Z轴方向快退到螺纹起点)
N100 X28.2;                     (X轴方向快速进到螺纹起点,吃刀深0.4 mm)
N110 G32 Z19 F1.5;              (切削螺纹到螺纹终点,降速段1 mm)
N120 G00 X40;                   (X轴方向快退)
N130 Z101.5;                    (Z轴方向快退到螺纹起点)
N140 X28.04;                    (X轴方向快速进到螺纹起点,吃刀深0.16 mm)
N150 G32 Z19 F1.5;              (切削螺纹到螺纹终点,降速段1 mm)
N160 G00 X40;                   (X轴方向快退)
N170 X80 Z150;                  (回对刀点)
N180 M30;                       (程序结束并复位)
```

6)直径方式和半径方式编程

格式：

```
G36;                            (直径编程)
G37;                            (半径编程)
```

注：G36为缺省值，机床出厂一般设为直径编程。

【例4.6】　如图4.11所示，用半径及子程序编程。其程序如下：

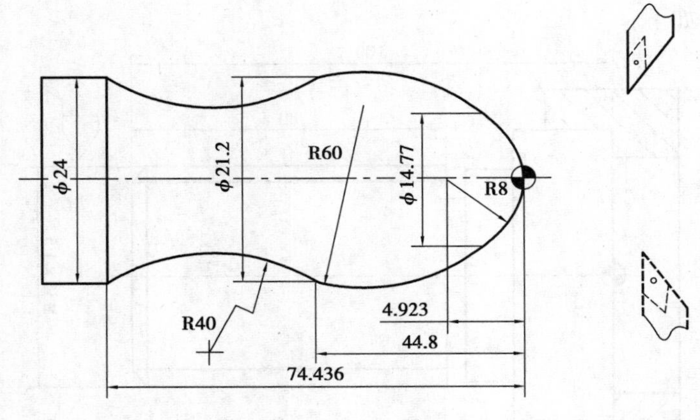

图 4.11　半径编程实例

```
%0002;
N20 G37 G00 Z0 M03 S500 T0101;     （移到子程序起点处、主轴正转，选定 1 号刀具 1 号刀偏）
N30 M98 P0003 L6;                  （调用子程序，并循环 6 次）
N40 G00 X16 Z1;                    （返回对刀点）
N50 G36;                           （取消半径编程）
N60 M05;                           （主轴停）
N70 M30;                           （主程序结束并复位）
%0003;                             （子程序名）
N10 G01 U-12 F100;                 （进刀到切削起点处，注意留下后面切削的余量）
N20 G03 U7.385 W-4.923 R8;         （加工 R8 圆弧段）
N30 U3.215 W-39.877 R60;           （加工 R60 圆弧段）
N40 G02 U1.4 W-28.636 R40;         （加工切 R40 圆弧段）
N50 G00 U4;                        （离开已加工表面）
N60 W73.436;                       （回到循环起点 Z 轴处）
N70 G01 U-4.8 F100;                （调整每次循环的切削量）
N80 M99;                           （子程序结束，并回到主程序）
```

7) G28——自动返回参考点

格式：

G28 X□□ Z□□；

注：①X，Z：绝对编程时，为中间点在工件坐标系中的坐标。

②U，W：相对编程时，为中间点相对于起点的位移量。

③G28 指令首先使所有的编程轴都快速定位到中间点，然后从中间点返回到参考点。

一般 G28 指令用于刀具自动更换或消除机械误差，在执行该指令之前应取消刀尖半径补偿。

在 G28 的程序段中不仅产生坐标轴移动指令，而且记忆了中间点坐标值，以供 G29 使用。

8) G29——自动从参考点返回

格式:

G29 X□□ Z□□;

注:①X,Z:绝对编程时,为定位终点在工件坐标系中的坐标。

②U,W:相对编程时,为定位终点相对于 G28 中间点的位移量。

③G29 可使所有编程轴以快速进给经过由 G28 指令定义的中间点,再到达指定点。通常该指令紧跟在 G28 指令之后。

【例 4.7】　用 G28/G29 对如图 4.12 所示的路径编程,要求由 A 经过中间点 B 并返回参考点,然后从参考点经由中间点 B 返回到点 C。其程序如下:

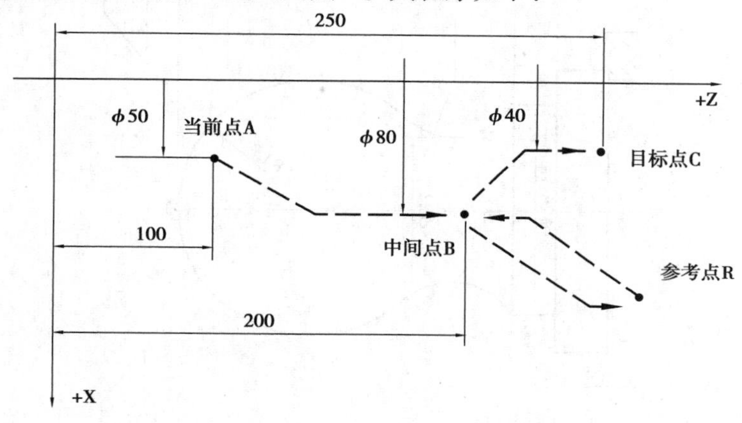

图 4.12　G28/G29 编程实例

%0004;	
N10 G92 X50 Z100;	(建立坐标系,定义对刀点 A 的位置)
N20 G28 X80 Z200;	(从点 A 到达点 B 再快速移动到参考点)
N30 G29 G00 X50 Z100;	(从参考点 R 经中间点 B 到达目标点 C)
M30;	(主轴停,程序结束并复位)

本例说明,编程员不必计算从中间点到参考点的实际距离。

9) G04——延时指令

格式:

G04 P(X)□□;

注:① P:暂停时间,单位为 ms(X 单位为 s)。

②G04 在前一段程序的进给速度降到零之后才开始暂停功能。

③在执行含 G04 指令的程序段时,先执行暂停功能。

④G04 为非模态指令,仅在其被规定的程序段中有效。

⑤G04 可使刀具作短暂停留,以获得圆整而光滑的表面。该指令常用于切槽、钻孔、镗孔。

10) G96,G97——恒线速度速度指令

格式:

G96 S□□;

G97 S□□;

G96:恒线速度有效。

G97:取消恒线速度。

S:G96 后面的 S 值为切削恒定线速度,单位为 m/min。G97 后面的 S 值为取消恒线速度后指定的主轴转速,单位为 r/min。如缺省,则为执行 G96 指令前的主轴转速。

注:①使用恒线速度功能,主轴必须能自动变速。

②应用 G96 时,应设定主轴最高限速(用 G44)。

【例 4.8】 如图 4.13 所示,用恒线速度编程。其程序如下:

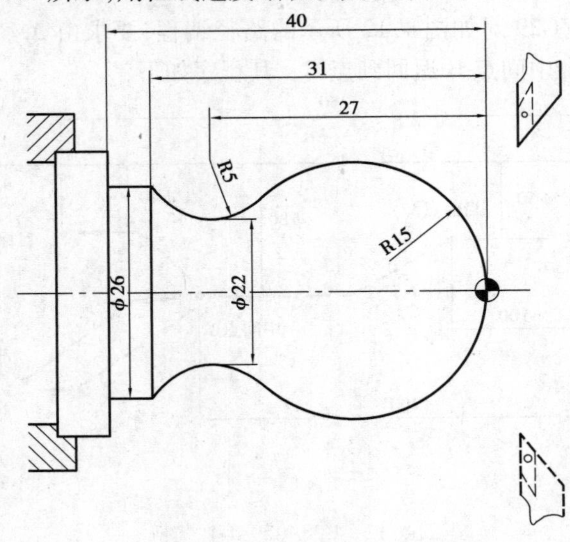

图 4.13 恒线速度编程实例

```
%0005;
N10 T0101;                (选定 1 号刀具 1 号刀偏)
N20 M03 S600;             (主轴正转 600 r/min)
N30 G96 S80;              (恒线速度有效,线速度为 80 m/min)
N40 G00 X0;               (刀到中心,转速升高,直到主轴到最大限速)
N50 G01 Z0 F60;           (工进接触工件)
N60 G03 U24 W-24 R15;     (加工 R15 圆弧段)
N70 G02 X26 Z-31 R5;      (加工 R5 圆弧段)
N80 G01 Z-40;             (加工 φ26 外圆)
N90 X40 Z5;               (回对刀点)
N100 G97 S300;            (取消恒线速度功能,设定主轴按 300 r/min 旋转)
N110 M30;                 (主轴停、主程序结束并复位)
```

11) G80——内(外)径切削固定循环

(1)圆柱内(外)径切削循环

格式:

G80 X□□ Z□□ F□□;

X,Z:绝对编程时,为切削终点 C 在工件坐标系下的坐标;增量编程时,为切削终点 C 相对于循环起点 A 的有向距离。图形中用 U 和 W 表示。

如图4.14所示，该指令执行轨迹为：A→B→C→D→A。

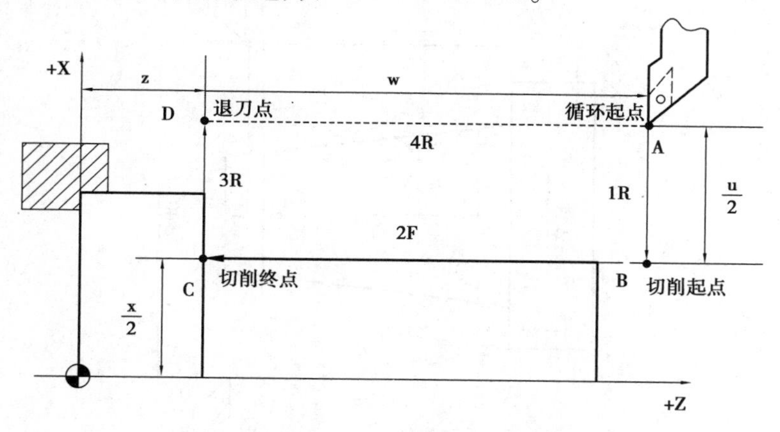

图4.14　圆柱面内(外)径切削循环

(2)圆锥面内(外)径切削循环

格式：

G80 X□□ Z□□ I□□ F□□；

注：①X，Z：绝对编程时，为切削终点C在工件坐标系下的坐标；增量编程时，为切削终点C相对于循环起点A的有向距离。图形中用U和W表示。

②I：切削起点B与切削终点C的半径差。其符号为差的符号(无论是绝对编程还是增量编程)。

如图4.15所示，该指令执行轨迹为：A→B→C→D→A。

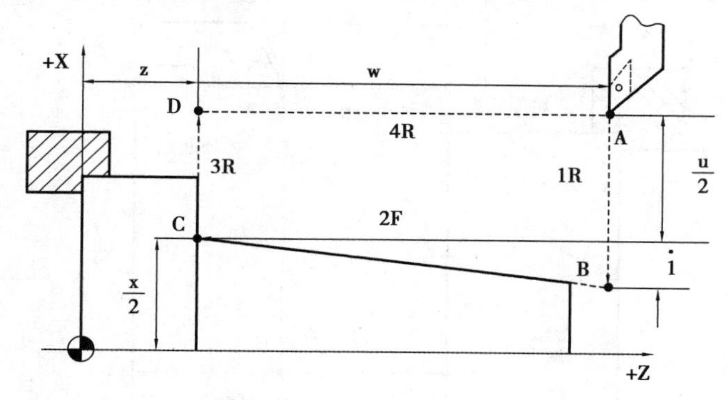

图4.15　圆锥面内(外)径切削循环

【例4.9】　如图4.16所示，用G80指令编程，点画线代表毛坯。其程序如下：

```
%0006;
N10 M03 S800 T0101;                    (主轴正转800 r/min,选定1号刀具1号刀偏)
N20 G91 G80 X-10 Z-33 I-5.5 F100;     (加工第一次循环,吃刀深3 mm)
N30 X-13 Z-33 I-5.5;                  (加工第二次循环,吃刀深3 mm)
N40 X-16 Z-33 I-5.5;                  (加工第三次循环,吃刀深3 mm)
N50 M30;                               (主轴停、主程序结束并复位)
```

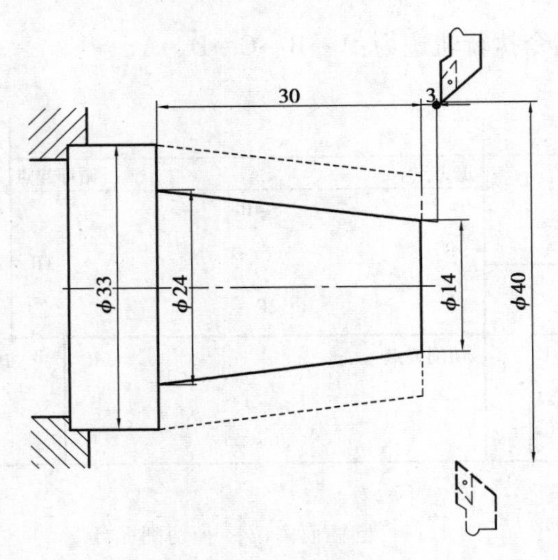

图 4.16　G80 切削循环编程实例

12) G81——端面切削循环

(1)端平面切削循环

格式:

G81 X□□ Z□□ F□□;

X,Z:绝对编程时,为切削终点 C 在工件坐标系下的坐标;增量编程时,为切削终点 C 相对于循环起点 A 的有向距离(见图 4.17)。图形中用 U 和 W 表示。

该指令执行轨迹为:A→B→C→D→A。

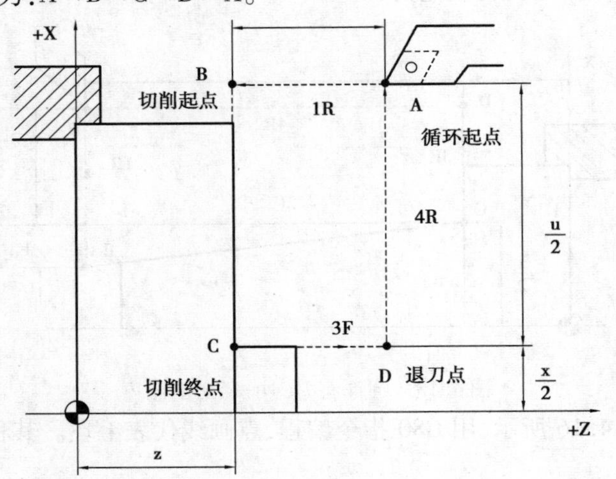

图 4.17　端平面切削循环

(2)圆锥端面切削循环

格式:

G81 X□□ Z□□ K□□ F□□;

注:①X,Z:绝对编程时,为切削终点 C 在工件坐标系下的坐标;增量编程时,为切削终点 C 相对于循环起点 A 的有向距离(见图 4.18)。图形中用 U 和 W 表示。

②K:切削起点 B 相对于切削终点 C 的 Z 向有向距离。

该指令执行轨迹为：A→B→C→D→A。

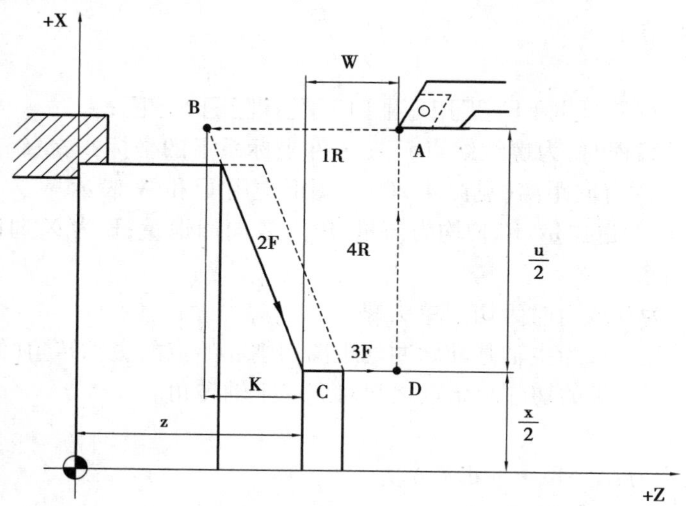

图 4.18　圆锥端面切削循环

【例 4.10】　如图 4.19 所示，用 G81 指令编程，点画线代表毛坯。其程序如下：

```
%0007;
N10 M03 S800 T0101;              (主轴正转 800 r/min，选定 1 号刀具 1 号刀偏)
N20 G00 X60 Z45;                 (到循环起点)
N30 G81 X25 Z31.5 K-3.5 F100;    (加工第一次循环，吃刀深 2 mm)
N40 X25 Z29.5 K-3.5;             (每次吃刀均为 2 mm)
N50 X25 Z27.5 K-3.5;             (每次切削起点位，距工件外圆面 5 mm，故 K 值为 -3.5)
N60 X25 Z25.5 K-3.5;             (加工第四次循环，吃刀深 2 mm)
N70 M05;                         (主轴停)
N80 M30;                         (主程序结束并复位)
```

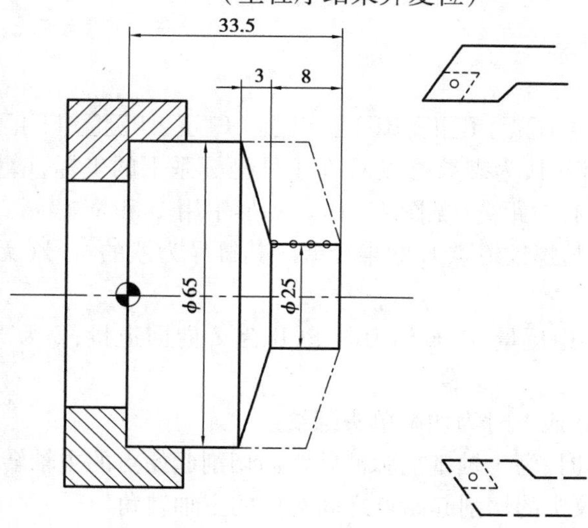

图 4.19　G81 切削循环编程实例

13) G82——螺纹切削循环

(1)直螺纹切削循环

格式:

G82 X(U)□□ Z(W)□□ R□□ E□□ C□□ P□□ F□□;

注:①X,Z:绝对编程时,为螺纹终点 C 在工件坐标系下的坐标;增量编程时,为螺纹终点 C 相对于循环起点 A 的有向距离(见图 4.20)。图形中用 U 和 W 表示。

②R,E:螺纹切削的退尾量,R,E 均为向量,R 为 Z 向回退量;E 为 X 向回退量,R,E 可省略,表示不用回退功能。

③C:螺纹头数,为 0 或 1 时为切削单头螺纹。

④P:单头螺纹切削时,为主轴基准脉冲处距离切削起始点的主轴转角(缺省值为 0);多头螺纹切削时,为相邻螺纹头的切削起始点之间对应的主轴转角。

⑤F:螺纹导程。

该指令执行轨迹为:A→B→C→D→A。

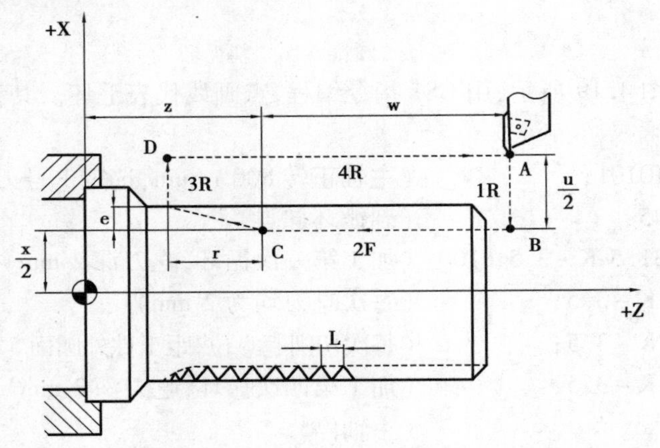

图 4.20　直螺纹切削循环

(2)锥螺纹循环切削

格式:

G82 X(U)□□ Z(W)□□ I□□ R□□ E□□ C□□ P□□ F□□;

注:①X,Z:绝对编程时,为螺纹终点 C 在工件坐标系下的坐标;增量编程时,为螺纹终点 C 相对于循环起点 A 的有向距离(见图 4.21)。图形中用 U 和 W 表示。

②I:为螺纹起点 B 与螺纹终点 C 的半径差。其符号为差的符号(无论是绝对编程还是增量编程)。

③R,E:螺纹切削的退尾量,R,E 均为向量,R 为 Z 向回退量;E 为 X 向回退量,R,E 可省略,表示不用回退功能。

④C:螺纹头数,为 0 或 1 时为切削单头螺纹。

⑤P:单头螺纹切削时,为主轴基准脉冲处距离切削起始点的主轴转角(缺省值为 0);多头螺纹切削时,为相邻螺纹头的切削起始点之间对应的主轴转角。

⑥F:螺纹导程。

该指令执行轨迹为:A→B→C→D→A。

G82 螺纹切削循环同 G32 螺纹切削一样，在进给保持状态下，该循环在完成全部动作之后才停止运动。

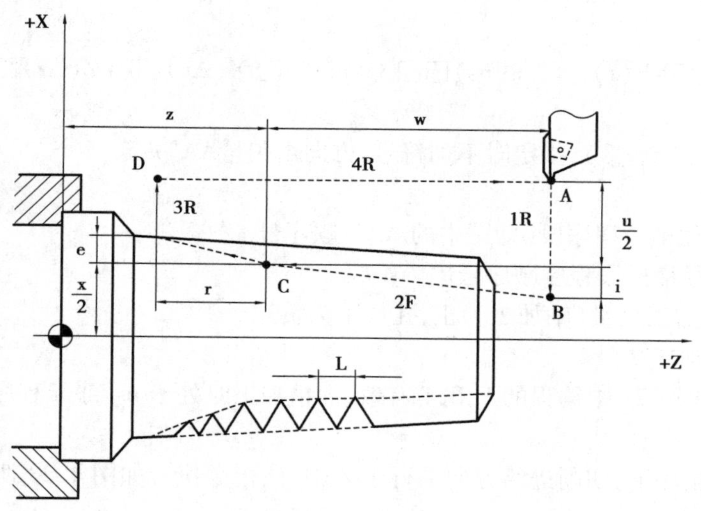

图 4.21　锥螺纹切削循环

【例 4.11】　如图 4.22 所示，用 G82 指令编程，点画线代表毛坯。其程序如下：

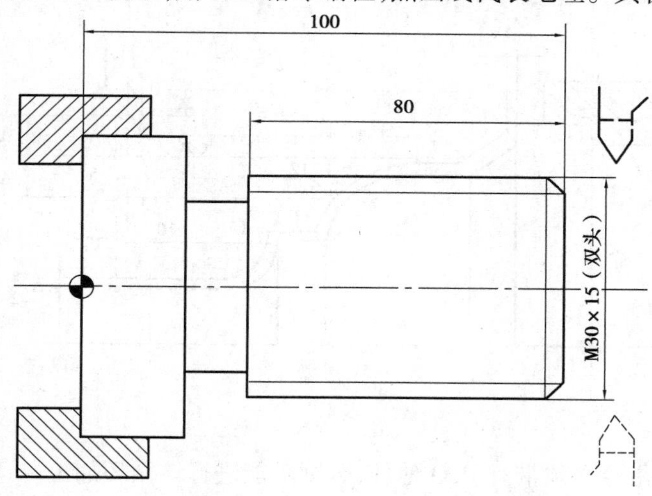

图 4.22　G82 螺纹编程实例

%0008；	
N10 T0101；	（选定 1 号刀具 1 号刀偏）
N20 M03 S600；	（主轴正转 600 r/min）
N30 G82 X29.2 Z18.5 C2 P180 F3；	（第一次循环切螺纹，切深 0.8 mm）
N40 X28.6 Z18.5 C2 P180 F3；	（第二次循环切螺纹，切深 0.4 mm）
N50 X28.2 Z18.5 C2 P180 F3；	（第三次循环切螺纹，切深 0.4 mm）
N60 X28.04 Z18.5 C2 P180 F3；	（第四次循环切螺纹，切深 0.16 mm）
N70 M30；	（主轴停、主程序结束并复位）

14) G71——内(外)径粗车复合循环

(1)无凹槽内(外)径粗车复合循环

格式:

G71 U(Δd)□□ R(r)□□ P(ns)□□ Q(nf)□□ X(Δx)□□ Z(Δz)□□ F(f)□□ S(s)□□ T(t)□□;

Δd:切削深度(半径量),指定时不加符号,方向由矢量$\overrightarrow{AA'}$决定。

r:每次退刀量。

ns:精加工路径第一程序段(即图中的AA′)顺序号。

nf:精加工路径最后段程序顺序号。

Δx:X方向精加工余量(轴加工为正,孔加工为负)。

Δz:Z方向精加工余量。

f,s,t:粗加工时G71中编程的F,S,T有效,而精加工时处于ns到nf程序段之间的F,S,T有效。

在G71切削循环下,切削进给方向平行于Z轴,该指令执行如图4.23所示的粗加工和精加工。

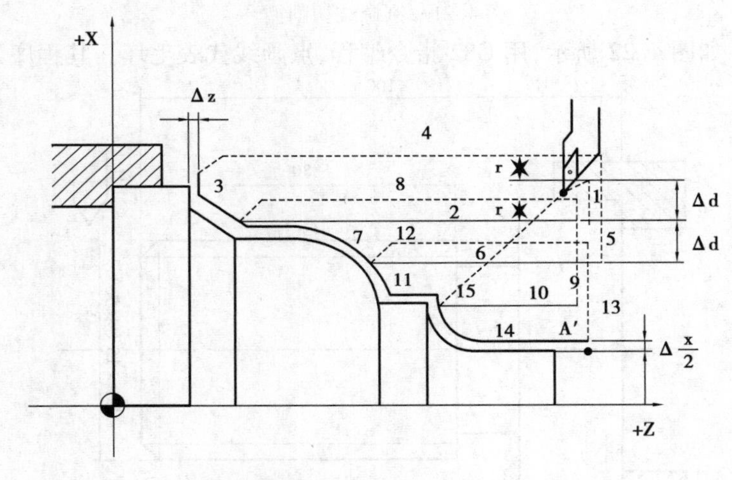

图4.23 内(外)径粗车复合循环

注:①G71编程指令必须带有P,Q地址,否则不能进行该循环加工。

②在ns(第一段)的程序段中必须含有G00/G01指令,不应有G02/G03等指令;且在由A到A′(进刀时)时的程序段中不应有Z方向移动指令。

③在顺序号为ns到顺序号为nf的程序段中不应有子程序。

【例4.12】 外径粗加工复合循环编制如图4.24所示零件的加工程序。要求循环起始点在A(46,3),切削深度为1.5 mm(半径量)。退刀量为1 mm,X方向精加工余量为0.4 mm,Z方向精加工余量为0.1 mm,其中点画线部分为工件毛坯。其程序如下:

```
%0009;
N10 T0101;              (选定1号刀具1号刀偏)
N20 M03 S800;           (主轴正转800 r/min)
N30 G00 X46 Z3 M08;     (刀具到循环起点位置并打开冷却)
```

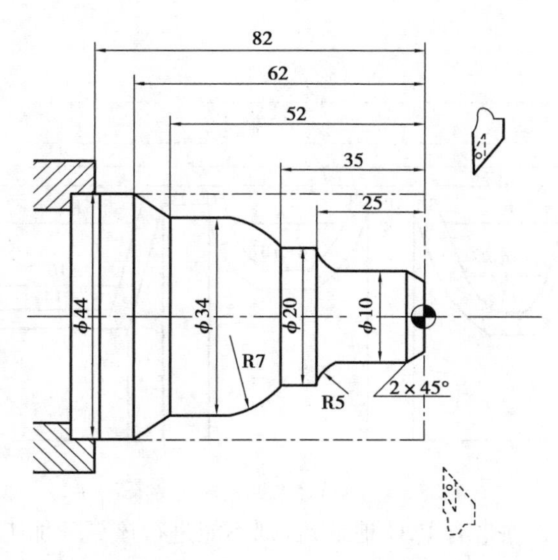

图4.24　G71外径复合循环编程实例

N40 G71U1.5 R1 P50 Q130 X0.4 Z0.1 F160;	(粗切量:1.5mm 精切量:X0.4mm Z0.1mm)
N50 G00 X0;	(精加工轮廓起始行,到倒角延长线)
N60 G01 X10 Z-2 F100;	(精加工2×45°倒角)
N70 Z-20;	(精加工φ10外圆)
N80 G02 U10 W-5 R5;	(精加工R5圆弧)
N90 G01 W-10;	(精加工φ20外圆)
N100 G03 U14 W-7 R7;	(精加工R7圆弧)
N110 G01 Z-52;	(精加工φ34外圆)
N120 U10 W-10;	(精加工外圆锥)
N130 W-20;	(精加工φ44外圆,精加工轮廓结束行)
N140 X50;	(退出已加工面)
N150 G00 X80 Z80;	(回对刀点)
N160 M09;	(关闭冷却液)
N170 M30;	(主程序结束并复位)

(2)有凹槽加工时

格式:

G71 U(Δd)□□ R(r)□□ P(ns)□□ Q(nf)□□ E(e)□□ F(f)□□ S(s)□□ T(t)□□;

Δd:切削深度(半径量),指定时不加符号,方向由矢量$\overrightarrow{AA'}$决定(见图4.25)。

r:每次退刀量。

ns:精加工路径第一程序段(即图中的AA′)顺序号。

nf:精加工路径最后段程序顺序号。

e:精加工余量,其为X方向的等高距离,轴加工为正,孔加工为负。

f,s,t:粗加工时G71中编程的F,S,T有效,而精加工时处于ns到nf程序段之间的F,S,T有效。

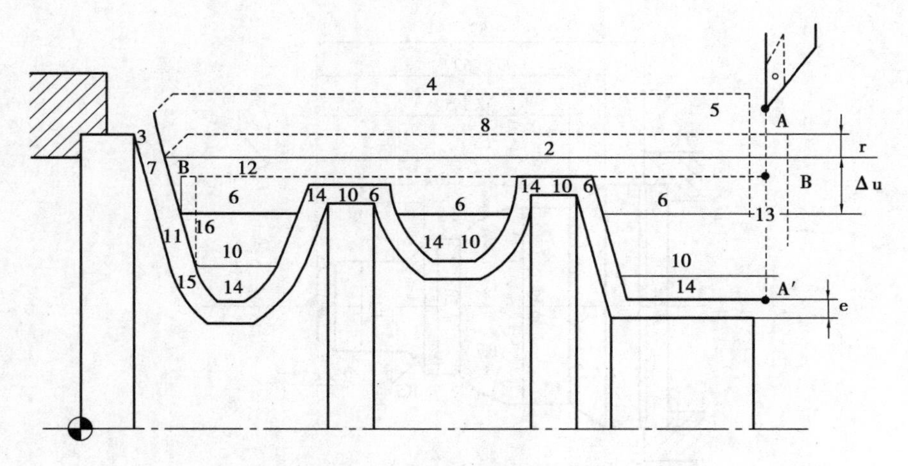

图 4.25　内(外)径有凹槽粗车复合循环

注:①G71 编程指令必须带有 P,Q 地址,否则不能进行该循环加工。

②在 ns(第一段)的程序段中必须含有 G00/G01 指令,不应有 G02/G03 等指令;且在由 A 到 A′(进刀时)时的程序段中不应有 Z 方向移动指令。

③在顺序号为 ns 到顺序号为 nf 的程序段中不应有子程序。

【例 4.13】　有凹槽的外径粗加工复合循环编制如图 4.26 所示零件的加工程序,其中点画线部分为工件毛坯。其程序如下:

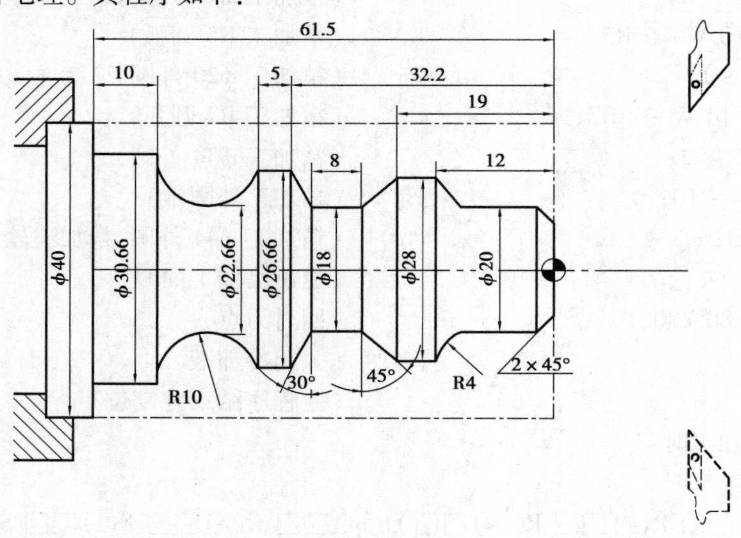

图 4.26　G71 有凹槽外径复合循环编程实例

%0010;	
N10 T0101 M03 S1000;	(主轴正转 1 000 r/min,选定 1 号刀具 1 号刀偏)
N20 G00 X80 Z100;	(到程序起点或换刀点位置)
N30 G00 X42 Z3;	(到循环起点位置)
N40 G71 U1 R1 P80 Q190 E0.3 F100;	(有凹槽粗切循环加工)
N50 G00 X80 Z100;	(粗加工后,到换刀点位置)
N60 T0202 M03 S1200;	(主轴正转 1 000 r/min,换二号刀二号刀偏)

N70 G00 G42 X42 Z3;　　　　（二号刀加入刀尖圆弧半径补偿）
N80 G00 X10;　　　　（精加工轮廓开始，到倒角延长线处）
N90 G01 X20 Z－2 F80;　　　　（精加工倒 2×45°角）
N100 Z－8;　　　　（精加工 ϕ20 外圆）
N110 G02 X28 Z－12 R4;　　　　（精加工 R4 圆弧）
N120 G01 Z－17;　　　　（精加工 ϕ28 外圆）
N130 U－10 W－5;　　　　（精加工下切锥）
N140 W－8;　　　　（精加工 ϕ18 外圆槽）
N150 U8.66 W－2.5;　　　　（精加工上切锥）
N160 Z－37.5;　　　　（精加工 ϕ26.66 外圆）
N170 G02 X30.66 W－14 R10;　　　　（精加工 R10 下切圆弧）
N180 G01 W－10;　　　　（精加工 ϕ30.66 外圆）
N190 X40;　　　　（退出已加工表面，精加工轮廓结束）
N200 G00 G40 X80 Z100;　　　　（取消半径补偿，返回换刀点位置）
N210 M30;　　　　（主轴停、主程序结束并复位）

15) G72——端面粗车复合循环

格式：

G72 W(Δd)□□ R(r)□□ P(ns)□□ Q(nf)□□ X(Δx)□□ Z(Δz)□□ F(f)□□ S(s)□□ T(t)□□;

该循环与 G71 的区别仅在于切削方向平行于 X 轴，该指令执行如图 4.27 所示的粗加工和精加工。

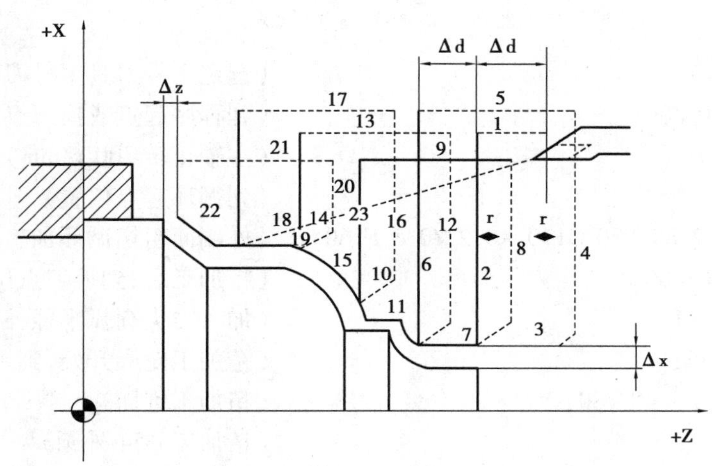

图 4.27　G42 端面粗车复合循环

Δd：切削深度（半径量），指定时不加符号，方向由矢量 $\overrightarrow{AA'}$ 决定。

r：每次退刀量。

ns：精加工路径第一程序段（即图中的 AA′）顺序号。

nf：精加工路径最后段程序顺序号。

Δx：X 方向精加工余量（轴加工为正，孔加工为负）。

Δz:Z 方向精加工余量。

f,s,t:粗加工时 G71 中编程的 F,S,T 有效,而精加工时处于 ns 到 nf 程序段之间的 F,S,T 有效。

注:①G71 编程指令必须带有 P,Q 地址,否则不能进行该循环加工。

②在 ns(第一段)的程序段中必须含有 G00/G01 指令,不应有 G02/G03 等指令;且在由 A 到 A′(进刀时)时的程序段中不应有 X 方向移动指令。

③在顺序号为 ns 到顺序号为 nf 的程序段中不应有子程序。

【例 4.14】 编制如图 4.28 所示零件的加工程序。要求循环起始点在 A(80,1),切削深度为 1.2 mm。退刀量为 1 mm,X 方向精加工余量为 0.2 mm,Z 方向精加工余量为 0.5 mm,其中点画线部分为工件毛坯。其程序如下:

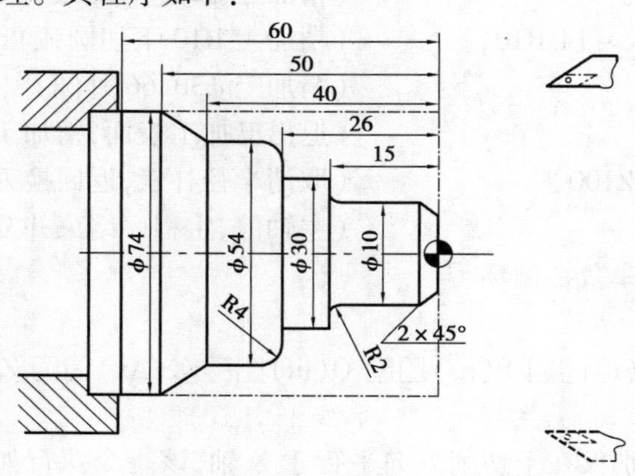

图 4.28 G72 端面粗车复合循环编程实例

%0011;	
N10 T0101;	(选定 1 号刀具 1 号刀偏)
N20 G00 X100 Z80;	(到程序起点或换刀点位置)
N30 M03 S700;	(主轴正转 700 r/min)
N40 X80 Z1;	(到循环起点位置)
N50 G72 W1.2 R1 P80 Q170 X0.2 Z0.5 F160;	(外端面粗切循环加工)
N60 G00 X100 Z80;	(粗加工后,到换刀点位置)
N70 G42 X80 Z1;	(加入刀尖圆弧半径补偿)
N80 G00 Z-56;	(精加工轮廓开始,到锥面延长线处)
N90 G01 X54 Z-40 F80;	(精加工锥面)
N100 Z-30;	(精加工 φ54 外圆)
N110 G02 U-8 W4 R4;	(精加工 R4 圆弧)
N120 G01 X30;	(精加工 Z26 处端面)
N130 Z-15;	(精加工 φ30 外圆)
N140 U-16;	(精加工 Z15 处端面)
N150 G03 U-4 W2 R2;	(精加工 R2 圆弧)
N160 Z-2;	(精加工 φ10 外圆)
N170 U-6 W3;	(精加工倒 2×45°角,精加工轮廓结束)

```
N180 G00 X50;                                (退出已加工表面)
N190 G40 X100 Z80;                           (取消半径补偿,返回程序起点位置)
N200 M30;                                    (主轴停止、主程序结束并复位)
```

【例4.15】　编制如图4.29所示零件的加工程序。要求循环起始点在A(6,3),切削深度为1.2 mm。退刀量为1 mm,X方向精加工余量为0.2 mm,Z方向精加工余量为0.5 mm,其中点画线部分为工件毛坯。其程序如下:

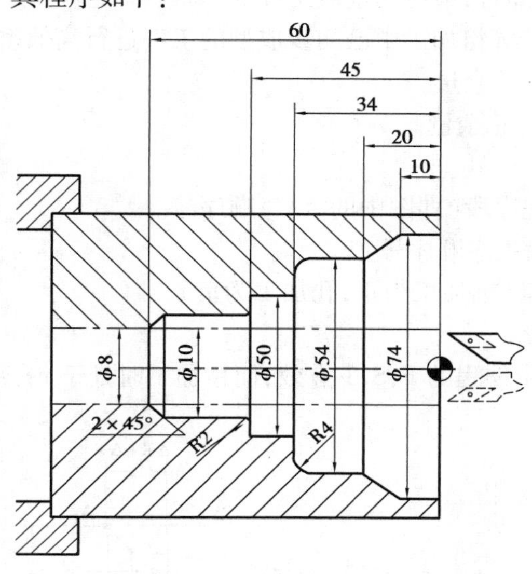

图4.29　G72端面粗车复合循环孔加工编程实例

```
%0012;
N10 T0101;                                   (选定1号刀具1号刀偏)
N20 M03 S700;                                (主轴正转700 r/min)
N30 G00 X6 Z3;                               (到循环起点位置)
N40 G72 W1.2 R1 P50 Q150 X-0.2 Z0.5 F100;   (内端面粗切循环加工)
N50 G00 Z-61;                                (精加工轮廓开始,到倒角延长线处)
N60 G01 U6 W3 F80;                           (精加工倒2×45°角)
N70 W10;                                     (精加工ϕ10外圆)
N80 G03 U4 W2 R2;                            (精加工R2圆弧)
N90 G01 X30;                                 (精加工Z45处端面)
N100 Z-34;                                   (精加工ϕ30外圆)
N110 X46;                                    (精加工Z34处端面)
N120 G02 U8 W4 R4;                           (精加工R4圆弧)
N130 G01 Z-20;                               (精加工ϕ54外圆)
N140 U20 W10;                                (精加工锥面)
N150 Z3;                                     (精加工ϕ74外圆,精加工轮廓结束)
N160 G00 X100 Z80;                           (返回对刀点位置)
N170 M30;                                    (主轴停止、主程序结束并复位)
```

16) G73 闭环车削复合复合循环

格式：

G73 U(ΔI)□□ W(ΔK)□□ R(r)□□ P(ns)□□ Q(nf)□□ X(Δx)□□ Z(Δz)□□ F(f)□□ S(s)□□ T(t)□□；

该功能在切削工件时刀具轨迹为如图 4.30 所示的封闭回路，刀具逐渐进给，使封闭切削回路逐渐向零件最终形状靠近，最终切削成工件的形状。

该指令能对铸造、锻造等粗加工中已初步成型的工件进行高效率切削加工。

ΔI：X 轴方向的粗加工总余量。

ΔK：Z 轴方向有粗加工总余量。

r：粗切削次数。

ns：精加工路径第一程序段（即图中的 AA′）顺序号。

nf：精加工路径最后段程序顺序号。

Δx：X 方向精加工余量（轴加工为正，孔加工为负）。

Δz：Z 方向精加工余量。

f,s,t：粗加工时 G71 中编程的 F,S,T 有效，而精加工时处于 ns 到 nf 程序段之间的 F,S,T 有效。

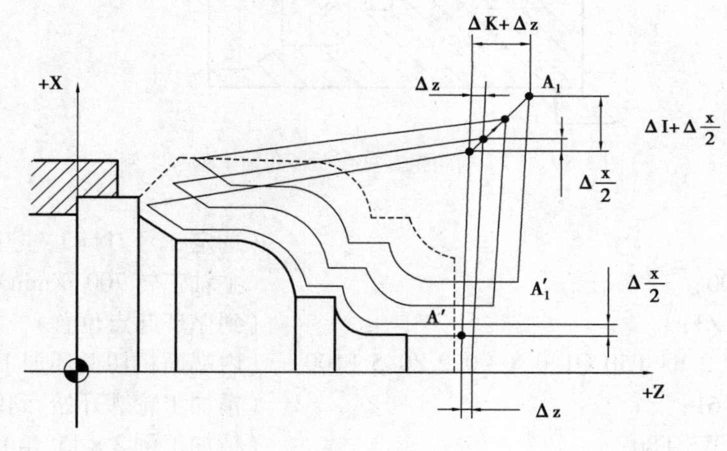

图 4.30 G73 闭环切削复合循环

注：①ΔI 和 ΔK 表示粗加工时总的切削量，粗加工次数为 r，则每次 X,Z 方向的切削量为 ΔI/r，ΔK/r。

②按 G73 段中的 P 和 Q 指令值实现循环加工，要注意 Δx，Δz，ΔI 和 ΔK 和正负号。

【例 4.16】 编制如图 4.31 所示零件的加工程序。设切削起始点在 A(60,5)；X,Z 方向粗加工余量分别为 3，0.9 mm；粗加工次数为 3；X,Z 方向精加工余量分别为 0.6，0.1 mm。其中点画线部分为工件毛坯。其程序如下：

```
%0013;
N10 T0101;                                   (选定1号刀具1号刀偏)
N20 M03 S800;                                (主轴正转800 r/min)
N30 G00 X60 Z5;                              (到循环起点位置)
N40 G73 U3 W0.9 R3 P50 Q130 X0.6 Z0.1 F120;  (闭环粗切循环加工)
```

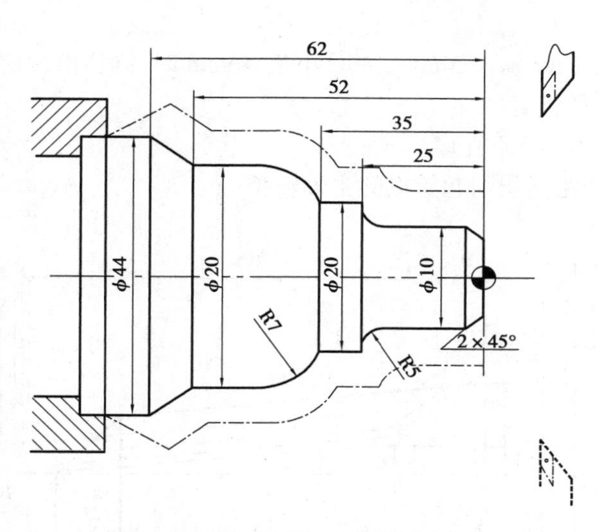

图4.31　G73闭环复合切削编程实例

```
N50 G00 X0 Z3;                    (精加工轮廓开始,到倒角延长线处)
N60 G01 U10 Z-2 F80;              (精加工倒2×45°角)
N70 Z-20;                         (精加工φ10外圆)
N80 G02 U10 W-5 R5;               (精加工R5圆弧)
N90 G01 Z-35;                     (精加工φ20外圆)
N100 G03 U14 W-7 R7;              (精加工R7圆弧)
N110 G01 Z-52;                    (精加工φ34外圆)
N120 U10 W-10;                    (精加工锥面)
N130 U10;                         (退出已加工表面,精加工轮廓结束)
N140 G00 X80 Z80;                 (返回程序起点位置)
N150 M30;                         (主轴停止、主程序结束并复位)
```

17) G76——螺纹切削复合循环

格式:

G76 C(c)□□ R(r)□□ E(e)□□ A(a)□□ X(x)□□ Z(z)□□ I(i)□□ K(k)□□ U(d)□□ V(Δdmin)□□ Q(Δd)□□ P(p)□□ F(L)□□;

螺纹切削复合循环G76执行如图4.32所示的加工轨迹,其单边切削及参数如图4.33所示。

C:精整次数(1~99),为模态值。

r:螺纹Z向退尾长度(00~99)。

e:螺纹X向退尾长度(00~99)。

a:刀尖角度(两位数字),为模态值。在80°,60°,55°,30°,29°,0°6个角度中选一个。

x,z:绝对编程时,为有效螺纹终点C的坐标。增量编程时,为有效螺纹C相对于循环起点A的有向距离(用G91指令定义为增量编程,使用后用G90定义为绝对编程)。

i:螺纹两端的半径差(如I=0,为直螺纹切削方式)。

k:螺纹高度,该值由X轴方向上的半径值指定。

Δdmin:最小切削深度(半径值)。

当第 n 次切削深度（$\Delta d\sqrt{n}-\Delta d\sqrt{n-1}$）小于 Δdmin 时，则切削深度设定为 Δdmin。

d：精加工余量（半径值）。

Δd：第一次切削深度（半径值）。

P：主轴基准脉冲处距离切削起始点的主轴转角。

F：螺纹导程。

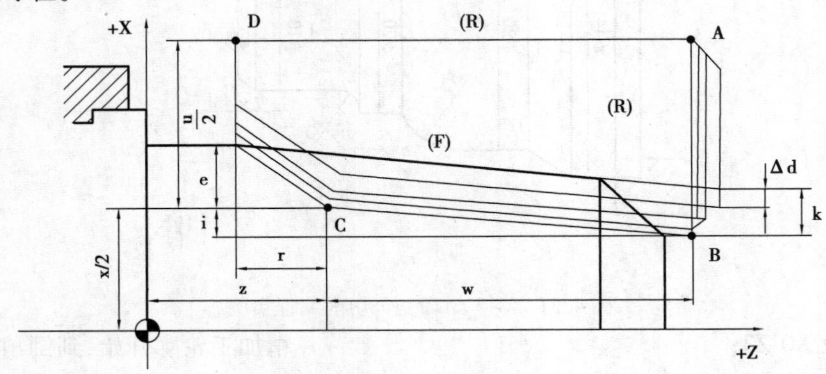

图 4.32　G76 螺纹切削复合循环

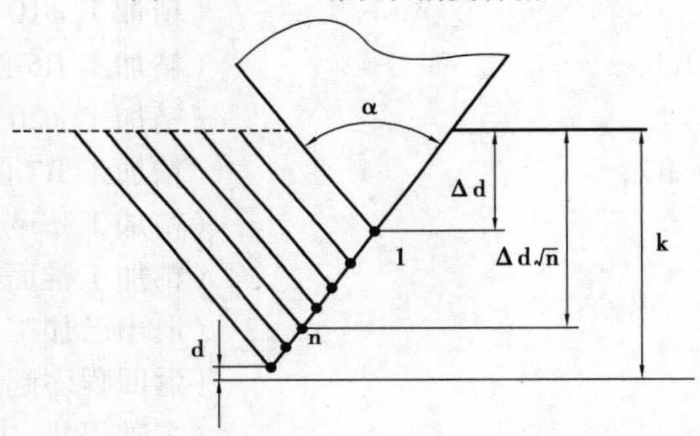

图 4.33　G76 循环单边切削及其参数

注：①按 G76 段中的 X(x) 和 Z(z) 指令实现循环加工，增量编程时，要注意 u 和 w 的正负号（由刀具轨迹 AC 和 CD 段的方向决定）。

②G76 循环进行单边切削，减小了刀尖的受力。第一次切削时切削深度为 Δd，第 n 次的切削总深度为 $\Delta d\sqrt{n}$，每次循环的吃刀深度为 $\Delta d\sqrt{n}-\Delta d\sqrt{n-1}$。

【例 4.17】　用螺纹切削复合循环 G76 指令编程，加工螺纹为 ZM60 × 2，工件尺寸如图 4.34所示，其中括弧内尺寸根据标准得到。其程序如下：

```
%0014;
N10 T0101;                                  (选定 1 号刀具 1 号刀偏)
N20 G00 X100 Z100;                          (到程序起点或换刀点位置)
N30 M03 S600;                               (主轴正转 600 r/min)
N40 G00 X90 Z4;                             (到简单循环起点位置)
N50 G80 X61.125 Z-30 I-1.063 F80;           (加工锥螺纹外表面)
N60 G00 X100 Z100 M05;                      (到程序起点或换刀点位置)
N70 T0202;                                  (选定 2 号刀具 2 号刀偏)
```

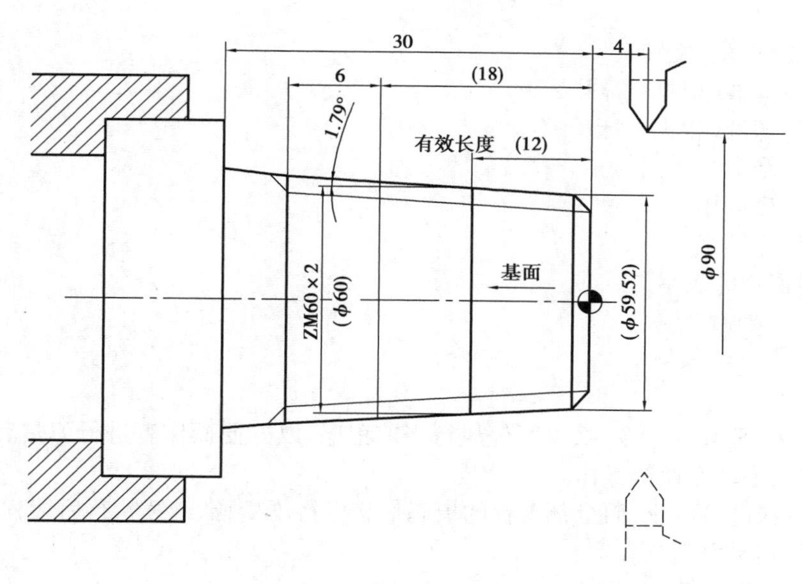

图4.34　G76循环编程实例

N80 M03 S600;　　　　　　　　　　(主轴正转600 r/min)

N90 G00 X90 Z4;　　　　　　　　　(到螺纹循环起点位置)

N100 G76 C2 R－3 E1.3 A60 X58.15 Z－24 I－0.875 K1.299 U0.1 V0.1 Q0.9 F2;

(循环指令)

N110 G00 X100 Z100;　　　　　　　(返回程序起点位置或换刀点位置)

N120 M05;　　　　　　　　　　　　(主轴停止)

N130 M30;　　　　　　　　　　　　(主程序结束并复位)

复合循环指令编程的注意事项如下:

①G71,G72,G73复合循环指令中地址P指定的程序段,应有准备机能01组的G00或G01指令,否则会产生报警。

②在MDI方式下,不能运行G71,G72,G73指令,可运行G76指令。

③在复合循环G71,G72,G73中由P,Q指定顺序号的程序段之间不得包含M98及M99指令。

4.3.3　辅助功能(M功能)

辅助功能代码主要用于数控机床的开关量控制,如主轴的正反转,切削液开关,工件的夹紧、松开,以及程序结束等。辅助功能由字母M及后面两位数组成,M代码从M00到M99共100种,现只介绍与本系统有关的M指令。

1)常用M功能

常用M功能如下:

M00　程序暂停

M02　程序结束

M03　主轴正转

M04　主轴反转

M05　使主轴停止旋转

M08　开冷却液(根据机床厂家)

M09　关冷却液(根据机床厂家)

M30　程序结束并返回

M98　子程序调用

M99　子程序结束

2)M 功能指令的应用

(1)M00——程序暂停

格式:

M00;

当 CNC 执行到 M00 指令时,将暂停执行当前程序,以方便操作者进行刀具和工件的尺寸测量、工件调头、手动变速等操作。

暂停时,机床进给停止,而全部现存的模态信息保持不变,欲继续执行后续程序,重按操作面板上的“循环启动”键。

(2)M02——程序结束

格式:

M02;

M02 编在主程序的最后一个程序段中。当 CNC 执行到 M02 指令时,机床的主轴、进给、冷却液全部停止,加工结束。

使用 M02 的程序结束后,若要重新执行该程序,必须重新调用该程序,或在自动加工子菜单下,按“重运行”键(请参考本说明书的操作部分),再按操作面板上的“循环启动”键。

(3)M03——主轴正转

格式:

M03;

启动主轴以程序中编制的主轴速度顺时针方向(从 Z 轴正向朝 Z 轴负向看)旋转。

(4)M04——主轴反转

格式:

M04;

启动主轴以程序中编制的主轴速度逆时针方向旋转。

(5)M05——主轴停止

格式:

M05;

使主轴停止旋转。

(6)M08——开冷却液

格式:

M08;

将打开冷却液管道。

(7)M09——关冷却液

格式:

M09;

将关闭冷却液管道。

(8)M30——程序结束并返回程序开头

格式:

M30;

程序结束并返回(注意:此指令必须以单独一行形式才能有效) M30 和 M02 功能基本相同,只是 M30 指令还兼有控制返回到零件程序头(%)的作用。

使用 M30 的程序结束后,若要重新执行该程序,只需再次按操作面板上的“循环启动”键。

(9)M98,M99——子程序调用及从子程序返回

M98 用来调用子程序。

M99 表示子程序结束,M99 使控制返回主程序

格式:

①调用子程序格式(在主程序中)

M98 P□□ L□□;

P:被调用子程序号。

L:重复调用次数(子程序被调用次数最大为10 000次)。

②子程序的格式

%□□□□;

…;

M99;

在子程序开头,必须规定子程序号,以作为调用入口地址。在子程序的结尾用 M99,以控制执行完该子程序后返回主程序。

【例4.18】　如图4.35所示,材料尺寸为 $\phi25$ 的棒料,吃刀深度2.5 mm。其程序如下:

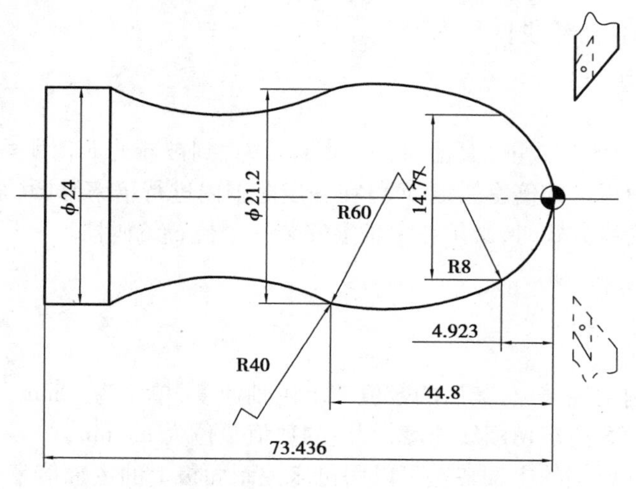

图4.35　M98,M99子程序调用编程实例

%0015;	(主程序名)
M03 S500;	(主轴正转600 r/min)
T0101;	(选定1号刀具1号刀偏)
G00 X25 Z1;	(X方向进到加工位置)
G01 Z0 F100;	(Z方向进到加工位置)

```
M98 P0016 L5;                    (调用子程序,并循环 5 次)
G00 X50 Z80;                     (退刀)
M30;                             (主轴停,程序结束并复位)
%0016;                           (子程序名)
G91 G01 X-2.5;                   (增量编程,吃刀深度 2.5 mm)
G03 X14.77 Z-4.932 R8 F80;       (加工 R8 圆弧)
    X6.43  Z-39.877 R60;         (加工 R60 圆弧)
G02 X2.8 W-28.636 R40;           (加工 R40 圆弧)
G00 X3;                          (离开已加工表面)
    Z73.436;                     (回到 Z 轴循环起点)
    X-27;                        (进到 X 轴下次加工的循环起点)
G90;                             (回到绝对编程)
M99;                             (子程序结束,回到主程序)
```

4.3.4 F,S,T 功能

1)F(进给)功能

进给功能一般称为 F 功能,用 F 功能可规定各轴 G01,G02,G03 的进给速度。F 功能用字母 F 及后数字表示。F 的单位取决于 G94(每分钟进给量 mm/min)或 G95(主轴每转一转刀具的进给量 mm/r)。

使用下式可实现每转进给量与每分钟进给量的转化,即

$$f_M = f_r S$$

式中 f_M——每分钟的进给量;

f_r——每转进给量;

S——主轴转速。

当在 G01,G02,G03 方式下,编程的 F 一直有效,直到被新的 F 值所取代。

借助机床控制面板上的倍率按键,F 可在一定范围内进行倍率修调(加工螺纹等除外)。

当使用每转进给量方式时,必须在主轴上安装一个位置编码器。

2)S(主轴转速控制)功能

格式:

S□□□;

主轴功能 S 控制主轴转速,其后的数值表示主轴速度,单位为 r/min。

恒线速度功能时 S 指定切削线速度,其后的数值单位为 m/min。

S 为模态指令,S 所编的主轴转速可以用机床控制面板上的主轴倍率开关进行修调。

3)T(刀具)功能

刀具功能又称 T 功能,用来进行刀具选择。

T 代码用于选刀和换刀,其后的 4 位数字表示选择的刀具号和刀具补偿号。

T××××(4 位数字),前两位数字指刀具号,后两位数字是刀具补偿号。

同一把刀可对应多个刀具补偿,如 T0101,T0102,T0103。

也可多把刀对应一个刀具补偿,如 T0101,T0201,T0301。

执行T指令,转动转塔刀架,选用指定的刀具。同时,调入刀补寄存器中的补偿值(刀具的几何补偿值即偏置补偿与磨损补偿之和)。执行T指令时并不立即产生刀具移动动作,而是当后面有移动指令时一并执行。

4.3.5　编程实例

编制如图4.36所示零件的加工程序。工艺条件:工件材质为45钢,或铝;毛坯为直径ϕ54 mm、长200 mm的棒料;刀具选用:1号端面刀加工工件端面,2号端面外圆刀粗加工工件轮廓,3号端面外圆刀精加工工件轮廓,4号外圆螺纹刀加工导程为3 mm,螺距为1 mm的三头螺纹。其程序如下:

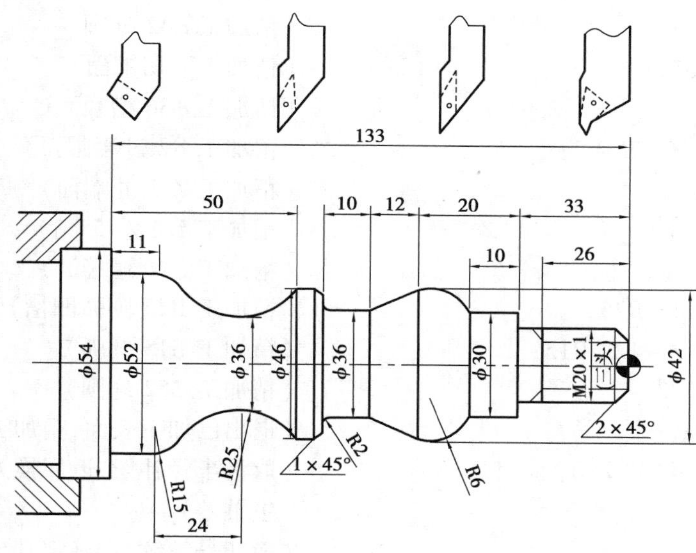

图4.36　综合编程实例

```
%0017;
N10 T0101;                          (换一号端面刀,确定其坐标系)
N20 M03 S800;                       (主轴以800 r/min正转)
N30 G00 X100 Z80;                   (到程序起点或换刀点位置)
N40 G00 X60 Z5;                     (到简单端面循环起点位置)
N50 G81 X0 Z1.5 F100;               (简单端面循环,加工过长毛坯)
N60 G81 X0 Z0;                      (简单端面循环加工,加工过长毛坯)
N70 G00 X100 Z80;                   (到程序起点或换刀点位置)
N80 T0202 M03 S1000;                (换二号外圆粗加工刀,确定其坐标系,主
                                     轴以1 000 r/min正转)
N90 G00 X60 Z3;                     (到简单外圆循环起点位置)
N100 G80 X52.6 Z-133 F100;          (简单外圆循环,加工过大毛坯直径)
N110 G01 X54;                       (到复合循环起点位置)
N120 G71 U1 R1 P160 Q320 E0.3 F200; (有凹槽外径粗切复合循环加工)
N130 G00 X100 Z80;                  (粗加工后,到换刀点位置)
```

```
N140 T0303 M03 S1200;                    (换三号外圆精加工刀,确定其坐标系,
                                          主轴以 1 200 r/min 正转)
N150 G00 G42 X70 Z3;                     (到精加工始点,加入刀尖圆弧半径补偿)
N160 G01 X10 F120;                       (精加工轮廓开始,到倒角延长线处)
N170 X19.95 Z-2;                         (精加工倒 2×45°角)
N180 Z-33;                               (精加工螺纹外径)
N190 G01 X30;                            (精加工 Z33 处端面)
N200 Z-43;                               (精加工 φ30 外圆)
N210 G03 X42 Z-49 R6;                    (精加工 R6 圆弧)
N220 G01 Z-53;                           (精加工 φ42 外圆)
N230 X36 Z-65;                           (精加工下切锥面)
N240 Z-73;                               (精加工 φ36 槽径)
N250 G02 X40 Z-75 R2;                    (精加工 R2 过渡圆弧)
N260 G01 X44;                            (精加工 Z75 处端面)
N270 X46 Z-76;                           (精加工倒 1×45°角)
N280 Z-84;                               (精加工 φ46 槽径)
N290 G02 Z-113 R25;                      (精加工 R25 圆弧凹槽)
N300 G03 X52 Z-122 R15;                  (精加工 R15 圆弧)
N310 G01 Z-133;                          (精加工 φ52 外圆)
N320 G01 X54;                            (退出已加工表面,精加工轮廓结束)
N330 G00 G40 X100 Z80;                   (取消半径补偿,返回换刀点位置)
N340 M05;                                (主轴停)
N350 T0404;                              (换四号螺纹刀,确定其坐标系)
N360 M03 S600;                           (主轴以 600 r/min 正转)
N370 G00 X30 Z5;                         (到简单螺纹循环起点位置)
N380 G82 X19.3 Z-20 R-3 E1 C2 P120 F3;   (加工两头螺纹,吃刀深 0.7)
N390 G82 X18.9 Z-20 R-3 E1 C2 P120 F3;   (加工两头螺纹,吃刀深 0.4)
N400 G82 X18.7 Z-20 R-3 E1 C2 P120 F3;   (加工两头螺纹,吃刀深 0.2)
N410 G82 X18.7 Z-20 R-3 E1 C2 P120 F3;   (光整加工螺纹)
N420 G00 X100 Z80;                       (返回程序起点位置)
N430 M30;                                (主轴停止、主程序结束并复位)
```

第 5 章 数控车床自动编程

5.1 自动编程软件概述

自20世纪50年代以来,为了使数控编程员从烦琐的手工编程工作中解脱出来,人们一直在研究各种自动编程技术。20世纪50年代中期研制的A+编程系统是一种用词汇式的语言编制加工零件的源程序,通过计算机处理生成数控程序。随着计算机技术的发展,计算机辅助设计与制造(CAD/CAM)技术逐渐走向成熟。目前,以CAD/CAM一体化集成形式的软件已成为数控加工自动编程系统的主流。这些软件可采用人机交互方式进行零件几何建模(绘图、编辑和修改),对机床与刀具参数进行定义和选择,确定刀具相对于零件的运动方式、切削加工参数,自动生成刀具轨迹和程序代码,最后经过后置处理,按照所使用机床规定的文件格式生成加工程序。通过串行通信的方式,将加工程序传送到数控机床的数控单元,实现对零件的数控加工。自动编程软件的优点如下:

1)减少加工前的准备工作

利用数控加工机床进行NC加工制造,配合计算机工具,可减少夹具的设计与制造、工件的定位与装夹时间。

2)减少加工误差

利用计算机辅助制造技术可在制造加工前进行加工路径模拟仿真,可减少加工过程中的误差和干涉检查,进而节约制造成本。

3)提高加工的灵活性

配合各种多轴加工机床,可在同一机床上对复杂的零件按照各种不同的程序进行加工。

4)生产时间容易控制

数控加工机床按照所设计的程序进行加工,可准确地预估加工所需的时间,以控制零件的制造加工时间。

5)加工重复性好

设计程序数据可重复利用。

5.1.1 自动编程软件简介

CAD/CAM 技术经过几十年的发展,先后走过大型机、小型机、工作站、微机时代,每个时代都有当时流行的 CAD/CAM 软件。目前,工作站和微机平台 CAD/CAM 软件已占据主导地位,并且出现了一批较优秀、较流行的商品化软件。

1)高档 CAD/CAM 软件

高档 CAM 软件的代表有 Unigraphics NX,I-DEAS/Pro/Engineer,CATIA 等。这类软件的特点是优越的参数化设计、变量化设计及特征造型技术与传统的实体和曲面造型功能结合在一起,加工方式完备,计算准确,实用性强,可从简单的 2 轴加工到以 5 轴联动方式来加工极为复杂的工件表面,并可对数控加工过程进行自动控制和优化,同时提供了二次开发工具允许用户扩展 UG 的功能。它是航空、汽车、造船行业的首选 CAD/CAM 软件。

2)中档 CAD/CAM 软件

Cimatron 是中档 CAD/CAM 软件的代表。这类软件实用性强,提供了较灵活的用户界面,优良的三维造型、工程绘图,全面的数控加工,各种通用、专用数据接口以及集成化的产品数据管理。

3)相对独立的 CAM 软件

相对独立的 CAM 系统有 Mastercam,Surfcam,Powermill 等。这类软件主要通过中性文件从其他 CAD 系统获取产品几何模型。系统主要有交互工艺参数输入模块、刀具轨迹生成模块、刀具轨迹编辑模块、三维加工动态仿真模块及后置处理模块。它主要应用在中小企业的模具行业。

4)国内 CAD/CAM 软件

国内 CAD/CAM 软件的代表有 CAXA-ME,JDSoft SurfMill 等。这类软件是面向机械制造业自主开发的中文界面、三维复杂形面 CAD/CAM 软件,具备机械产品设计、工艺规划设计和数控加工程序自动生成等功能。这些软件价格便宜,主要面向中小企业,符合我国国情和标准,受到了广泛的欢迎,赢得了越来越大的市场份额。

5.1.2 CAD/CAM 技术的发展趋势

1)集成化

集成化是 CAD/CAM 技术发展的一个最为显著的趋势。它是指将 CAD,CAE,CAPP,CAM,PPC(生产计划与控制)等功能不同的软件有机地结合起来,用统一的执行控制程序来组织各种信息的提取、交换、共享和处理,保证系统内部信息流的畅通,并协调各个系统有效运行。国内外大量的经验表明,CAD 系统的效益往往不是从其本身,而是通过 CAM 和 PPC 系统体现出来;反过来,CAM 系统如果没有 CAD 系统的支持,花巨资引进的设备往往很难得到有效利用;PPC 系统如果没有 CAD 和 CAM 的支持,既得不到完整、及时和准确的数据作为计划的依据,订出的计划也较难贯彻执行,所谓的生产计划和控制将得不到实际效益。因此,人们着手将 CAD,CAE,CAPP,CAM,PPC 等系统有机、统一地集成在一起,从而消除"自动化孤岛",取得最佳的效益。

2)网络化

21世纪网络将全球化,制造业也将全球化,从获取需求信息,到产品分析设计、选购原辅材料和零部件、进行加工制造,直至营销,整个生产过程也将全球化。CAD/CAM系统的网络化能使设计人员对产品方案在费用、流动时间和功能上并行处理的并行化产品设计应用系统;能提供产品、进程和整个企业性能仿真、建模和分析技术的拟实制造系统;能开发自动化系统,产生和优化工作计划和车间级控制,支持敏捷制造的制造计划和控制应用系统;对生产过程中物流,能进行管理的物料管理应用系统等。

3)智能化

人工智能在CAD中的应用主要集中在知识工程的引入,发展专家CAD系统。专家系统具有逻辑推理和决策判断能力。它将许多实例和有关专业范围内的经验、准则结合在一起,给设计者更全面、更可靠的指导。应用这些实例和启发准则,根据设计的目标不断缩小探索的范围,使问题得到解决。

5.1.3　CAD/CAM软件工作流程

CAD/CAM软件工作流程如图5.1所示。

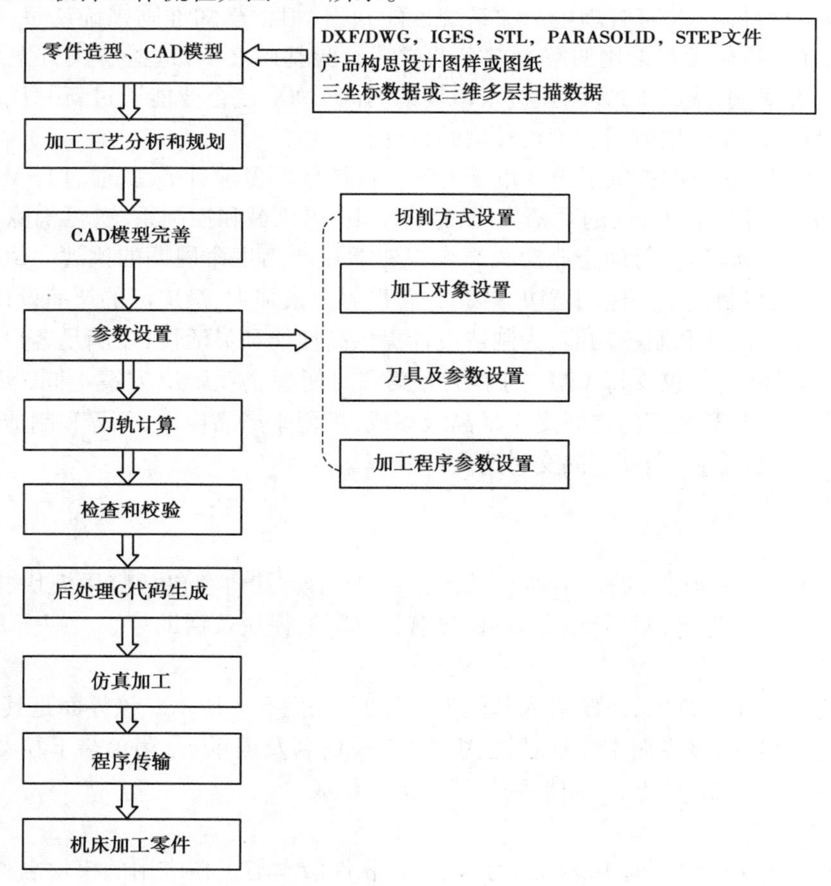

图5.1　CAD/CAM软件工作流程图

5.2 NX 12.0 自动编程软件

UG(Unigraphics NX)是 Siemens PLM Software 公司出品的一个产品工程解决方案。它为用户的产品设计及加工过程提供了数字化造型和验证手段。Unigraphics NX 针对用户的虚拟产品设计和工艺设计的需求,以及满足各种工业化需求,提供了经过实践验证的解决方案。UG 同时也是用户指南(user guide)和普遍语法(Universal Grammar)的缩写。UGS NX 支持产品开发的整个过程,从概念(CAID)到设计(CAD),到分析(CAE)到制造(CAM)的完整流程。

UG 从 CAM 发展而来。20 世纪 70 年代,美国麦道飞机公司成立了解决自动编程系统的数控小组,后来发展成为 CAD/CAM 一体化的 UG1 软件。90 年代被 EDS 公司收并,为通用汽车公司服务。2007 年 5 月正式被西门子收购。因此,UG 有着美国航空和汽车两大产业的背景。

自 UG 19 版以后,此产品更名为 NX。NX 是 UGS 新一代数字化产品开发系统。它可通过过程变更来驱动产品革新。NX 独特之处是其知识管理基础,它使工程专业人员能推动革新以创造更大的利润。NX 可管理生产和系统性能知识,根据已知准则来确认每一设计决策。NX 建立在为客户提供无与伦比的解决方案的成功经验基础之上,这些解决方案可全面地改善设计过程的效率,削减成本,并缩短进入市场的时间。NX 使企业能通过新一代数字化产品开发系统,实现向产品全生命周期管理转型的目标。

Siemens NX 12.0 版本提供了当今市场上唯一可扩展的多学科平台,通过与 Mentor Graphics Capital Harness 和 Xpedition 的紧密集成,整合了电气、机械和控制系统,可消除从开发到制造的每个步骤的创新障碍,帮助企业摆脱当今快速缩短产品生命周期的挑战。UG 12.0 是集成产品设计、工程与制造于一体的解决方案,包含世界上最强大、最广泛的产品设计应用模块,具有高性能的机械设计和制图功能,为制造设计提供高性能和灵活性,以满足客户设计任何复杂产品的需要。同时,与仅支持 CAD 的解决方案和封闭型企业解决方案不同,NX 设计能在开放型协同环境中的开发部门之间提供最高级集成,可用于产品设计、工程和制造全范围的开发过程,以改善产品质量,提高产品交付速度和效率。

操作界面简介如下:

1)主界面

启动 UG NX 12.0 软件,进入主界面,如图 5.2 所示。其内容包括应用模块、角色、定制、视图操作、全屏显示、选择、对话框、命令流、导航器、部件、模块及帮助等。

2)工作界面

新建或打开一个文件后,系统进入基础工作界面,如图 5.3 所示。该界面是其他各应用模块的基础平台。可知,该界面主要标题栏、版本号、模块名及提示行、菜单与下拉菜单、工作部件、资源条、使用工具条、状态行、图形区与工作坐标组成。

(1)标题栏

在 UG NX 12.0 用户界面中,标题栏用于显示软件版本与正在应用的模块名称,并显示当前正在操作的文件及状态等信息。

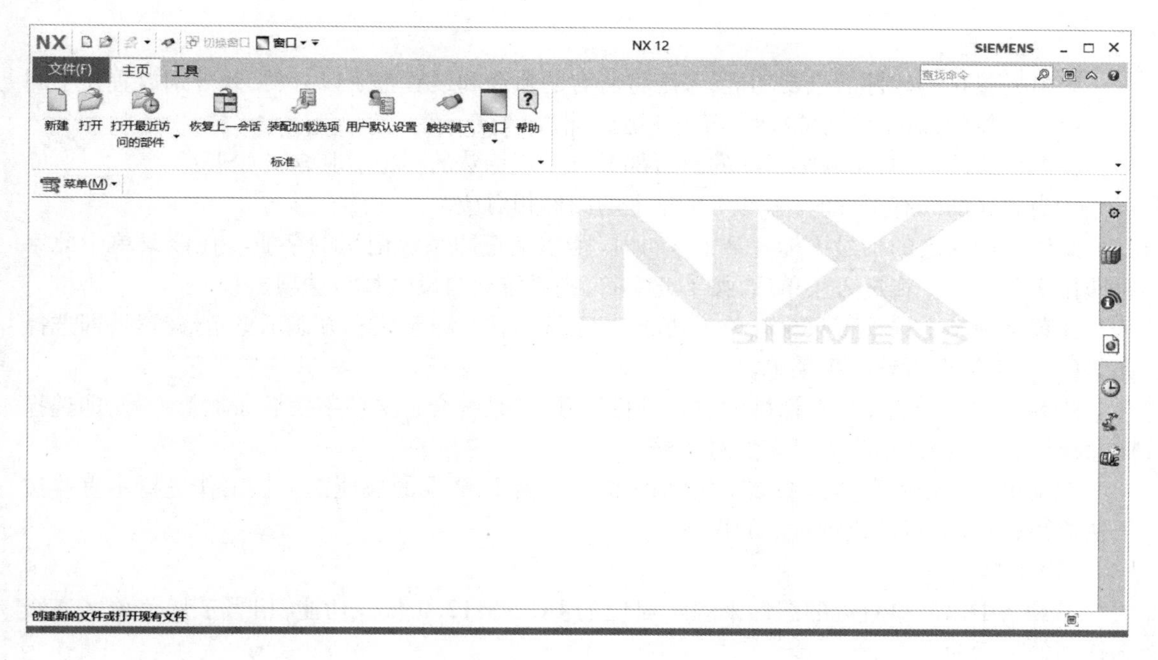

图 5.2　UG NX 12.0 主界面

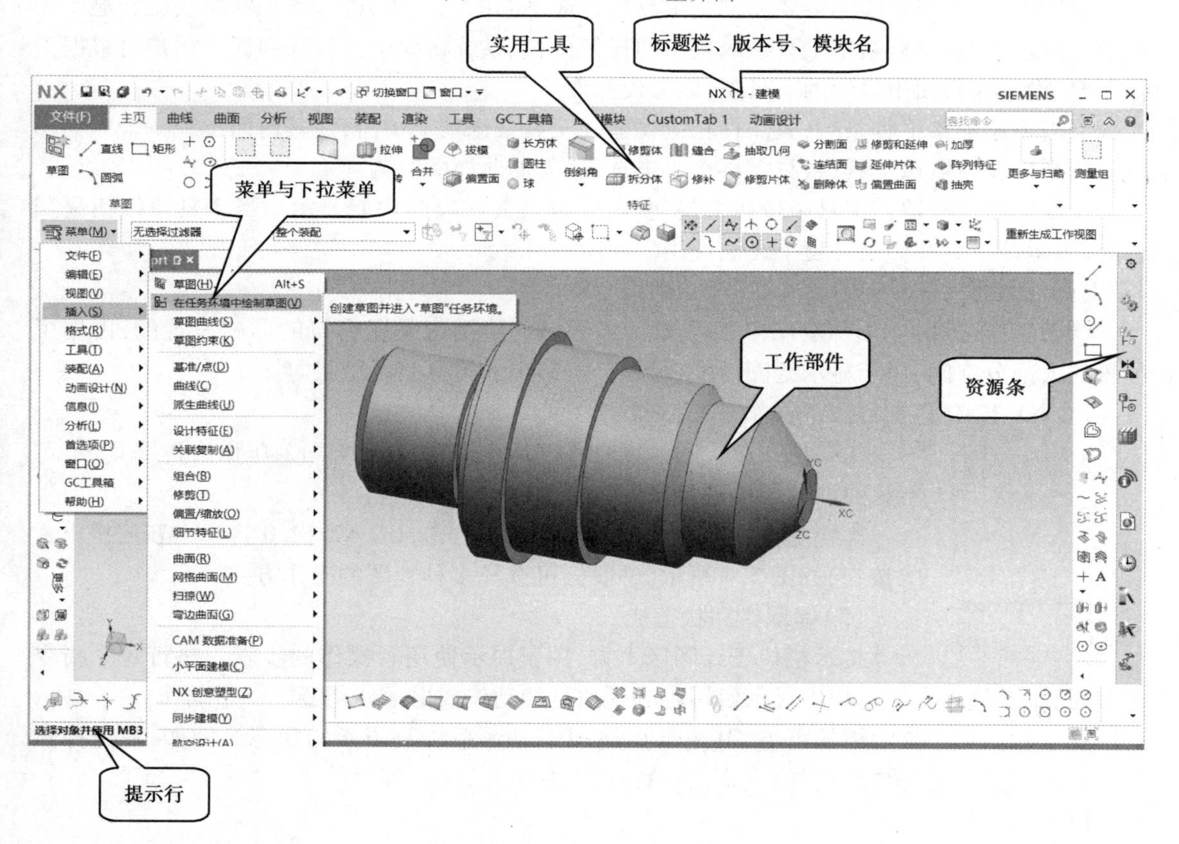

图 5.3　UG NX 12.0 工作界面

(2)菜单栏

菜单栏包含了软件的主要功能,系统将所有的命令和设置都予以分类,并分别放置在不同的下拉式菜单中,对不同功能模块,菜单栏会有相应改变。

在下拉式菜单中,每一个选项的前后都会有一些特殊的标记。其含义如下:

①当命令前面有图标时,它与工具条上的图标相对应。

②当选项后面的括号中标有某个字符时,则该字符即系统记忆的字符。在该菜单中此字符即代表此选项。在进入菜单后,按下此字符,则系统会自动选择该选项。

③菜单中某个选项不只含有单一功能时,系统会在命令字段右方显示三角形符号,即选择此选项后,系统会自动出现菜单。

④菜单中某个选项以对话框的方式进行设置时,系统会在选项字段后面加上点号,即选择此命令后,系统会自动弹出对应的对话框。

⑤菜单中命令字段右方的文字如(Ctrl + T),表示该命令的快捷键。在工作进行中直接按下快捷键,系统会自动执行对应的操作。

(3)工具条

工具条中以简单直观的图标来表示对应的 UG NX 12.0 软件功能,相当于从菜单区逐级选择到的最后命令。

UG NX 12.0 根据实际需要将常用工具组合为不同的工具条,进行不同的模块就会显示相应的工具。同时,也可右击工具条区域中的任何位置,系统将弹出工具条列表。用户可根据工作需要,设置在界面中显示的工具条,以方便操作。

当需要添加该工具条时,只需在相应功能的工具条选项上单击,使其前面出现一个对钩即可。如果需要隐藏该工具条,只需再次单击选项,去掉前面的对钩。

将鼠标指针停留在工具条按钮上,将会出现该工具对应的功能显示。当工具条按钮呈灰色时,表示该工具在当前环境下无法使用。

(4)工作区

绘图工作区域是 UG NX 12.0 的主要工作区域。绘图区是以窗口的形式呈现的,占据了屏幕的大部分空间,用于显示绘图后的效果、分析结果和刀具路径结果等。

UG NX 12.0 还支持以下操作方法:

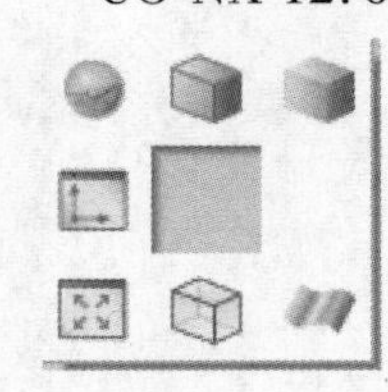

图 5.4　快捷按钮

①快捷菜单。在绘图工作区域中右击,UG NX 12.0 弹出快捷菜单,可在该快捷菜单中选择视图的操作方式。

②快捷按钮。在绘图工作区域中右击,UG NX 12.0 将弹出新的挤出式的按钮,如图 5.4 所示。同样,可选择多种视图的操作方式。

(5)提示栏和状态栏

提示栏位于绘图区上方,用于提示使用者操作的步骤。执行每个指令步骤时,系统均会在提示栏中显示使用者必须执行的动作或提示使用者下一个动作。

状态栏固定于提示栏的下方,其主要用途用于显示系统及图素的状态。例如,在选择点时,系统会提示当前鼠标位置的点式某一特殊点,如中点、圆心等。

(6)资源条

资源条用于管理当前零件的操作及操作参数的一个树形界面。资源条的导航按钮位于屏幕的左侧(也可通过用户界面定制在右侧),提供常用的导航器按钮,如装配导航器和部件导航器。

资源条中主要的导航按钮含义如下：

①装配导航器

用来显示装配特征树及其相关操作过程。

②部件导航器

用来显示零件特征树及其相关操作过程，以及从中可看出零件的建模过程及其相关参数。通过特征树可随时对零件进行编辑和修改。

③IE 浏览器

可从 UG NX 12.0 中切换到 IE 浏览器。

④历史记录

可快速地打开文件，单击要打开的文件即可打开文件。此外，还可单击并拖动文件到工作区域打开该文件。

⑤系统材料

系统材料中提供了很多常用的物质材料，如金属、玻璃和塑料等。可单击并拖动需要的材质到设计零件上，即可达到给零件赋予材质的目的。

⑥对话框夹条

为确保所有对话框的位置和显示的一致性并减少混乱，用户可将大多数对话框连接或“夹”在图形窗口的上部边缘夹条上。

单击对话框右上角“↖”按钮，对话框就“夹”在对话框夹条上，如图 5.5 所示。

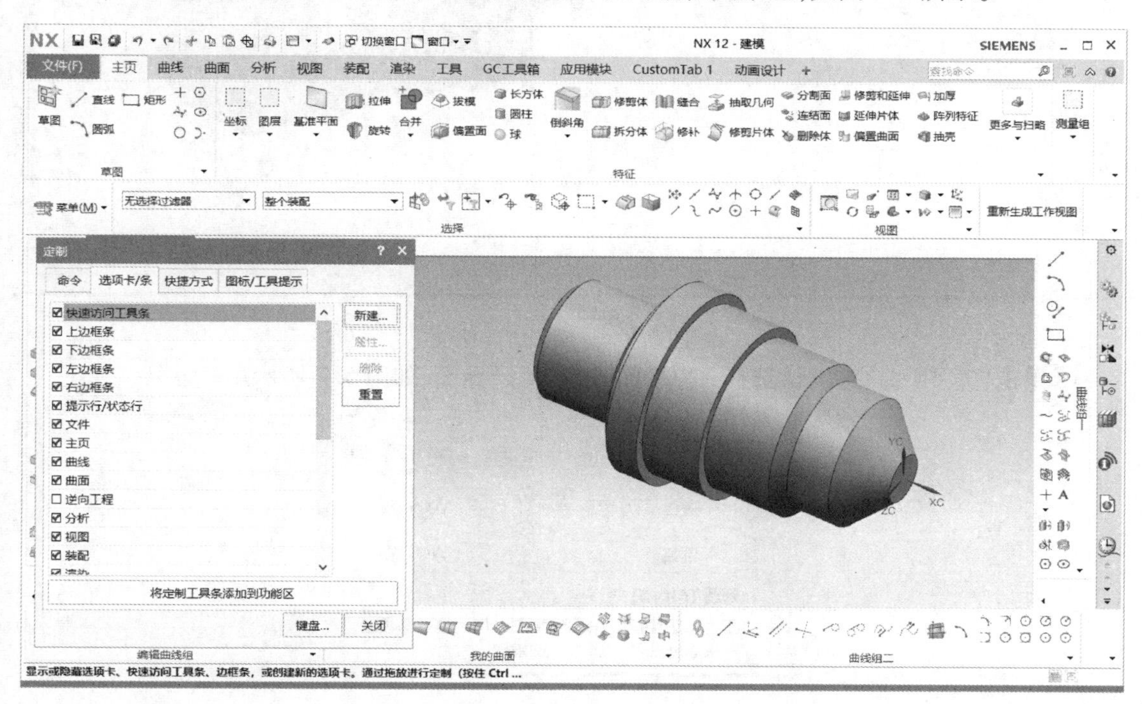

图 5.5　对话框夹条

单击“↘”按钮可释放被夹住的对话框，也可将光标移到对话框夹条上，右击，在弹出的快捷菜单中选择“松开”命令。快捷菜单中另一选项“变暗资源条”，可使资源条颜色变浅，以便查看对话框。

(7)界面定制

UG 的工作界面会因为环境的不同而稍有差别。同时,UG 的工作界面还可进行用户定制,按个人喜好及操作习惯进行设定。

5.3　NX 12.0 的 CAD 功能

①进入 NX 12.0 界面,选择“应用模块”→“建模”模块,如图 5.6 所示。

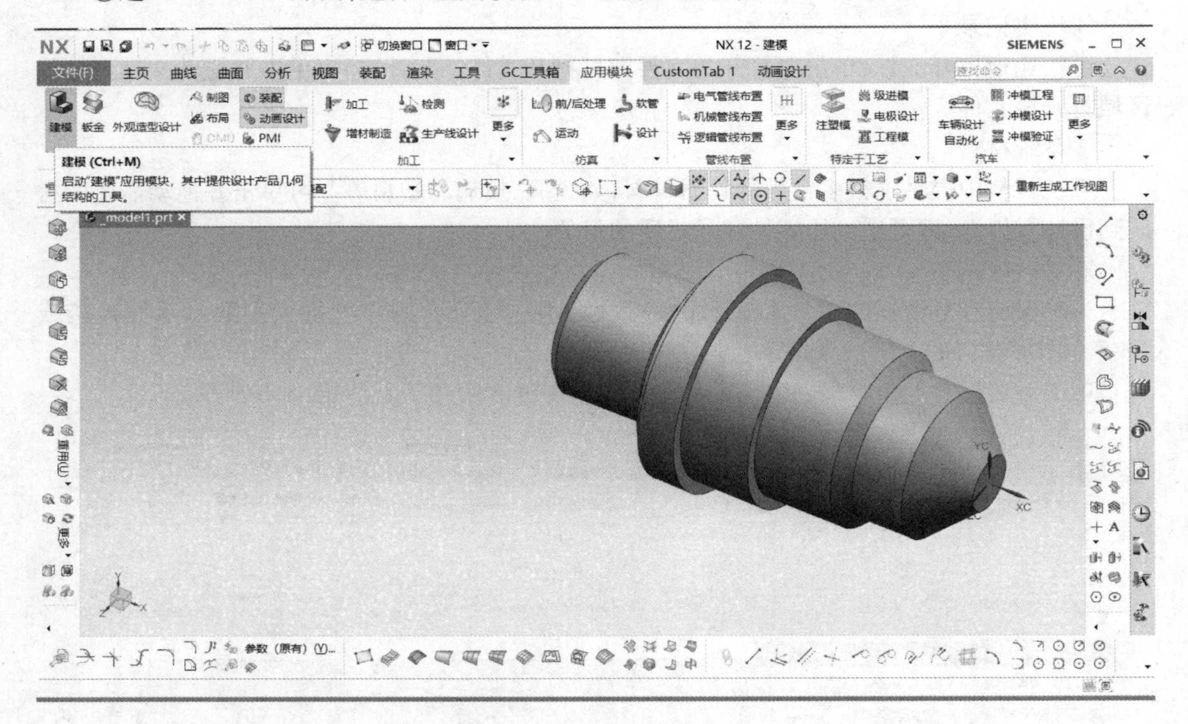

图 5.6　建模模块选择

②单击“草图”命令,默认选择 XY 平面,进入草绘界面,如图 5.7 所示。

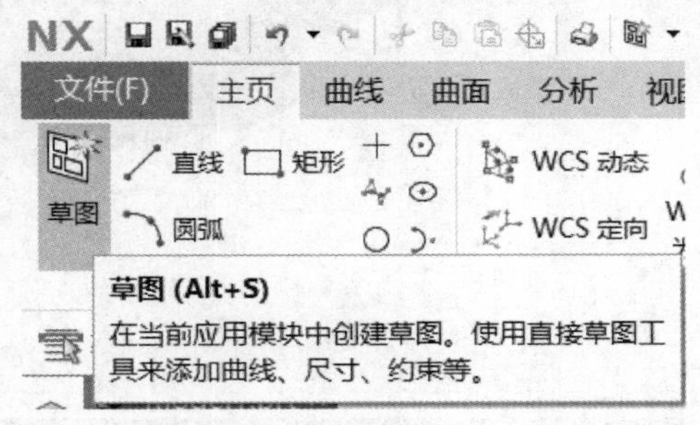

图 5.7　进入草绘命令

③利用草绘工具条中的绘图命令,绘制如图 5.8 所示的尾椎轮廓图,然后单击“完成草图”回到三维建模界面。

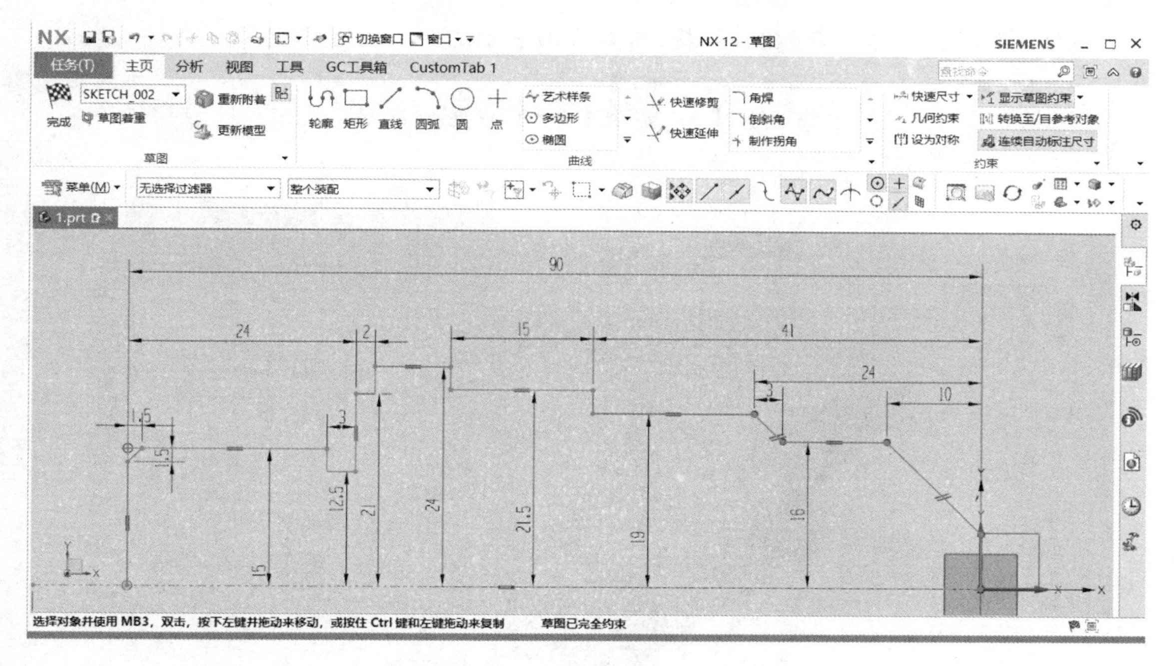

图 5.8 尾椎轮廓图

④选择“回转”命令,采用“相连曲线”方式选择炉体外轮廓截面线,以中心竖直线为中心360°回转建立主体结构,如图 5.9 所示。

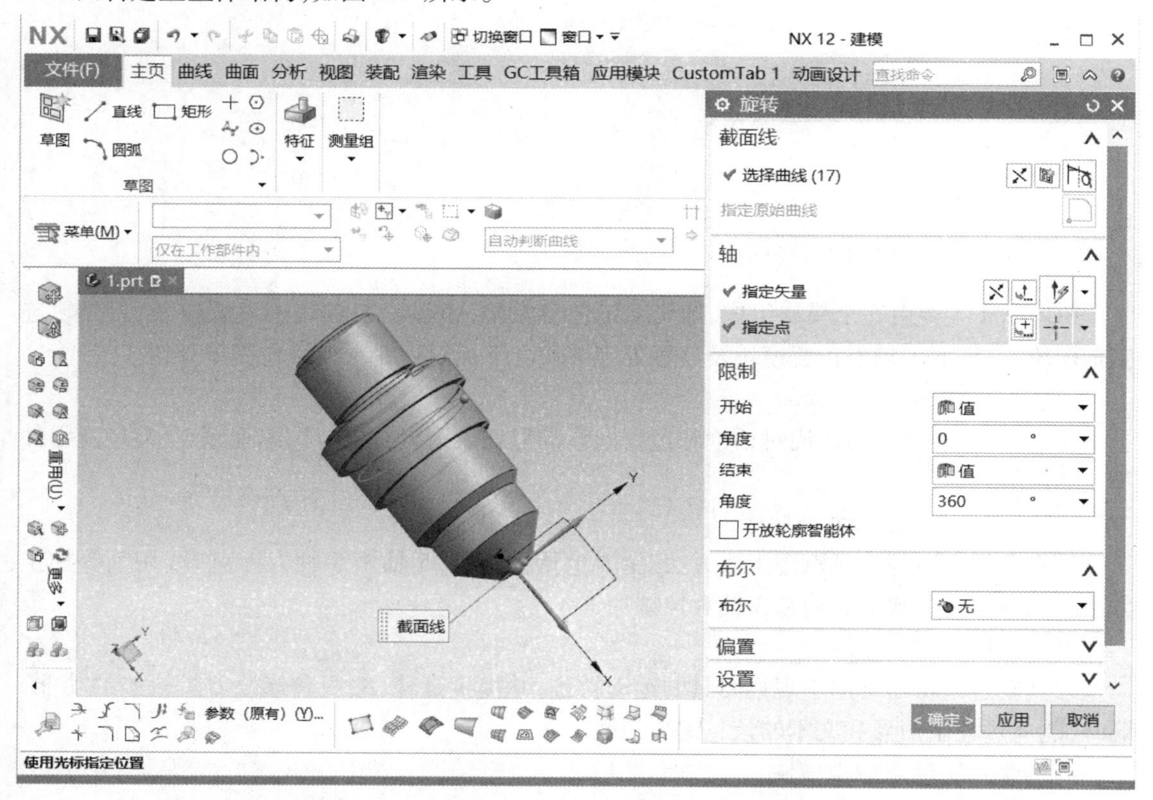

图 5.9 回转建立主体结构

⑤使用“螺纹刀”命令建立螺纹结构，如图5.10所示。

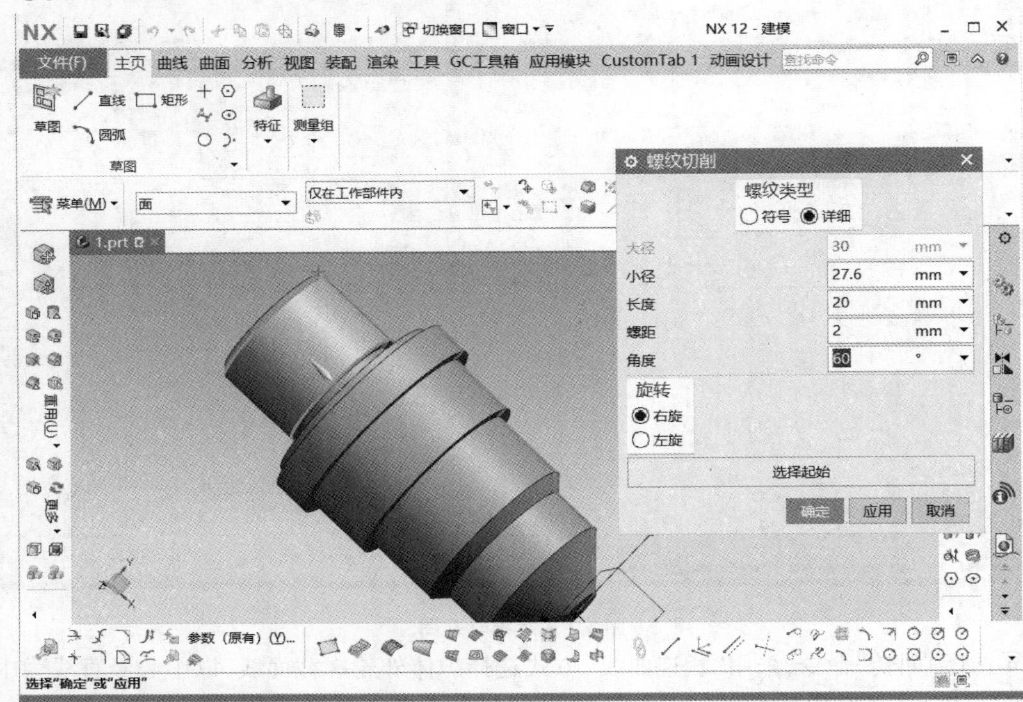

图5.10　螺纹绘制

5.4　NX 12.0 的 CAM 功能简介

5.4.1　自动编程的主要内容

UG CAM 主要由5个模块组成，即交互工艺参数输入模块、刀具轨迹生成模块、刀具轨迹编辑模块、三维加工动态仿真模块及后置处理模块。下面对这5个模块作简单介绍。

1）交互工艺参数输入模块

通过人机交互的方式，用对话框和过程向导的形式输入刀具、夹具、编程原点、毛坯及零件等工艺参数。

2）刀具轨迹生成模块

具有非常丰富的刀具轨迹生成方法，主要包括铣削(2.5轴至5轴)、车削、线切割等加工方法。本书主要讲解2.5轴和3轴数控铣加工。

3）刀具轨迹编辑模块

刀具轨迹编辑器可用于观察刀具的运动轨迹，并提供延伸、缩短和修改刀具轨迹的功能。同时，能通过控制图形和文本的信息编辑刀轨。

4）三维加工动态仿真模块

它是一个无须利用机床、成本低、高效率的测试 NC 加工的方法。可检验刀具与零件和夹具是否发生碰撞，是否过切，以及加工余量分布等情况，以便在编程过程中及时解决。

5）后处理模块

包括一个通用的后置处理器（GPM），用户可方便地建立用户定制的后置处理。通过使用加工数据文件生成器（MDFG），一系列交互选项提示用户选择定义特定机床和控制器特性的参数，包括控制器和机床规格与类型、插补方式和标准循环等。

5.4.2　基本概念

NX的自动编程是以三维主模型为基础，具有强大可靠的刀具轨迹生成方法，可完成铣削（2.5轴至5轴）、车削、线切割等的编程。UG CAM是模具数控行业最具代表性的数控编程软件。其最大的特点就是生成的刀具轨迹合理、切削负载均匀、适合高速加工。另外，在加工过程中的模型、加工工艺和刀具管理，均与主模型相关联，主模型更改设计后，编程只需重新计算即可。编程的步骤如下：

1）零件的几何建模

对基于图纸以及型面特征点测量数据的复杂形状零件数控编程，其首要环节是建立被加工零件的几何模型。

2）加工方案与加工参数的合理选择

数控加工的效率与质量有赖于加工方案与加工参数的合理选择，其中刀具、刀轴控制方式、走刀路线和进给速度的优化选择是满足加工要求、机床正常运行和刀具寿命的前提。

3）刀具轨迹生成

刀具轨迹生成是复杂形状零件数控加工中最重要的内容，能否生成有效的刀具轨迹直接决定了加工的可能性、质量与效率。刀具轨迹生成的首要目标是使所生成的刀具轨迹能满足无干涉、无碰撞、轨迹光滑、切削负荷光滑并满足要求、代码质量高。同时，刀具轨迹生成还应满足通用性好、稳定性好、编程效率高、代码量小等条件。

4）数控加工仿真

由于零件形状的复杂多变以及加工环境的复杂性，要确保所生成的加工程序不存在任何问题十分困难。其中，最主要的是加工过程中的过切与欠切、机床各部件之间的干涉碰撞等。对高速加工，这些问题常常是致命的。因此，实际加工前，采取一定的措施对加工程序进行检验并修正是十分必要的。数控加工仿真通过软件模拟加工环境、刀具路径与材料切除过程来检验并优化加工程序，具有柔性好、成本低、效率高且安全可靠等特点，是提高编程效率与质量的重要措施。

5）后置处理

后置处理是数控加工编程技术的一个重要内容。它将通用前置处理生成的刀位数据转换成适合于具体机床数据的数控加工程序。其技术内容包括机床运动学建模与求解、机床结构误差补偿、机床运动非线性误差校核修正、机床运动的平稳性校核修正、进给速度校核修正及代码转换等。因此，后置处理对保证加工质量、效率与机床可靠运行具有重要作用。

5.4.3　刀具的建立

在实际加工应用中，需要对一个工件或多个工件编制加工工艺及程序时，都有可能用到多种规格、不同类型的加工刀具。如果在编制程序时，都要重新创建并设置这些刀具参数，很容易混乱，导致参数设置不正确等错误。因此，应尽可能一次性把所有用到的刀具都创建好。

①进入加工模块，选择“应用模块”→“加工”模块，如图5.11所示。

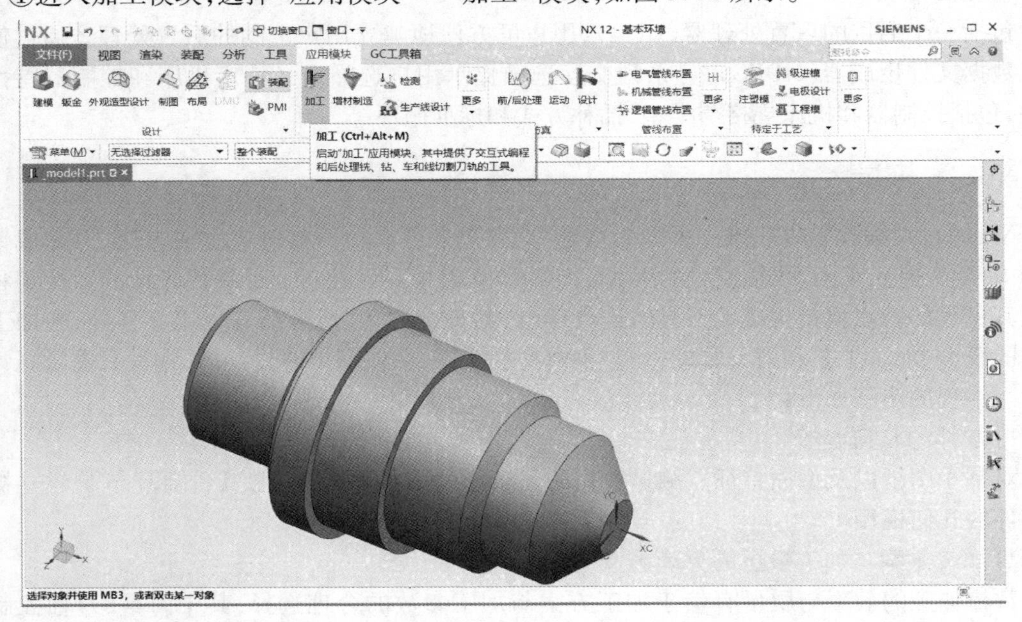

图5.11　加工模块选择

②进入加工界面，点击最上方的创建刀具命令(见图5.12)。

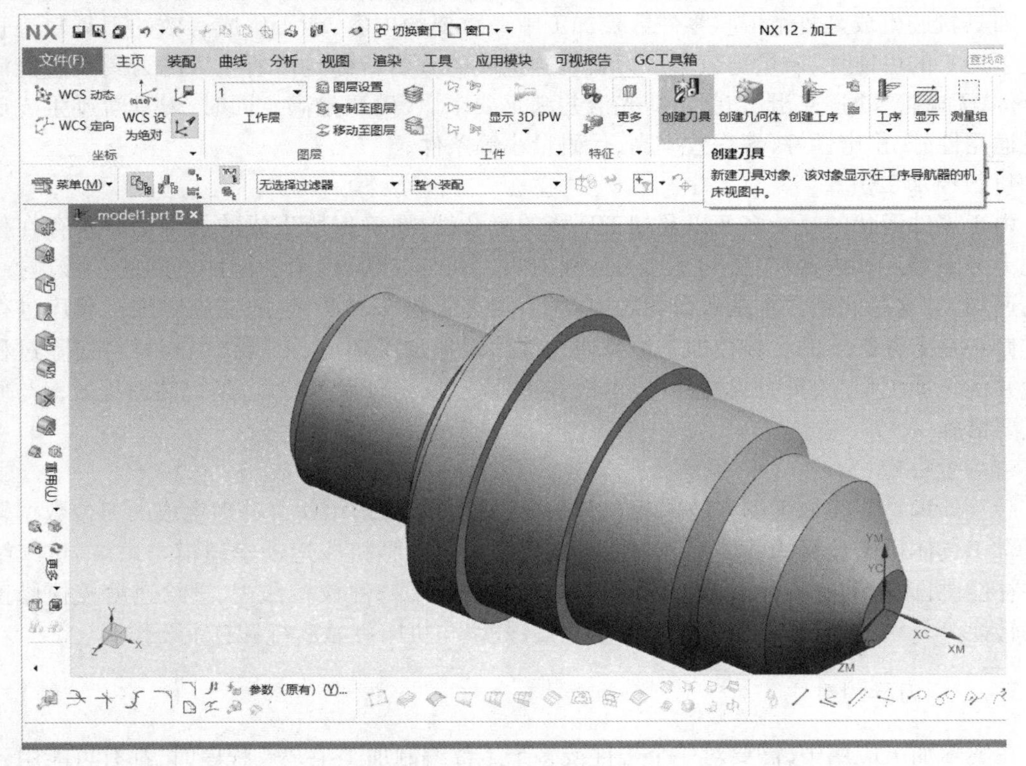

图5.12　创建刀具

③弹出窗口(见图5.13),在此界面可选择刀具类型。

④选定刀具类型后,点击弹出窗口(见图5.14),即可修改当前刀具的参数。

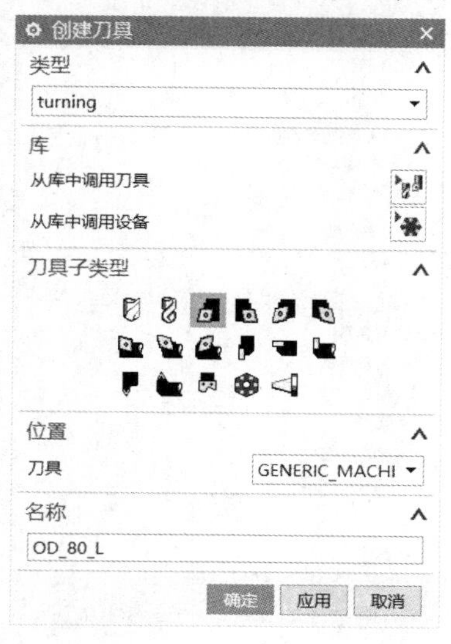

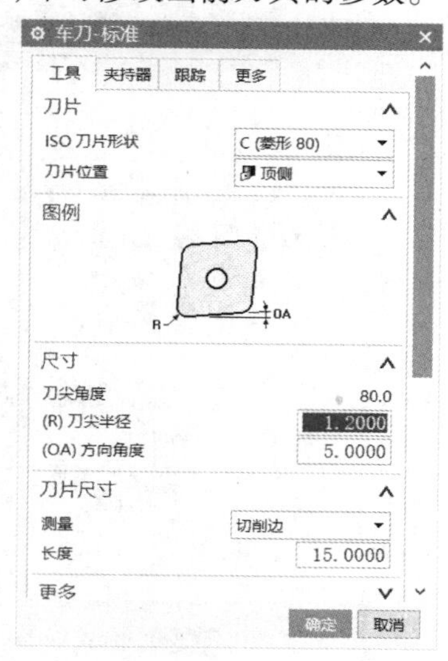

图5.13　选择刀具类型　　　　图5.14　修改刀具参数

5.4.4　轮廓粗加工轨迹生成

①点击左上角创建操作,如图5.15所示。

图5.15　创建操作

②进入创建操作界面后,选择外圆粗加工按钮,如图 5.16 所示。

③进入粗加工界面,设置加工参数,如图 5.17 所示。

图 5.16　外圆粗加工

图 5.17　设置粗加工参数

④参数设置完后,点击生成按钮,程序会自动生成,如图 5.18 所示。

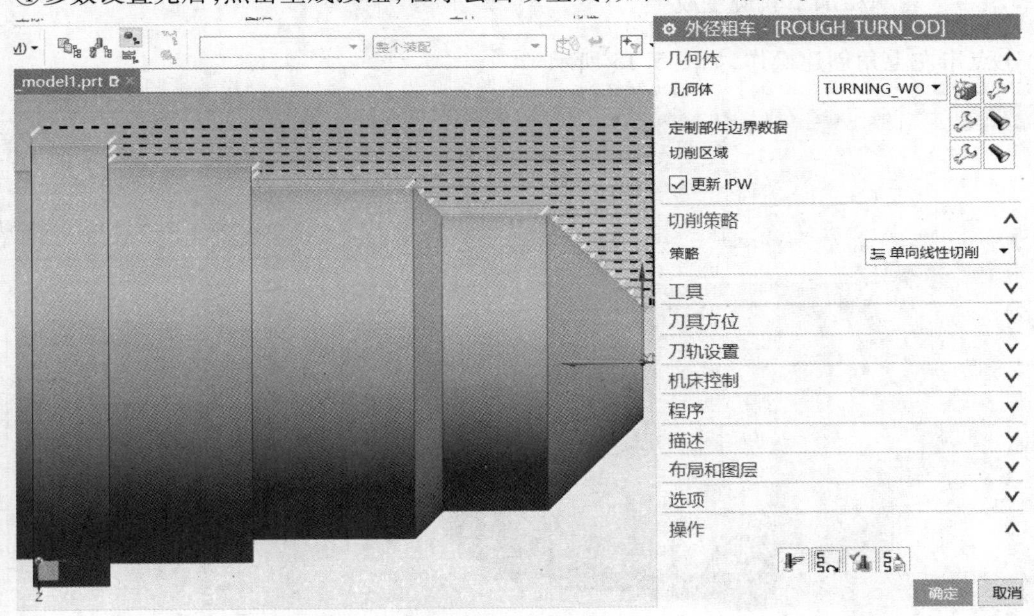

图 5.18　刀路生成

5.4.5　刀路轨迹仿真及 NC 代码生成

①生成刀路后,点击下方“确认”按钮,进入仿真界面,如图 5.19 所示。

②进入仿真界面,选择 3D 动态,点击“开始”按钮,开始仿真,如图 5.20 所示。

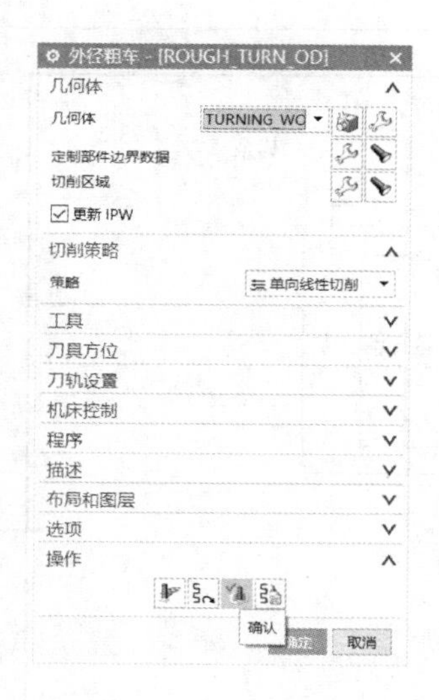

图 5.19　确认

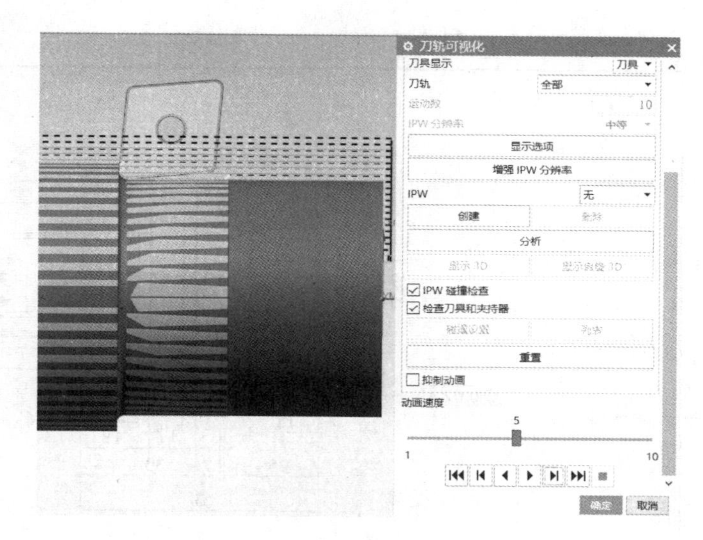

图 5.20　仿真加工

③右键点击程序，选择后处理，如图 5.21 所示。进入后处理界面后，选择对应的后处理文件（见图 5.22），生成程序（见图 5.23）。

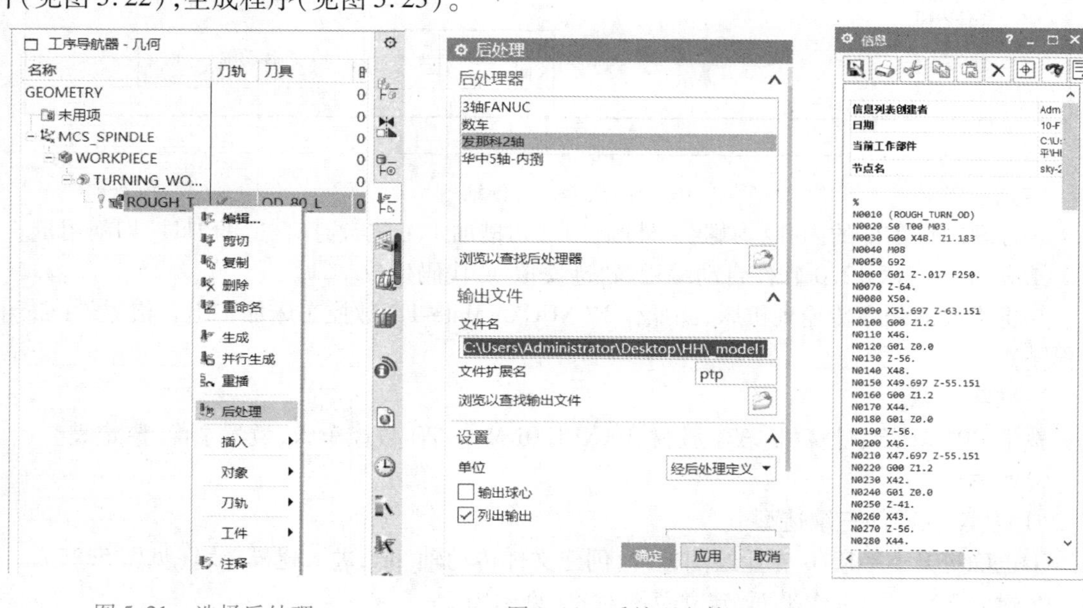

图 5.21　选择后处理　　图 5.22　后处理文件　　图 5.23　程序生成

5.4.6　车削自动编程综合实例

1）传动轴零件图

传动轴零件图如图 5.24 所示。

2）学习目标

①轴类零件的造型设计方法（尺寸约束、几何约束、回转建模）。

②将三维数模转换为二维工程图（UG 工程图 2D 转换、AutoCAD2004 图幅设置、尺寸标注）。

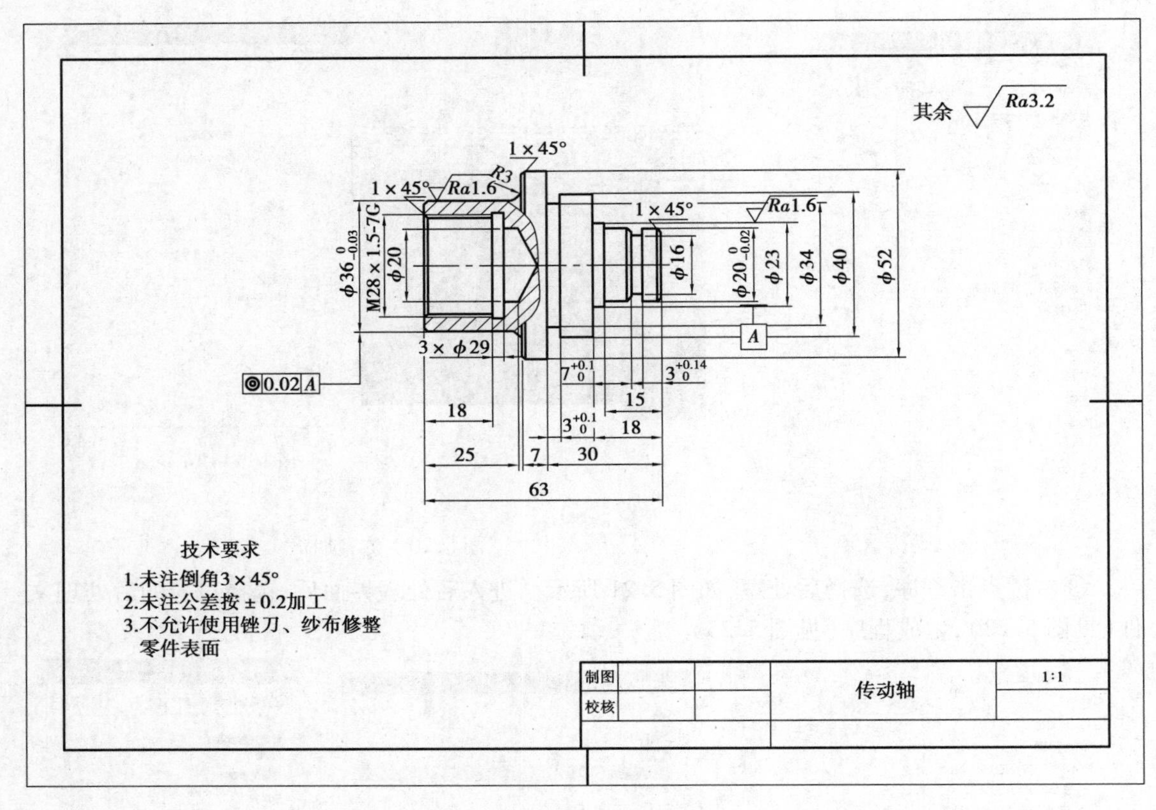

图 5.24　传动轴

③合理制订零件的内孔、内螺纹、外圆、内外切槽加工工艺,选择合适的刀具、切削用量。

④应用 UG NX 12.0 软件自动编程、轨迹模拟、G 代码生成。

⑤将生成的程序传输到机床,并操作 FANUC 0i Mate-TD 数控车床加工出合格零件(CF 卡传程序)

3)教学资源

教学 PPT、图纸、计算机、教学教材、FANUC 0i Mate-TD 数控车床、教学录像、鉴定表。

4)教学实施

(1)传动轴零件三维造型

①正确打开 NX 12.0 专业绘图软件,创建文件传动轴.prt,进入建模环境(见图 5.25)。

②建立 XY 草图工作平面,建立草图对象(见图 5.26)。

③绘制、约束与定位草图(见图 5.27)。

④草图回转,完成传动轴零件三维造型(见图 5.28)。

⑤保存三维数模,文件名为"传动轴.prt"(见图 5.29)。

(2)传动轴零件工程图转换

①从"应用模块"菜单进入"制图"环境(见图 5.30)。

②选择图纸幅面,采用第三象限投影(见图 5.31)。

③设置基本视图,生成三视图(见图 5.32)。

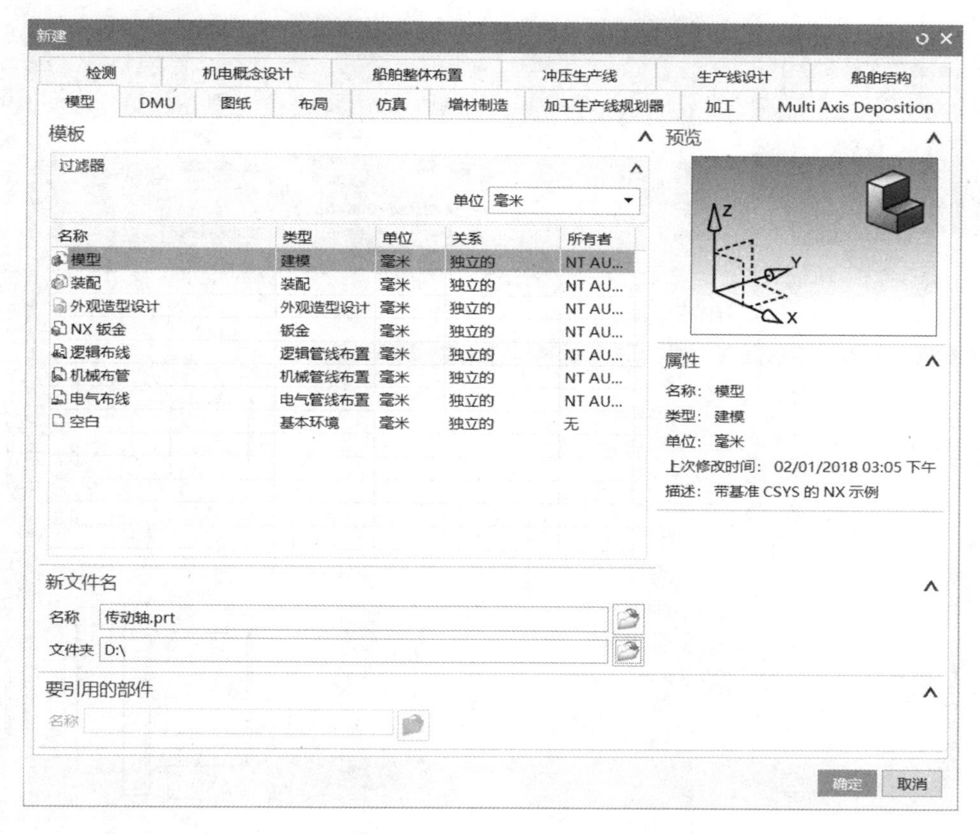

图 5.25　进入 UG 建模环境

图 5.26　建立草图工作平面

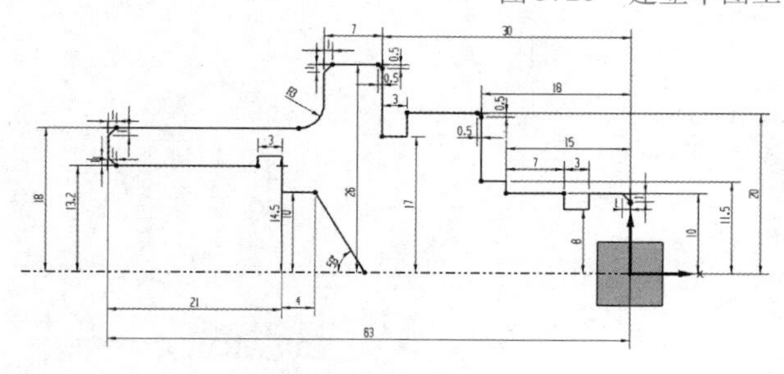

图 5.27　约束与定位草图

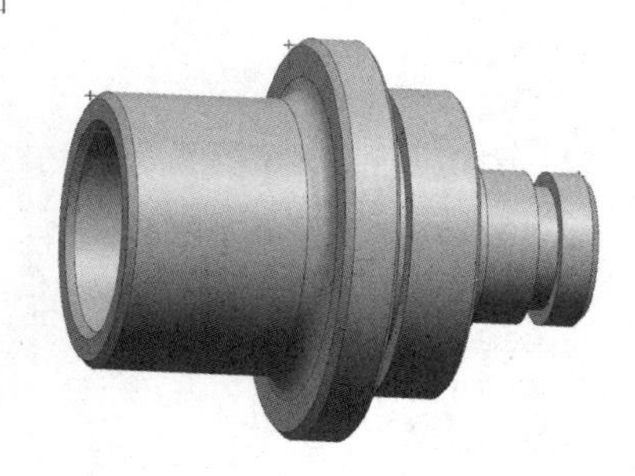

图 5.28　传动轴零件三维图

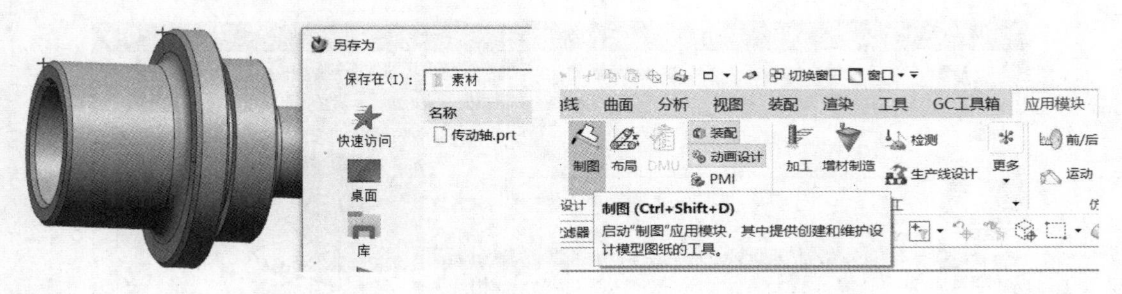

图 5.29　保存三维数模　　　　图 5.30　进入“制图”环境

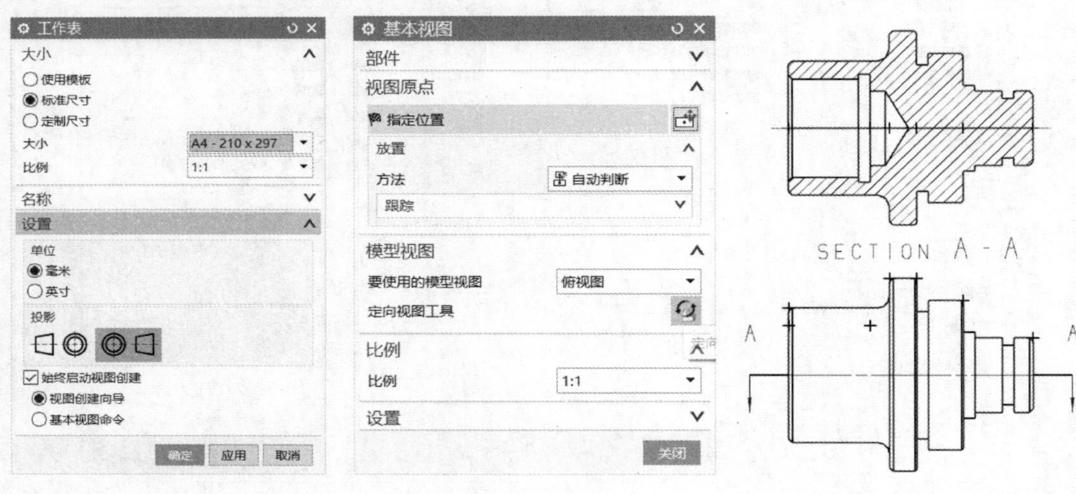

图 5.31　选择图纸幅面　　　　图 5.32　设置基本视图、生成三视图

④现有部件 2D 转换，导出工程图传动轴_2d. dwg(见图 5.33)。

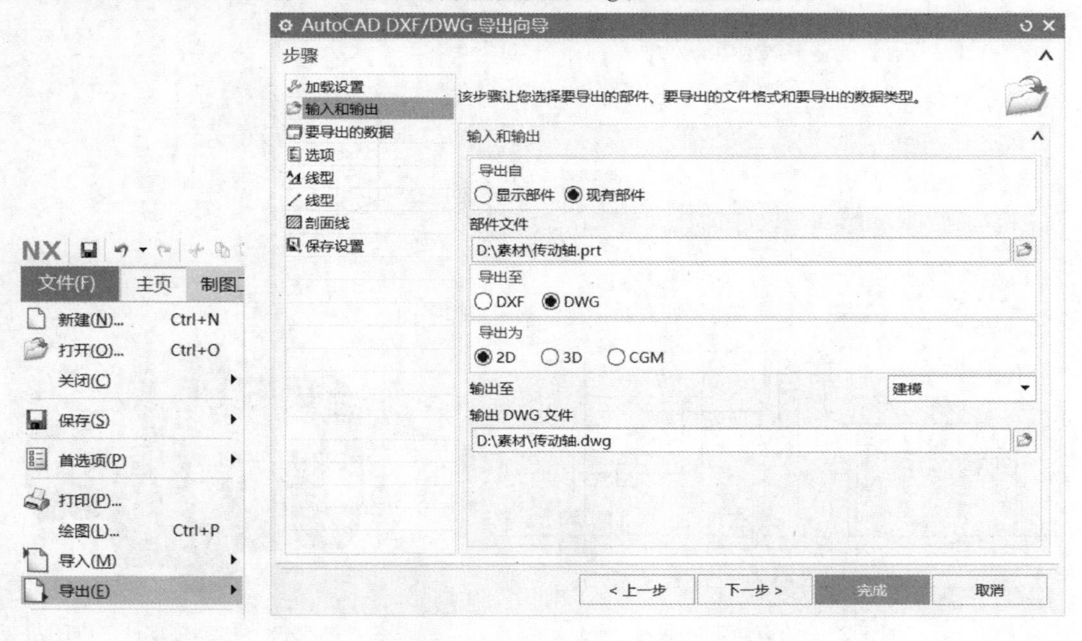

图 5.33　2D 转换，导出工程图

⑤在 CAXA2018 里打开“传动轴_2d. dwg”文件(见图 5.34)。

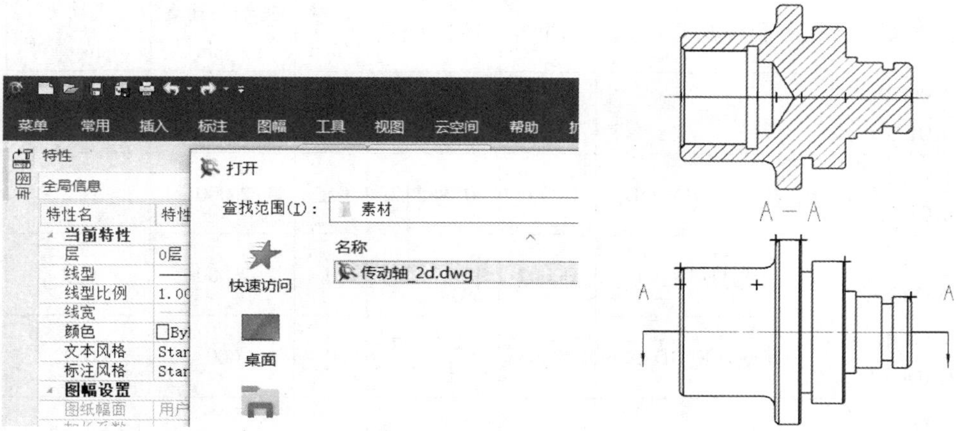

图 5.34　打开传动轴_2d. dwg 文件

⑥添加图框,按工程图规范标注尺寸,如图 5.34 所示。

(3)传动轴零件的数控工艺文件

根据传动轴零件的零件图分析,工件采用三爪装夹,在卧式数控车床上加工,加工工艺见表 5.1,加工刀具、切削用量选择见表 5.2。

表 5.1　传动轴零件的工艺安排

序号	工序内容
1	下料 ϕ55 mm × 68 mm
2	夹持右端,车 ϕ53 mm × 20 mm 夹持位
3	调头夹持 ϕ53 mm × 20 mm,偏端面
4	粗车外圆(ROUGH_TURN_OD,90°外圆刀)
5	精车外圆(FINISH_TURN_OD,90°外圆刀、35°外圆刀)
6	切外圆槽(GROOVE_OD、宽 3 mm 切刀)
7	调头夹持 ϕ40 mm,取总长,钻中心孔,钻孔 ϕ20 mm 深 25(90°外圆刀,中心钻,钻头)(90°外圆刀)
8	粗镗内孔螺纹底孔(ROUGH_BORE_ID,90°镗刀)
9	精镗内孔螺纹底孔(FINISH_BORE_ID,90°镗刀)
10	切内沟槽(GROOVE_ID、宽 3 切刀)
11	车内螺纹 M28 × 1.5(THREAD_ID,内螺纹刀)
12	粗车左端外圆(ROUGH_TURN_OD_1,90°外圆刀)
13	精车左端外圆(FINISH_TURN_OD_1,90°外圆刀)

表 5.2 加工刀具、切削用量选择

序号	方法	操作方式	程序名	刀具名称	余量/mm	主轴转速 S/(r·min^{-1})	进给 F/(mm·r^{-1})	切深/mm
1	LATHE_ROUGH	手动	—	90°外圆刀	0	1 200	0.1	2
2	LATHE_ROUGH	ROUGH_TURN_OD	O0001	90°外圆刀	0.5	2 000	0.2	1
3	LATHE_FINISH	FINISH_TURN_OD	O0002	90°外圆刀	0	2 000	0.2	0.25
4	LATHE_GROOVE	GROOVE_OD	O0003	宽 3 mm 切刀	0	600	0.1	—
5	LATHE_ROUGH	手动	—	90°外圆刀	0	1 200	0.1	2
6	LATHE_ROUGH	ROUGH_BORE_ID	O0004	90°镗刀	0.5	1 500	0.2	1
7	LATHE_FINISH	FINISH_BORE_ID	O0005	90°镗刀	0	1 500	0.1	0.25
8	LATHE_GROOVE	GROOVE_ID	O0008	宽 3 切刀	0	600	0.1	—
9	METHOD	THREAD_ID	O0009	内螺纹刀	0	800	1.5	0.85
10	LATHE_ROUGH	ROUGH_TURN_OD_1	O0006	90°外圆刀	0.5	1 500	0.2	1
11	LATHE_FINISH	FINISH_TURN_OD_1	O0007	90°外圆刀	0	2 000	0.1	0.25

(4)创建加工环境

①打开 NX 12.0 软件进入建模环境,调入传动轴零件数模(见图 5.35)。

②设置加工环境,CAM 设置为车削,初始化(见图 5.36)。

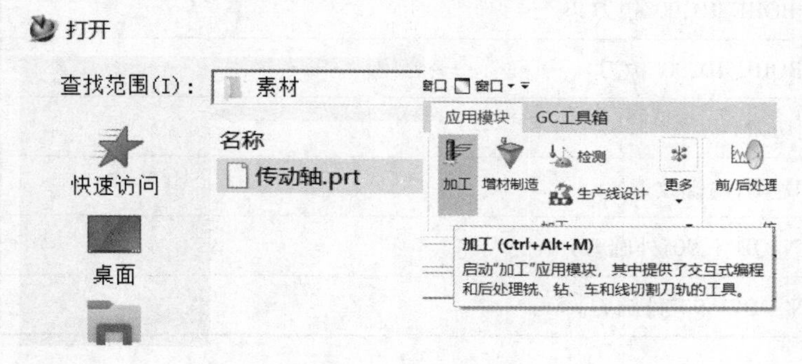

图 5.35 调入传动轴零件数模

图 5.36 设置加工环境

(5)创建程序 CHE_NC

创建程序 CHE_NC,如图5.37所示。

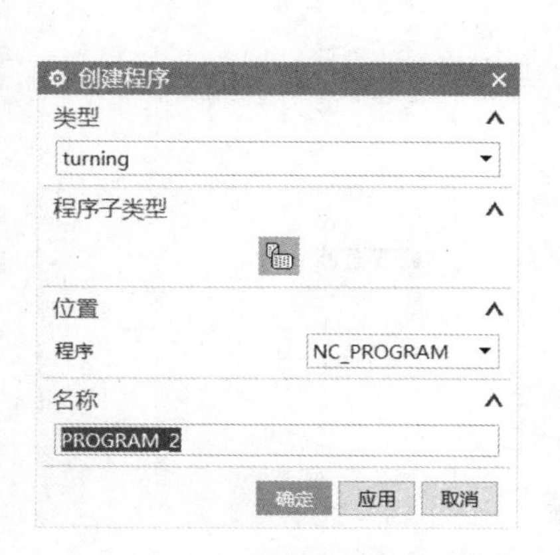

图5.37　创建程序

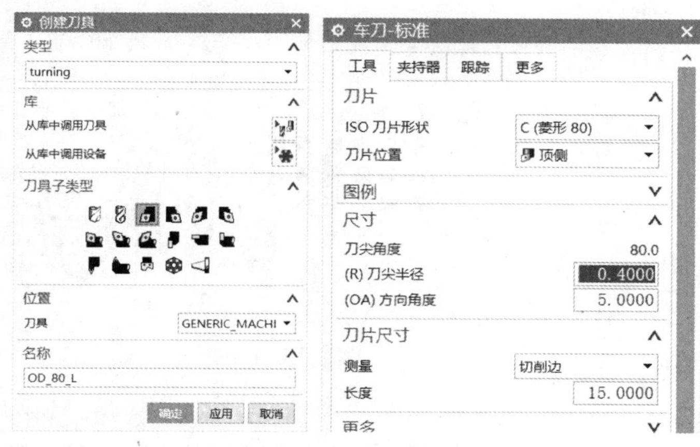

图5.38　创建刀具 OD_80_L

(6)创建刀具

①创建90°外圆刀具 OD_80_L(见图5.38)。

②创建90°镗刀 ID_80_L(见图5.39)。

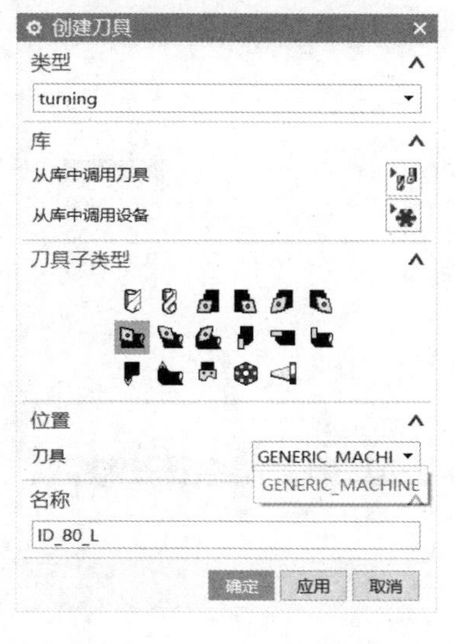

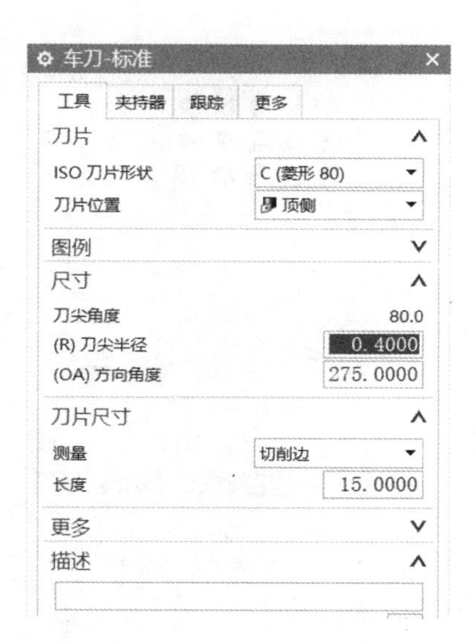

图5.39　创建刀具 ID_80_L

③创建宽4 mm 外圆切刀 OD_GROOVE_L(见图5.40)。

④创建宽3 mm 内孔切刀 ID_GROOVE_L(见图5.41)。

⑤创建内螺纹刀 ID_THREAD_L(见图5.42)。

(7)创建加工坐标系 CHE_MCS

创建加工坐标系 CHE_MCS,如图5.43所示。

(8)创建加工几何体 CHE_W

创建加工几何体 CHE_W,如图5.44所示。

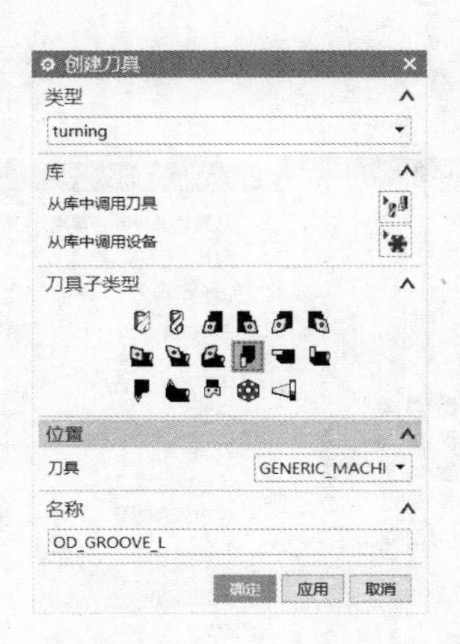

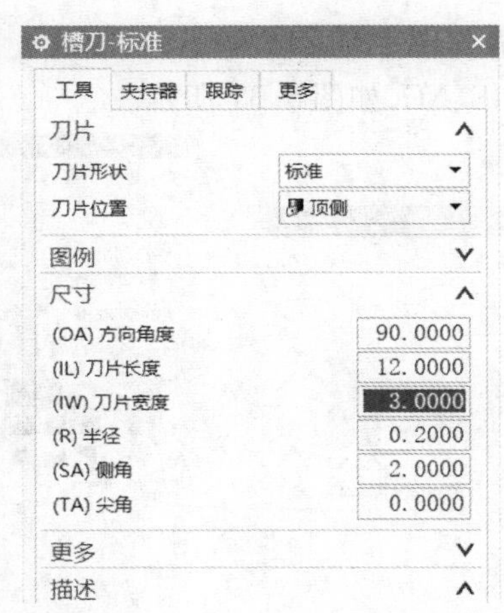

图 5.40　创建刀具 OD_GROOVE_L

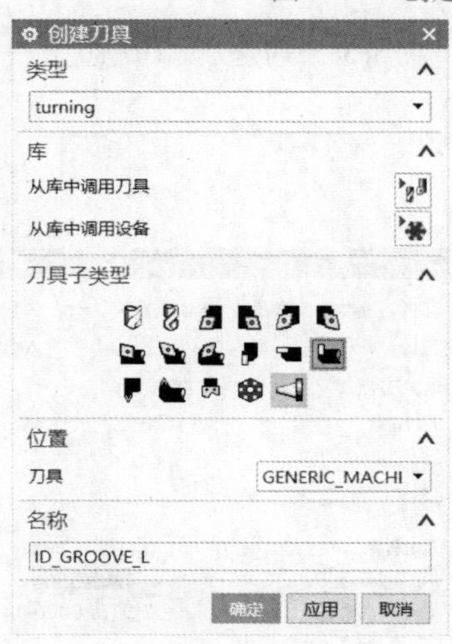

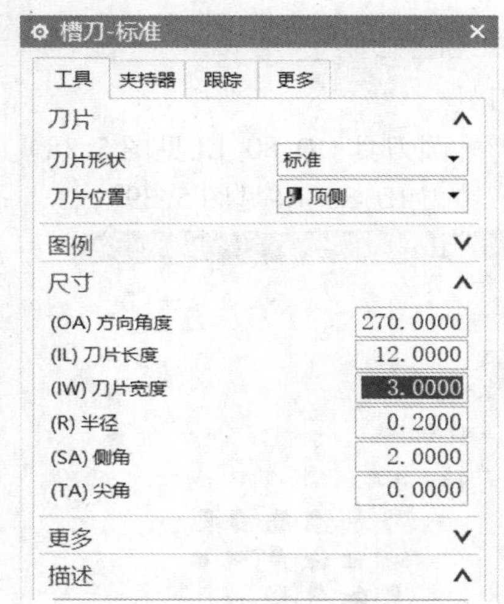

图 5.41　创建刀具 ID_GROOVE_L

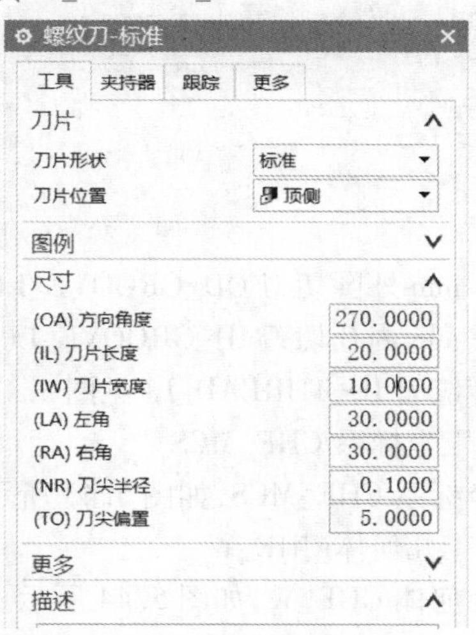

图 5.42　创建刀具 ID_THREAD_L

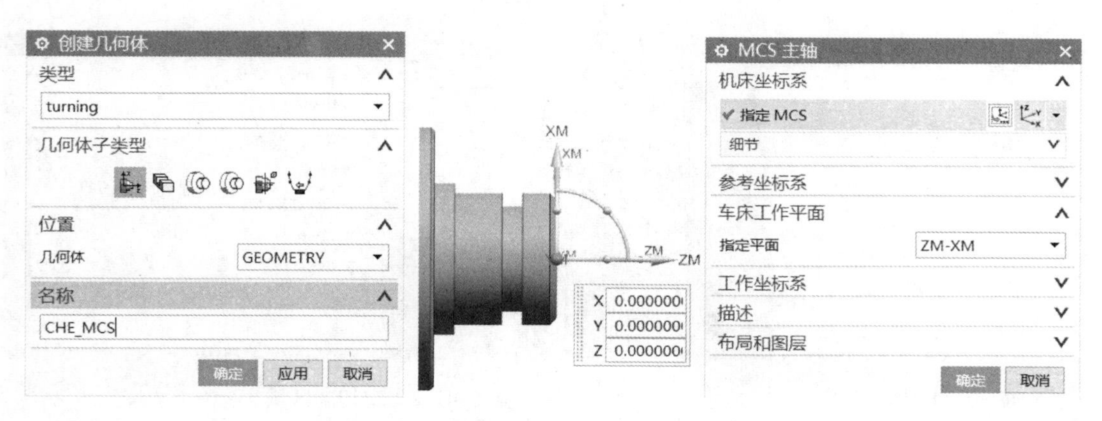

图 5.43　创建加工坐标系 CHE_MCS

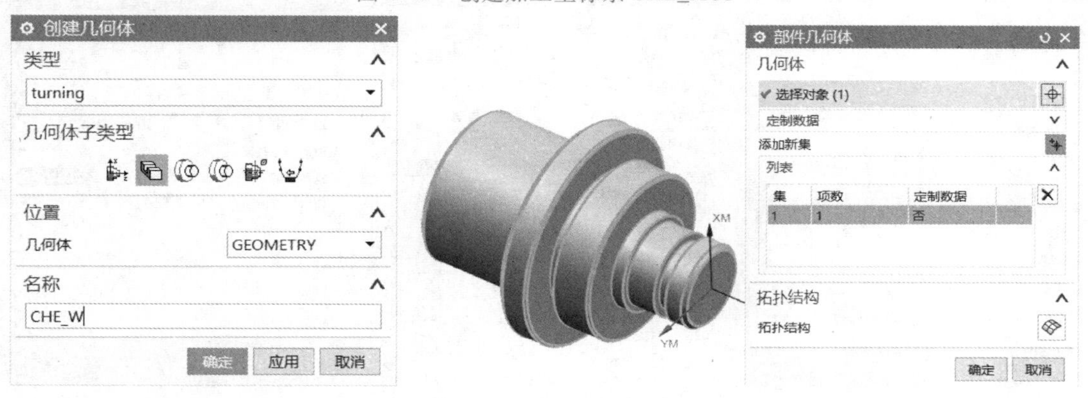

图 5.44　创建加工几何体 CHE_W

(9)确定工件毛坯 CHE_MAOPI、安装位置

确定工件毛坯 CHE_MAOPI、安装位置,如图 5.45 所示。

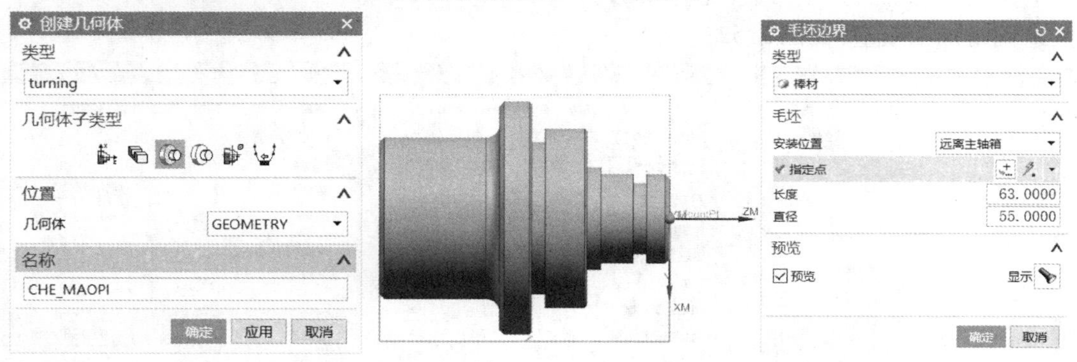

图 5.45　确定工件毛坯 CHE_MAOPI、安装位置

(10)创建外圆粗加工工序 ROUGH_TURN_OD,90°外圆刀

创建外圆粗加工工序 ROUGH_TURN_OD,90°外圆刀,如图 5.46 所示。

①确定切削区域(见图 5.47)。

②定义切削深度(见图 5.48)。

③定义进刀/退刀参数(见图 5.49)。

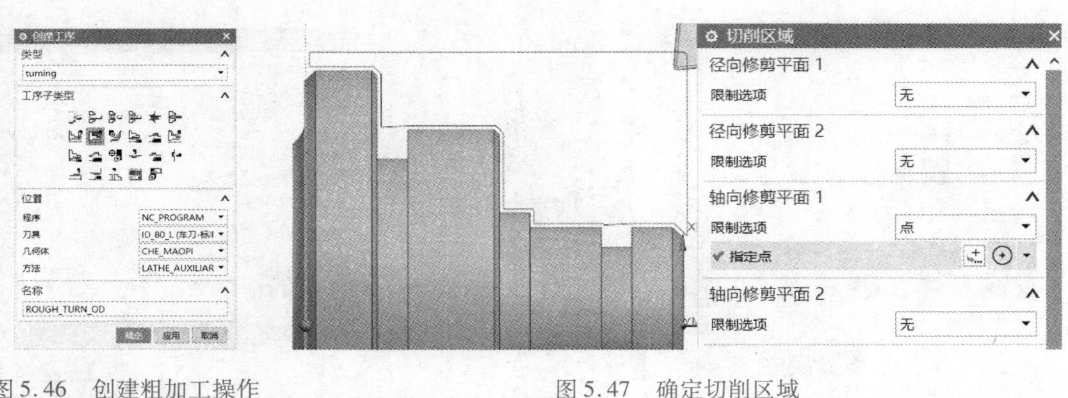

图 5.46　创建粗加工操作　　　　图 5.47　确定切削区域

图 5.48　定义切削深度　　　　图 5.49　定义进刀/退刀参数

④确定部件切削安全距离(见图 5.50)。

⑤定义轮廓加工选项参数(见图 5.51)。

⑥确定加工余量(见图 5.52)。

图 5.50　确定切削安全距离　　图 5.51　定义轮廓加工选项参数　　图 5.52　确定加工余量

⑦确定进给和速度(见图 5.53)。

⑧参考 WCS 坐标设置逼近点 XC100 YC100,离开点 XC100 YC 100,运动类型选择“径向→轴向”(见图 5.54)。

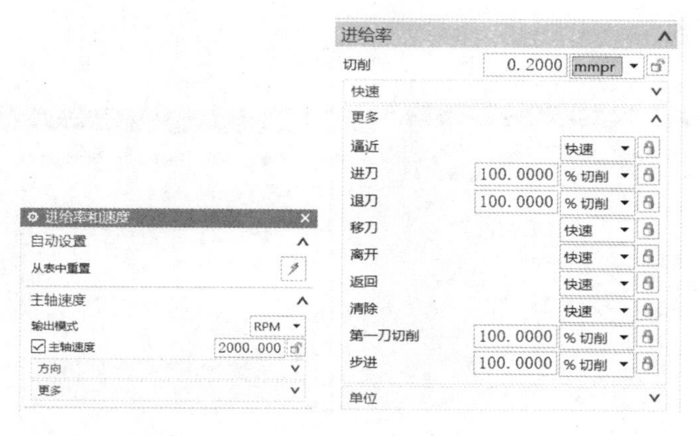

图 5.53　确定进给和速度　　　　图 5.54　设置逼近点、离开点

⑨生成刀路轨迹(见图 5.55)。

⑩3D 仿真加工(见图 5.56)。

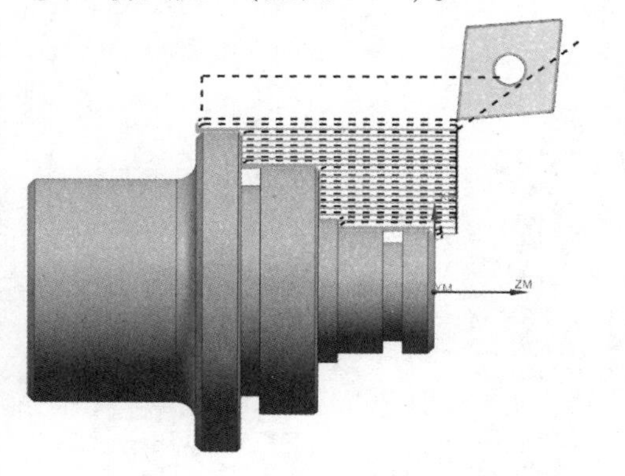

图 5.55　生成刀路轨迹　　　　图 5.56　3D 仿真加工

(11)创建外圆精加工操作 FINISH_TURN_OD,90°外圆刀

创建外圆精加工操作 FINISH_TURN_OD,90°外圆刀,如图 5.57 所示。

①确定切削区域(见图 5.58)。

图 5.57　创建外圆精加工操作

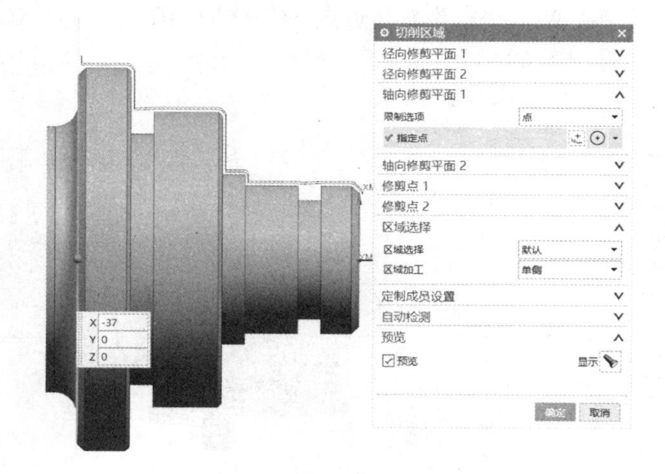

图 5.58　确定切削区域

②定义进刀/退刀参数(见图5.59)。

③确定加工余量(见图5.60)。

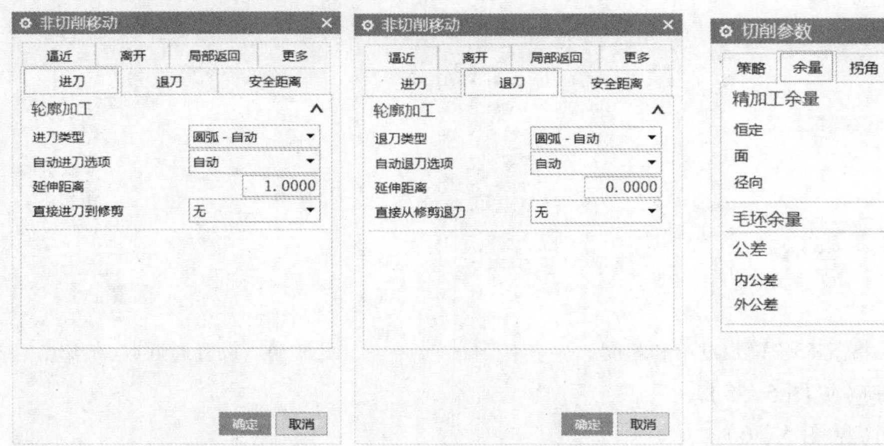

图5.59　定义进刀/退刀参数

图5.60　确定加工余量

④确定进给和速度(见图5.61)。

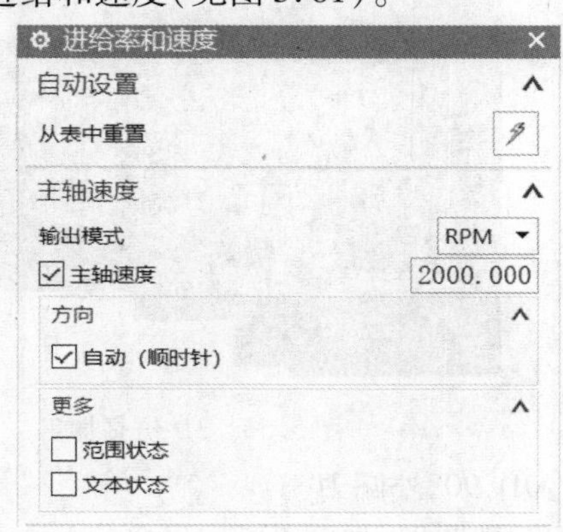

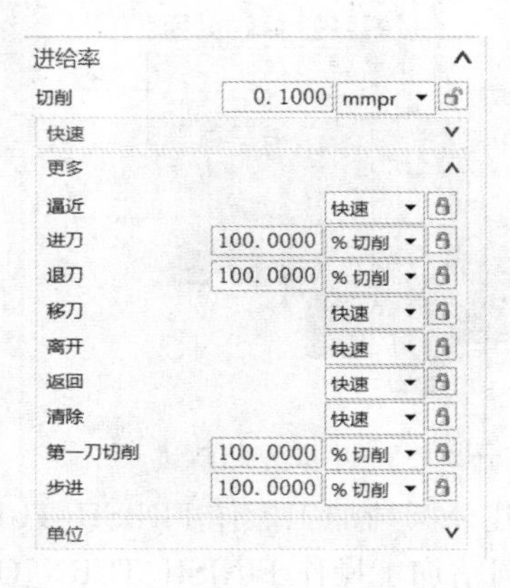

图5.61　确定进给和速度

⑤参考WCS坐标设置逼近点XC100 YC 100,离开点XC100 YC100,运动类型选择“径向→轴向”(见图5.62)。

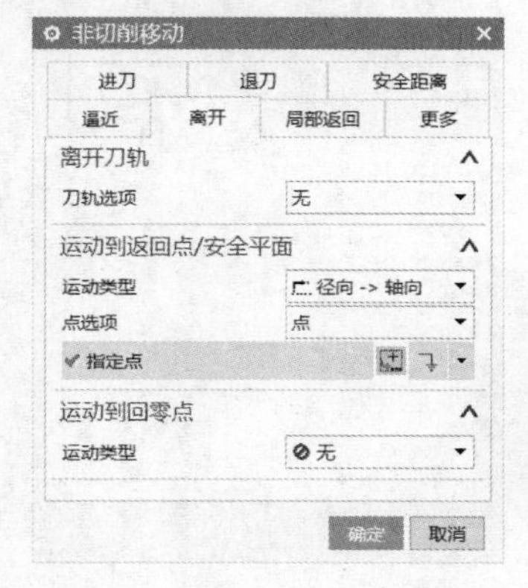

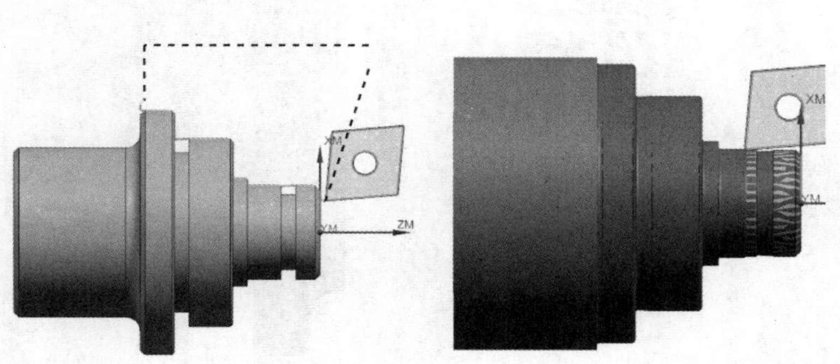

图5.62　设置逼近点、离开点

图5.63　生成刀路轨迹,3D仿真加工

⑥生成刀路轨迹,3D仿真加工(见图5.63)。

(12)创建切外圆槽操作,GROOVE_OD,宽3 mm切刀

创建切外圆槽操作,GROOVE_OD,宽3 mm切刀,如图5.64所示。

①确定切削区域(见图5.65)。

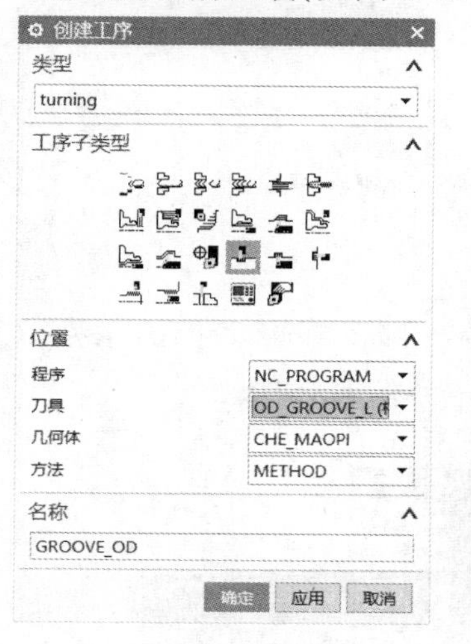

图5.64　创建切外圆槽操作

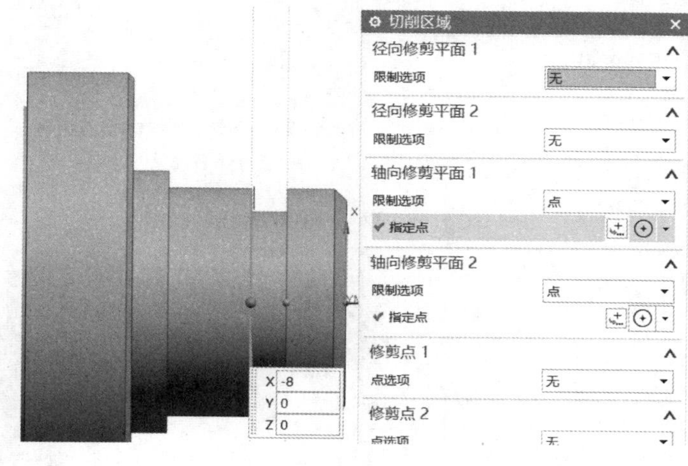

图5.65　确定切削区域

②定义进刀/退刀参数(见图5.66)。

③确定切削安全距离(见图5.67)。

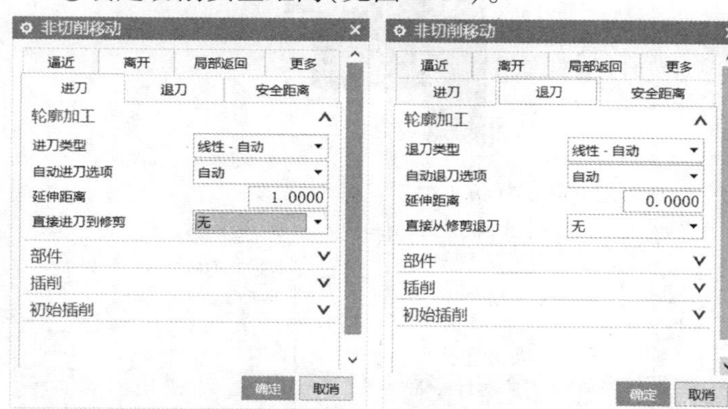

图5.66　定义进刀/退刀参数

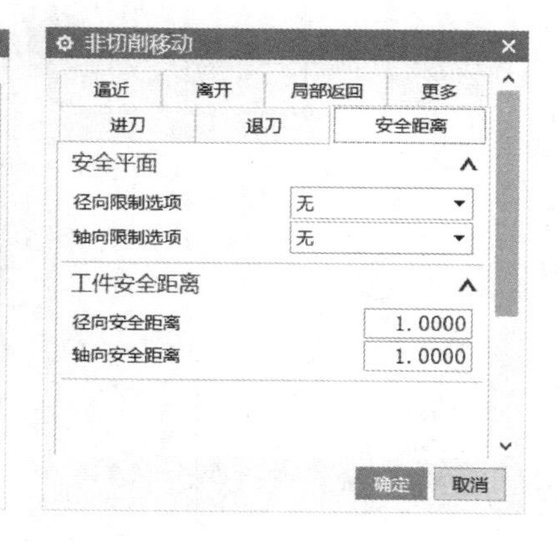

图5.67　确定切削安全距离

④确定进给和速度(见图5.68)。

⑤参考WCS坐标设置逼近点XC100 YC100,离开点XC100 YC100,运动类型选择“径向→轴向”(见图5.69)。

⑥生成刀路轨迹,3D仿真加工(见图5.70)。

⑦复制、粘贴切槽程序(见图5.71)。

⑧修改切削区域(见图5.72)。

⑨生成刀路轨迹,3D仿真加工(见图5.73)。

(13)创建加工另一端粗镗程序

①编辑坐标系,改变加工坐标(见图5.74)。

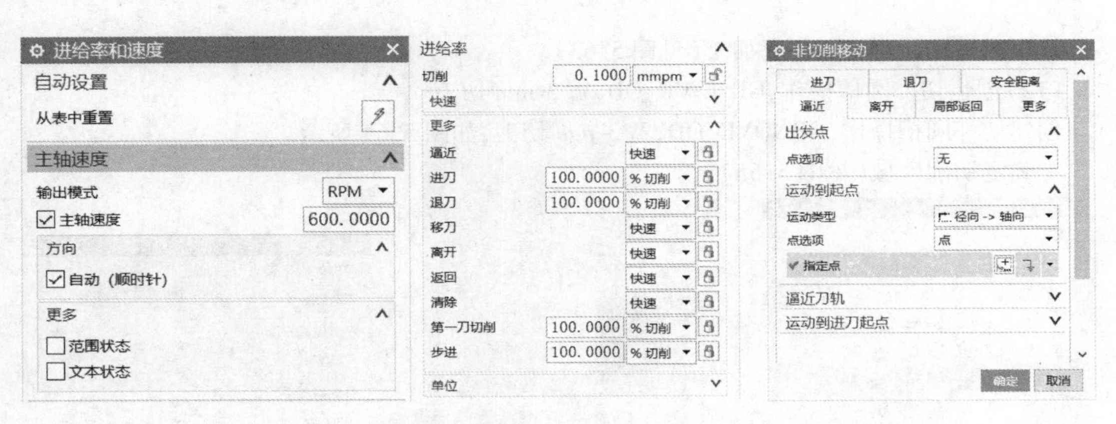

图 5.68　确定进给和速度　　　　图 5.69　设置避让参数

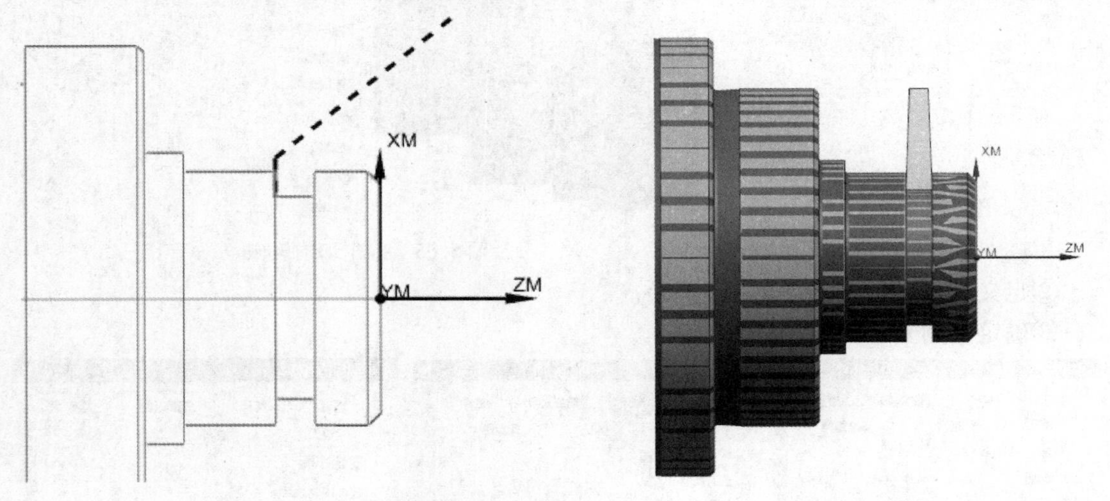

图 5.70　生成刀路轨迹，3D 仿真加工

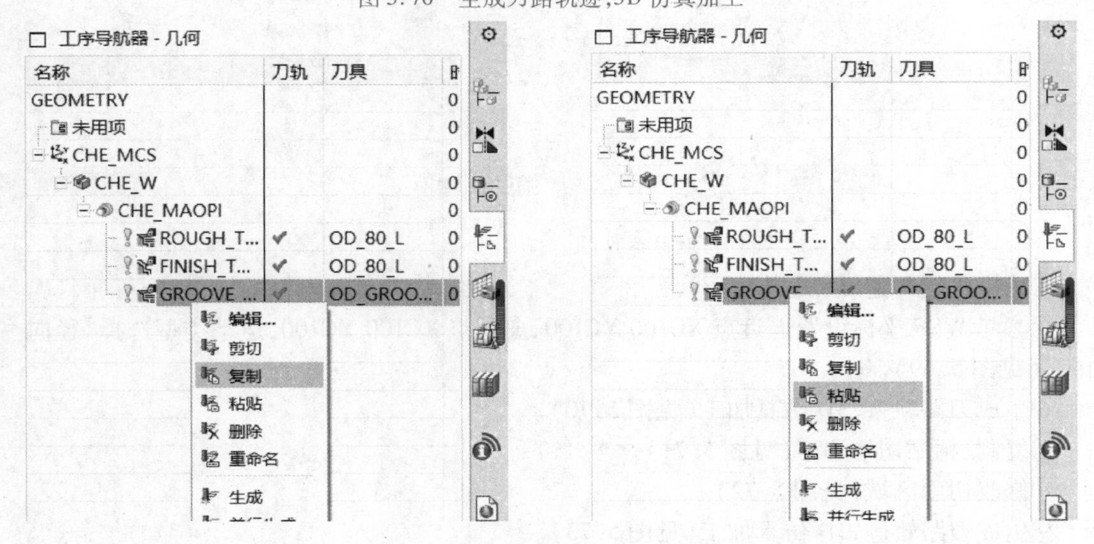

图 5.71　复制与粘贴前一个程序

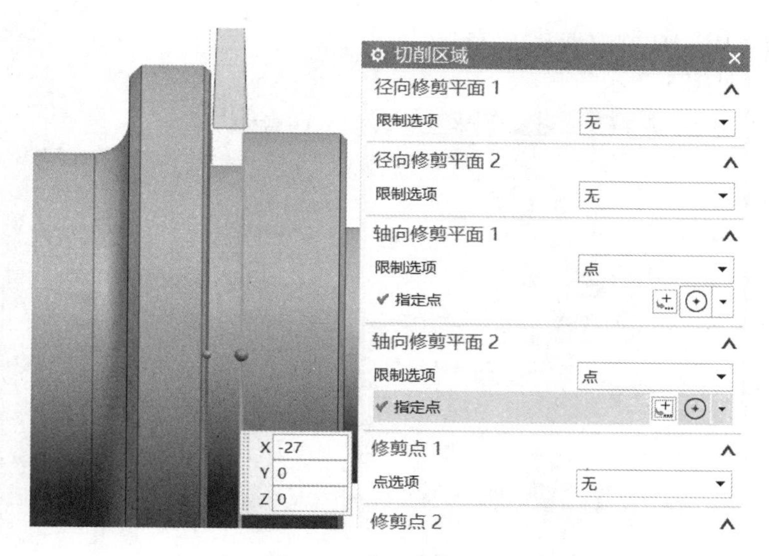

图 5.72 修改切削区域

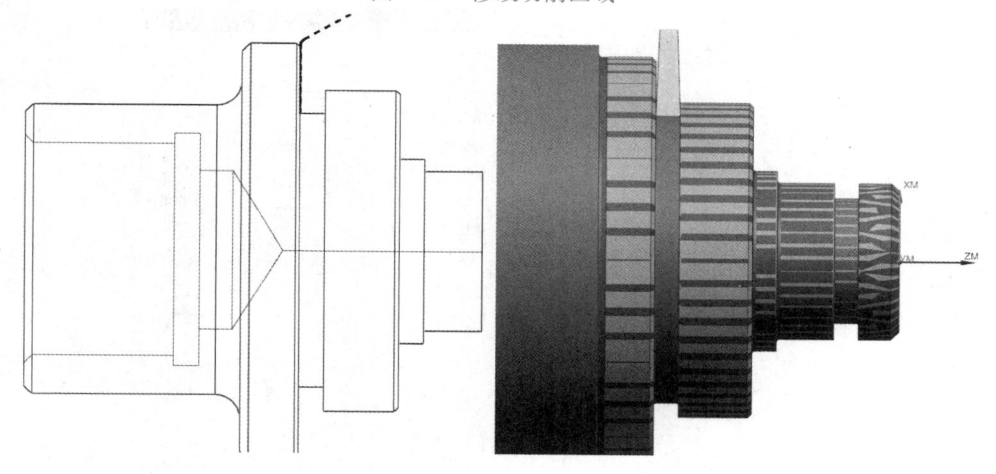

图 5.73 生成刀路轨迹,3D 仿真加工

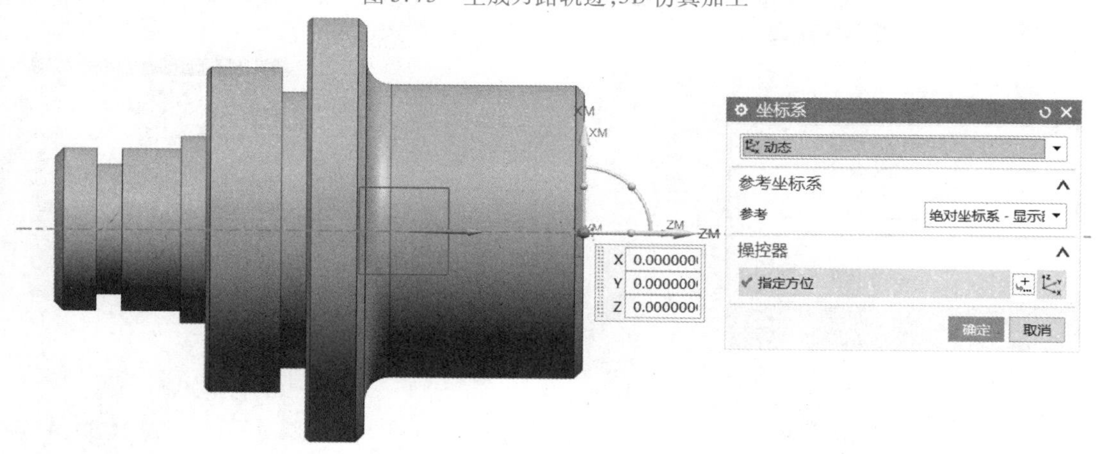

图 5.74 更改加工坐标系

②创建程序 CHE_DT_NC(见图5.75)。

③创建毛坯(见图5.76)。

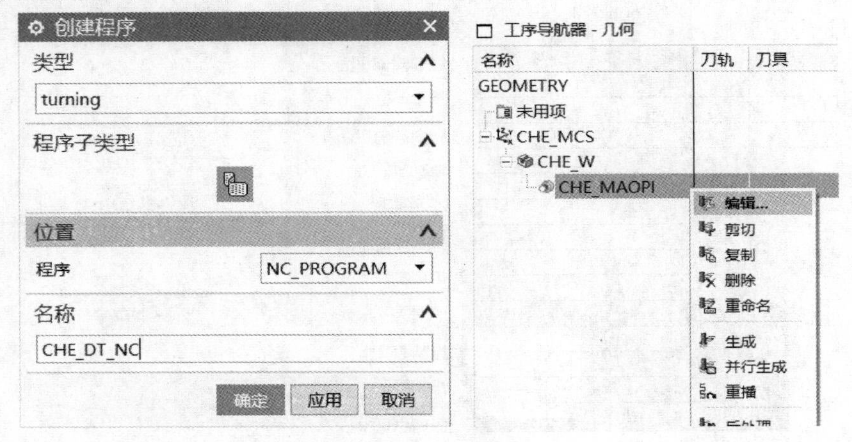

图5.75　创建程序 CHE_DT_NC

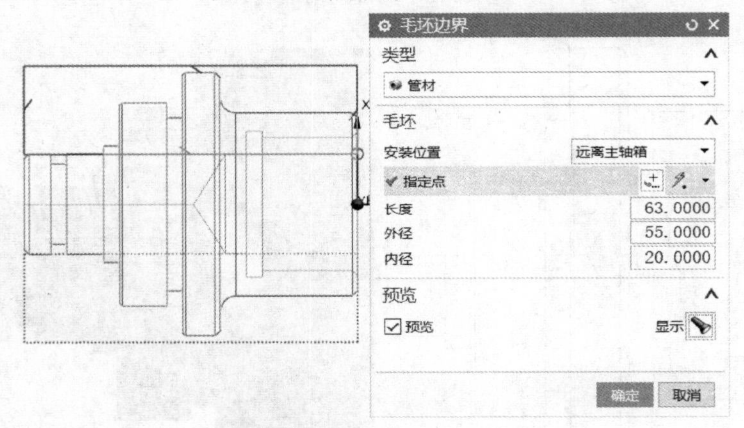

图5.76　创建毛坯

④创建粗镗螺纹底孔操作,ROUGH_BORE_ID,90°镗刀(见图5.77)。

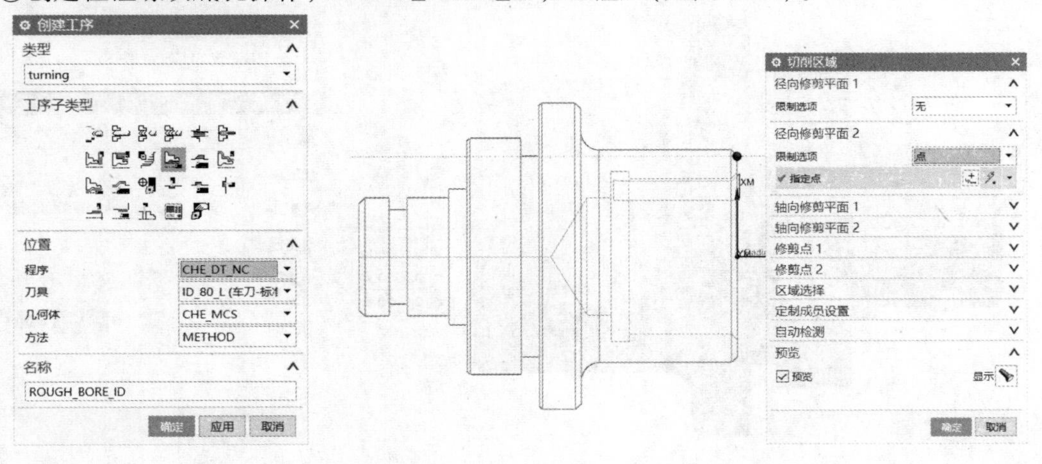

图5.77　创建粗镗螺纹底孔操作　　　　图5.78　确定切削区域

⑤确定切削区域(见图5.78)。

⑥定义切削深度(见图5.79)。

⑦定义进刀/退刀参数(见图5.80)。

图5.79　定义切削深度

图5.80　定义进刀/退刀参数

⑧确定部件切削安全距离(见图5.81)。

⑨确定粗加工余量(见图5.82)。

⑩确定进给和速度(见图5.83)。

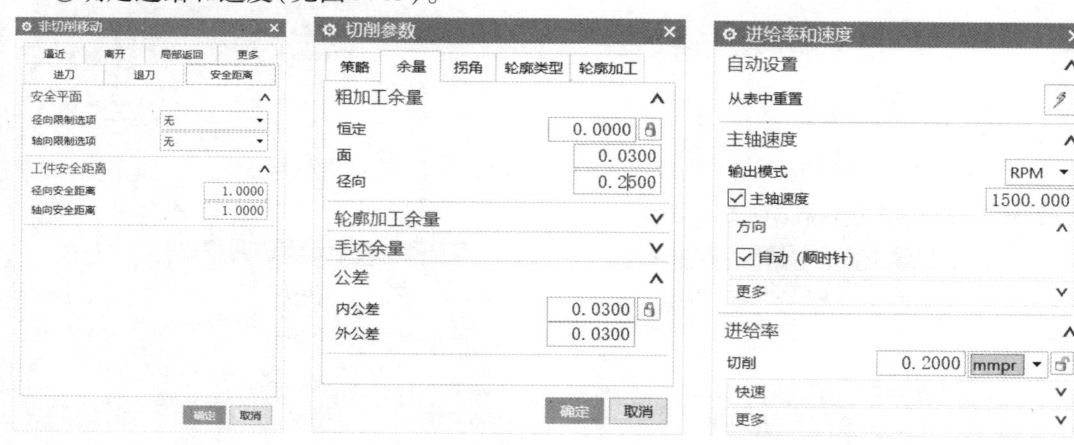

图5.81　确定切削安全距离　　图5.82　确定粗加工余量　　图5.83　确定进给和速度

⑪参考WCS坐标设置逼近点XC50 YC10,离开点XC50 YC10,运动类型选择“轴向→径向”(见图5.84)。

⑫生成刀路轨迹,3D仿真加工(见图5.85)。

(14)创建精镗螺纹底孔操作,FINISH_BORE_ID,90°镗刀

创建精镗螺纹底孔操作,FINISH_BORE_ID,90°镗刀,如图5.86所示。

①确定切削区域(见图5.87)。

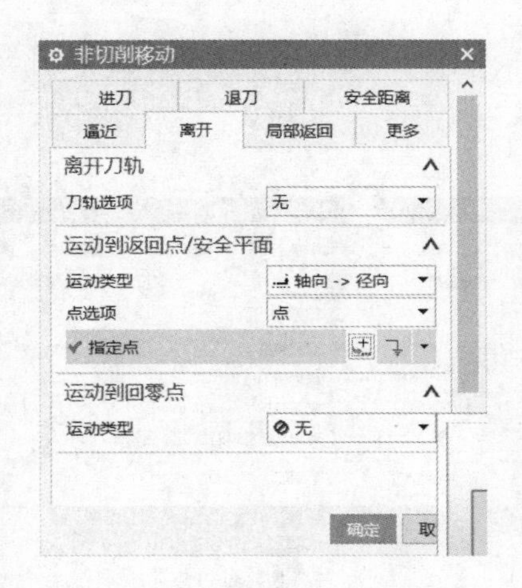

图 5.84　设置逼近点、离开点

图 5.85　生成刀路轨迹,3D 仿真加工

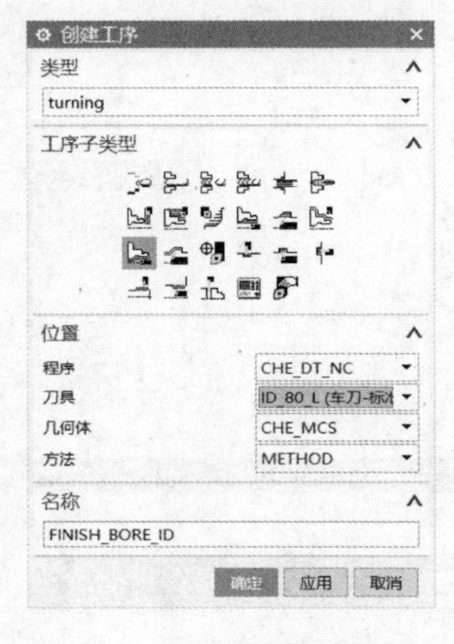

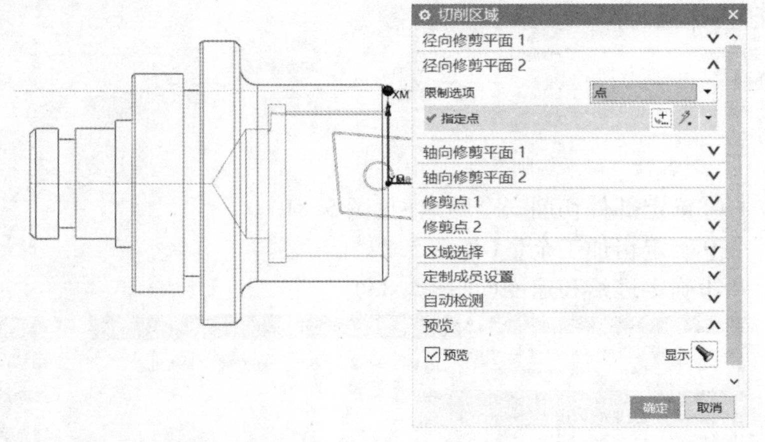

图 5.86　创建精镗内孔操作

图 5.87　确定切削区域

②定义进刀/退刀参数(见图 5.88)。

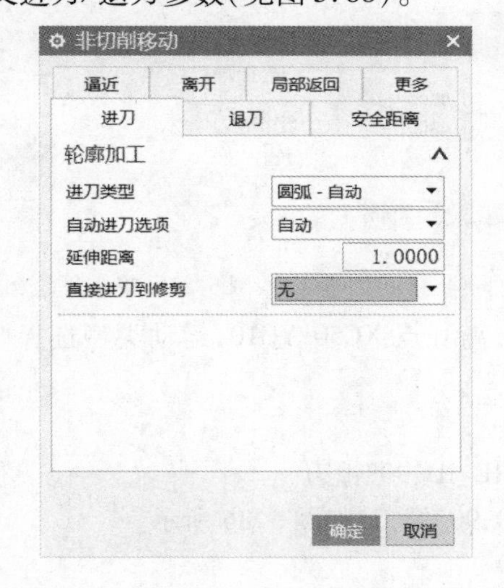

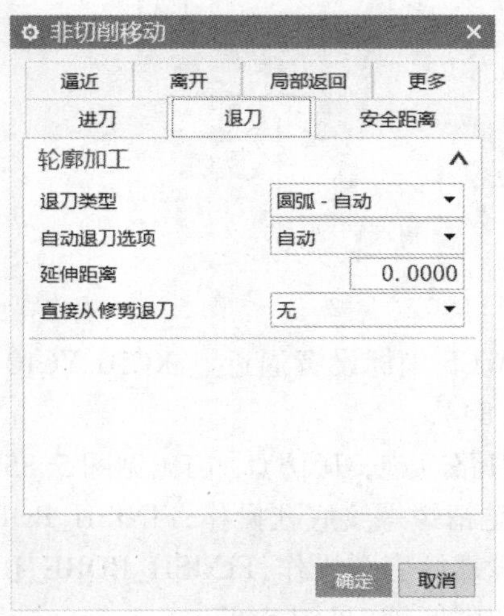

图 5.88　定义进刀/退刀参数

③确定进给和速度(见图 5.89)。

④参考 WCS 坐标设置逼近点 XC50 YC10,离开点 XC50 YC10,运动类型选择“轴向→径向”(见图 5.90)。

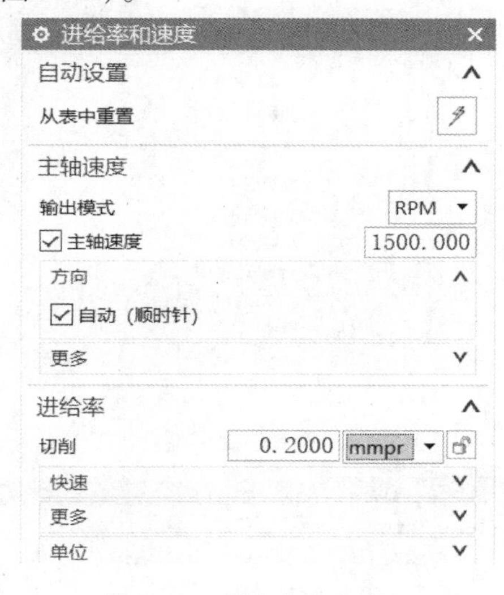

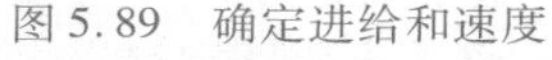
图 5.89　确定进给和速度

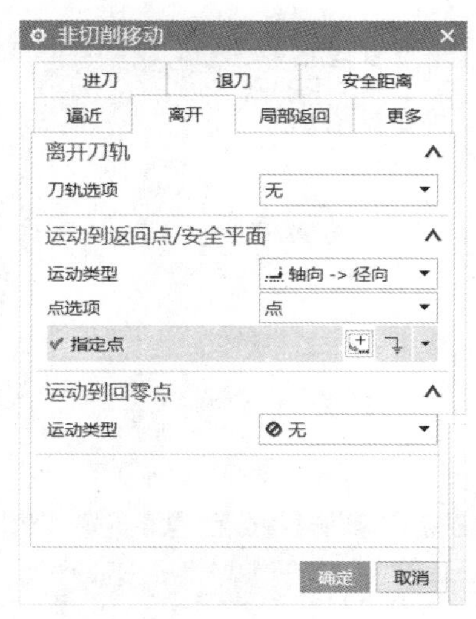

图 5.90　设置逼近点、离开点

⑤生成刀路轨迹,3D 仿真加工(见图 5.91)。

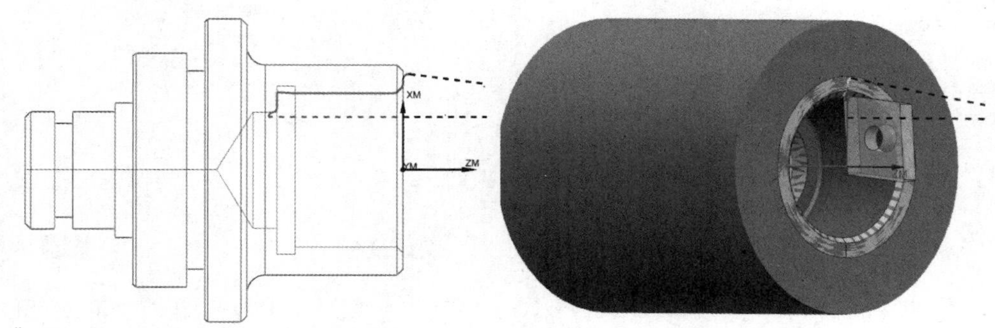

图 5.91　生成刀路轨迹,3D 仿真加工

(15)创建切内孔槽操作,GROOVE_ID_1,宽 3 切刀

创建切内孔槽操作,GROOVE_ID_1,宽 3 切刀,如图 5.92 所示。

①确定切削区域(见图 5.93)。

②定义进刀/退刀参数(见图 5.94)。

③确定切削安全距离(见图 5.95)。

④确定进给和速度(见图 5.96)。

⑤参考 WCS 坐标设置逼近点 XC50 YC10,运动类型选择“轴向→径向”;离开点 XC50 YC10,运动类型选择“径向→轴向”(见图 5.97)。

⑥生成刀路轨迹,3D 仿真加工(见图 5.98)。

(16)创建内螺纹操作,THREAD_ID,内螺纹刀

创建内螺纹操作,THREAD_ID,内螺纹刀,如图 5.99 所示。

①确定螺纹顶线(见图 5.100)。

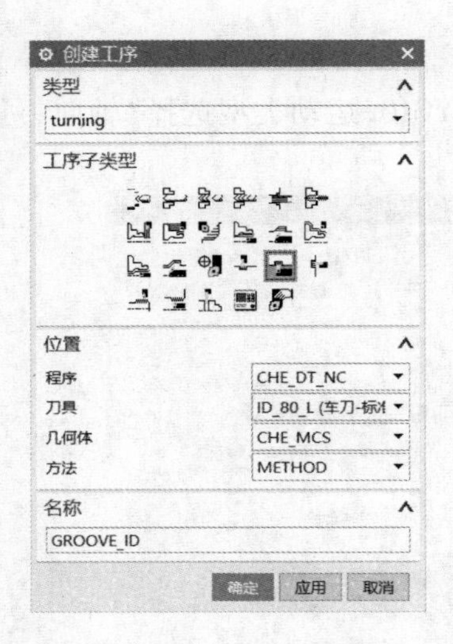

图 5.92　创建切内孔槽操作

图 5.93　确定切削区域

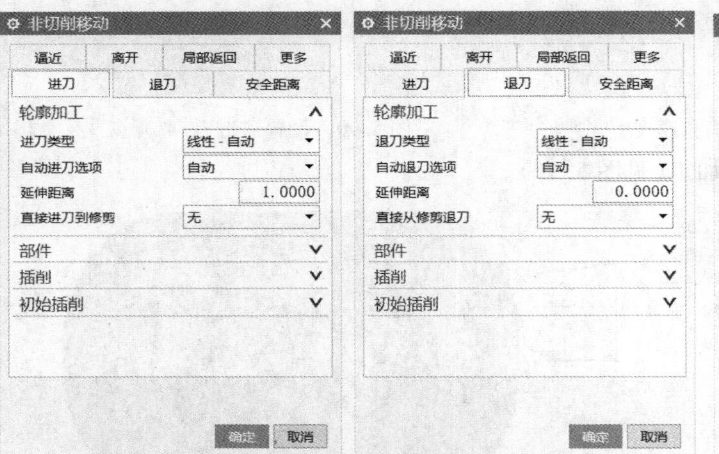

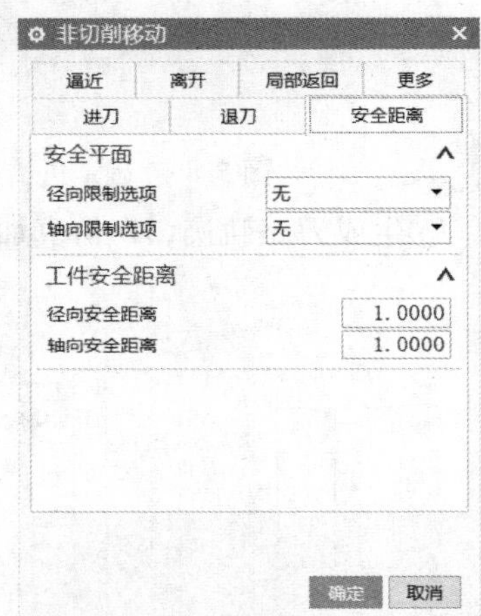

图 5.94　定义进刀/退刀参数

图 5.95　确定切削安全距离

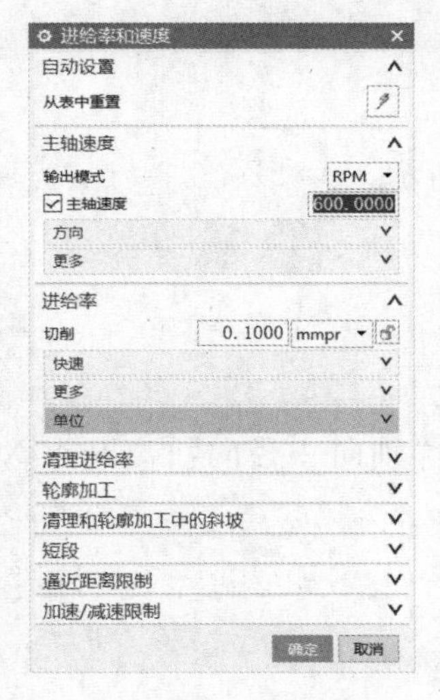

图 5.96　确定进给和速度

图 5.97　设置逼近点、离开点

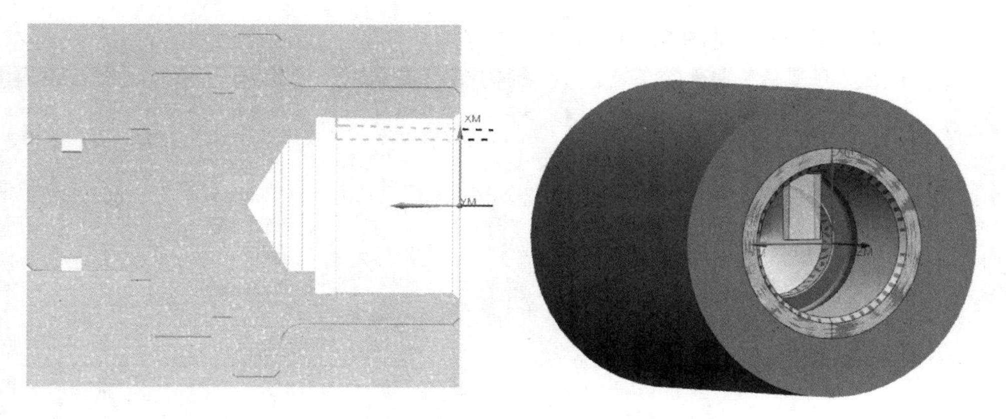

图 5.98　生成刀路轨迹,3D 仿真加工

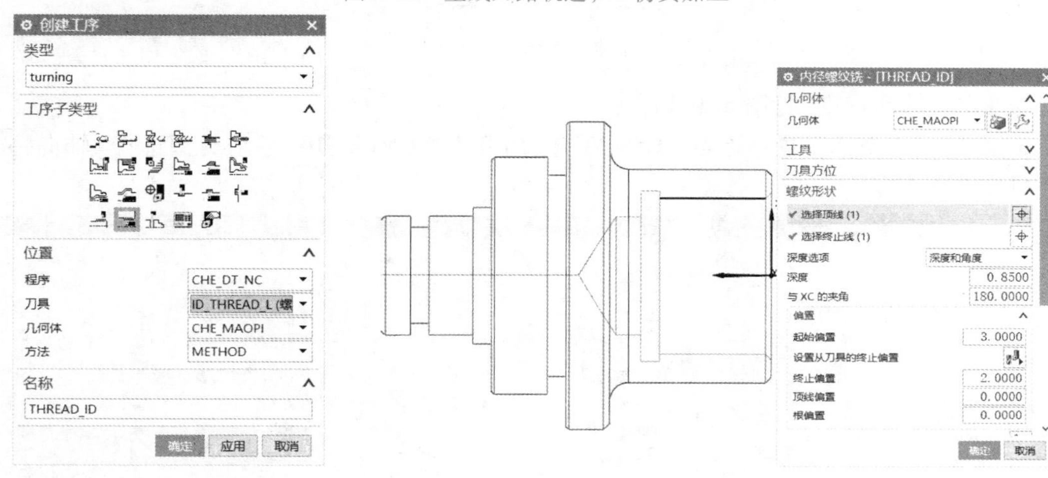

图 5.99　创建内螺纹操作　　　　　　　　图 5.100　确定切削区域

②选择螺纹终止线,“深度选项”选择“深度和角度”, 同时输入螺纹的参数:深度、与 XC 的夹角、起始偏置、终止偏置、切削深度等(见图 5.101)。

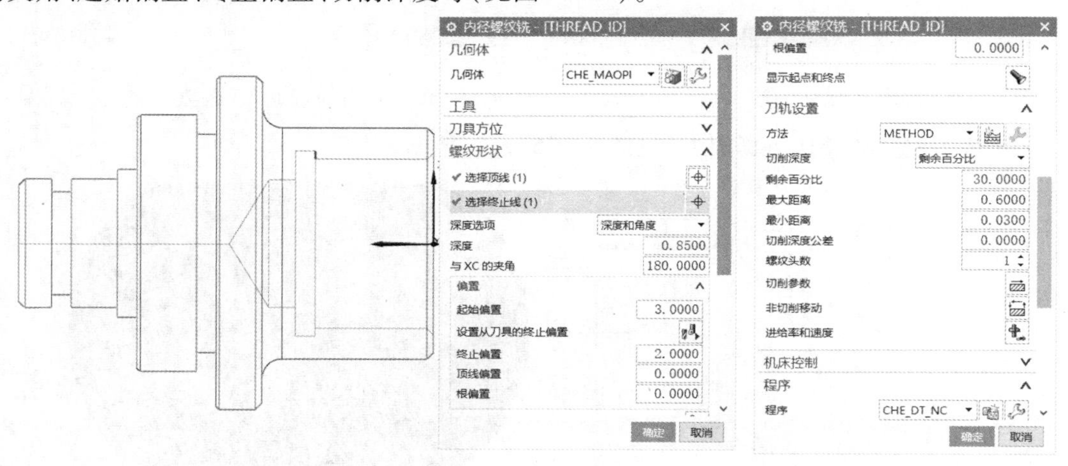

图 5.101　确定参数

③定义进刀/退刀参数(见图 5.102)。

④确定切削安全距离(见图5.103)。

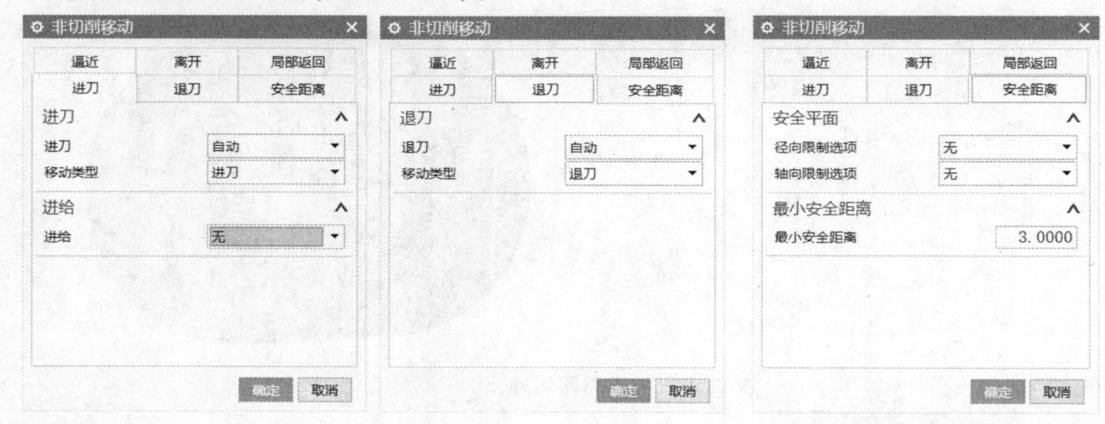

图5.102 定义进刀/退刀参数

图5.103 确定切削安全距离

⑤确定进给和速度(见图5.104)。

⑥参考WCS坐标设置逼近点XC50 YC10,离开点XC50 YC10,运动类型选择"轴向→径向"(见图5.105)。

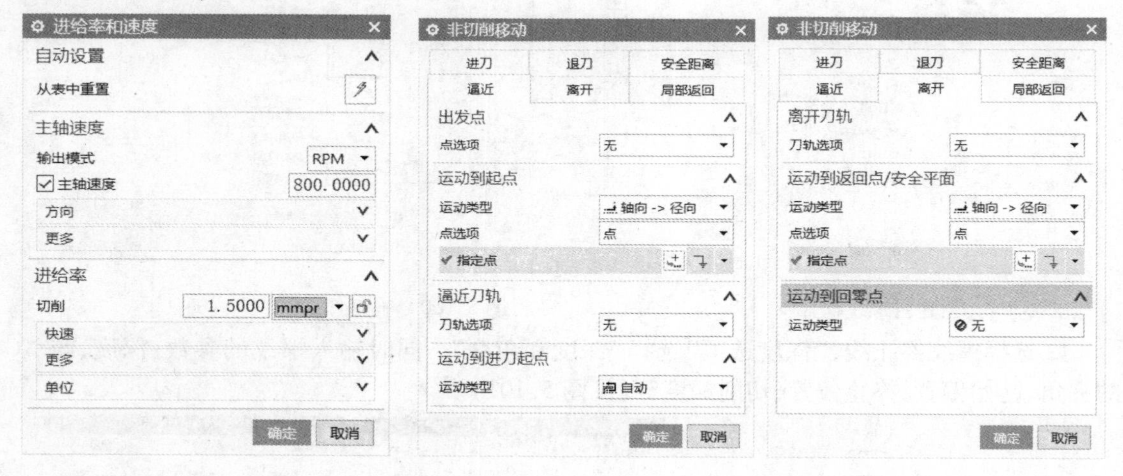

图5.104 确定进给和速度

图5.105 设置逼近点、离开点

⑦生成刀路轨迹,3D仿真加工(见图5.106)。

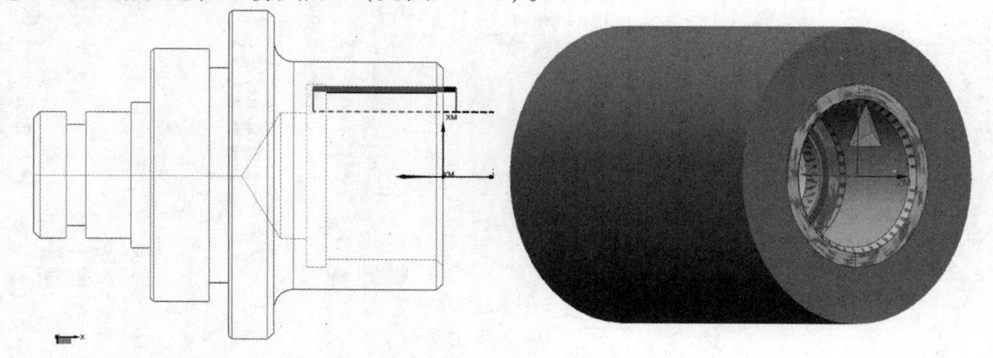

图5.106 生成刀路轨迹,3D仿真加工

(17)创建粗车外圆加工操作 ROUGH_TURN_OD_1,90°外圆刀

创建粗车外圆加工操作 ROUGH_TURN_OD_1,90°外圆刀,如图 5.107 所示。

①确定切削区域(见图 5.108)。

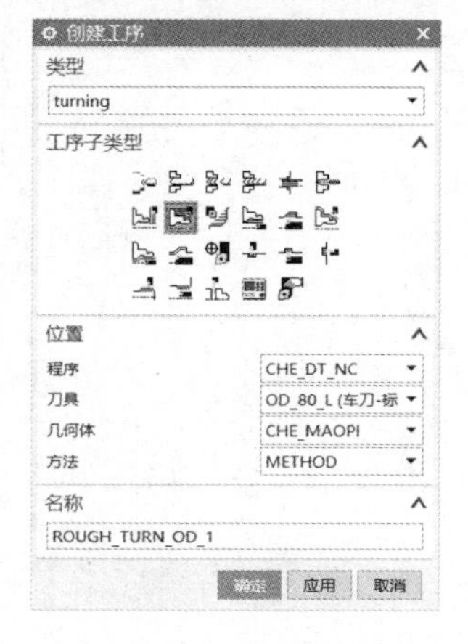

图 5.107　创建粗车外圆加工操作

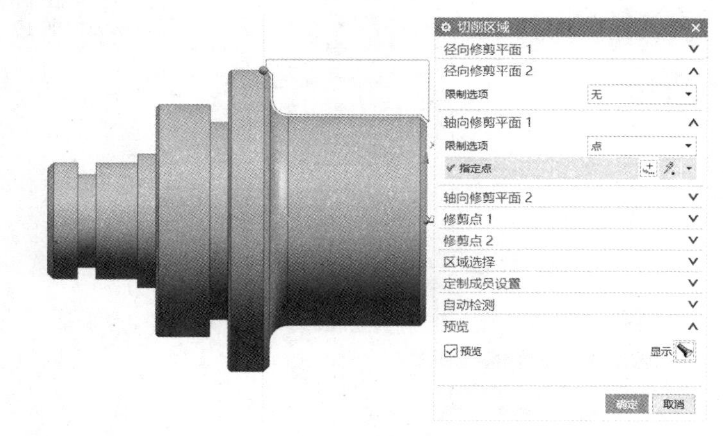

图 5.108　确定切削区域

②定义切削深度(见图 5.109)。

③定义进刀/退刀参数(见图 5.110)。

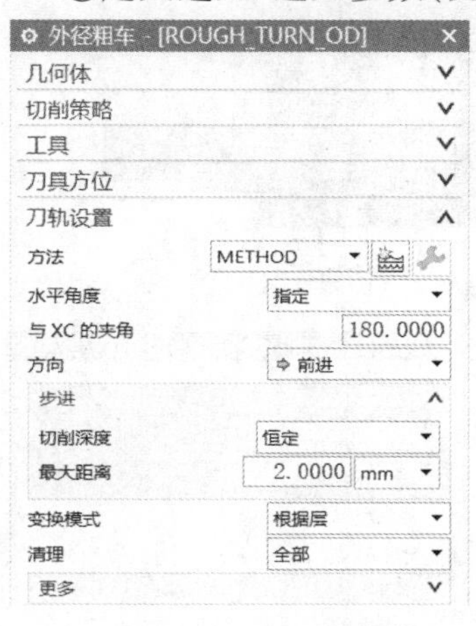

图 5.109　定义切削深度

图 5.110　定义进刀/退刀参数

④确定部件切削安全距离(见图 5.111)。

⑤确定粗加工余量(见图 5.112)。

⑥确定进给和速度(见图 5.113)。

⑦参考 WCS 坐标设置逼近点 XC100 YC100,离开点 XC100 YC100,运动类型选择“径向→轴向”(见图 5.114)。

⑧生成刀路轨迹,3D 仿真加工(见图 5.115)。

(18)创建精车外圆加工操作,FINISH_TURN_OD_1,90°外圆刀

创建精车外圆加工操作,FINISH_TURN_OD_1,90°外圆刀,如图 5.116 所示。

①确定切削区域(见图 5.117)。

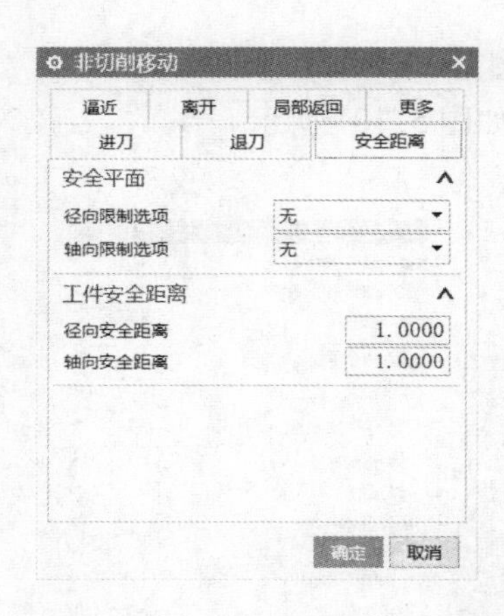

图 5.111　确定切削安全距离

图 5.112　确定粗加工余量

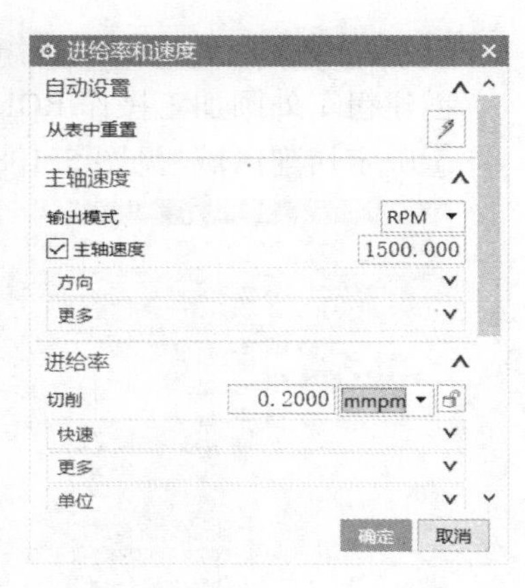

图 5.113　确定进给和速度

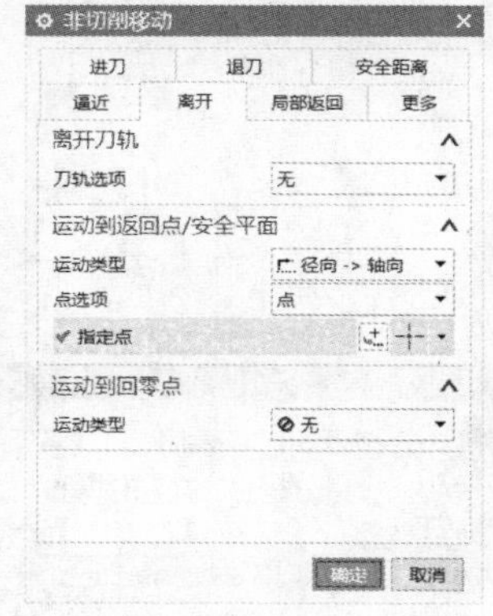

图 5.114　设置逼近点、离开点

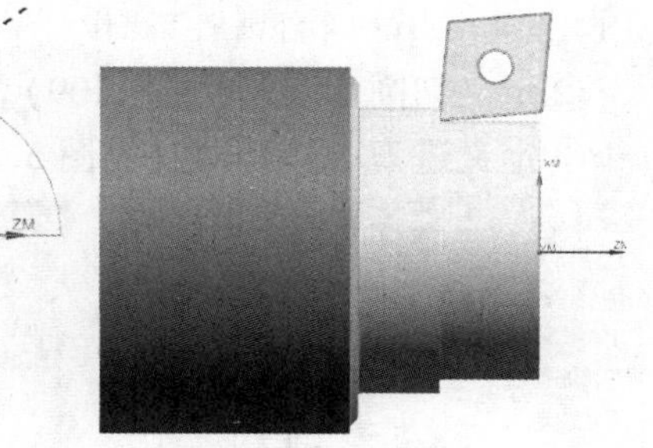

图 5.115　生成刀路轨迹,3D 仿真加工

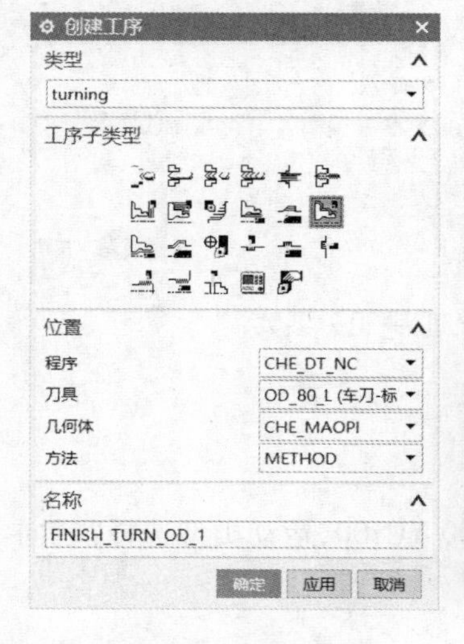

图 5.116　创建精车外圆加工操作

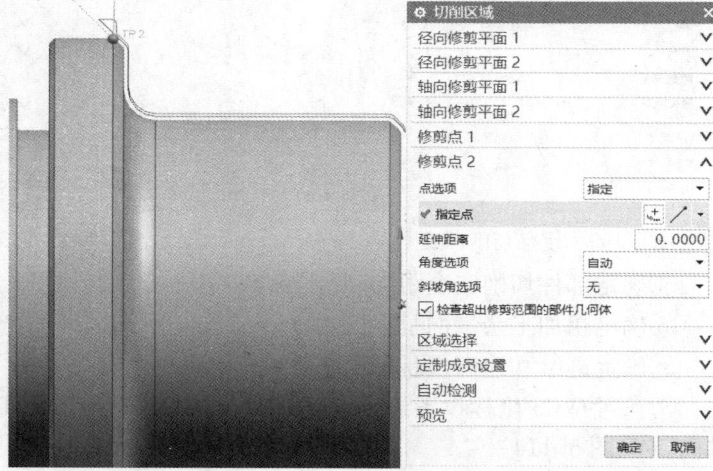

图 5.117　确定切削区域

②定义进刀/退刀参数(见图 5.118)。

③确定加工余量(见图 5.119)。

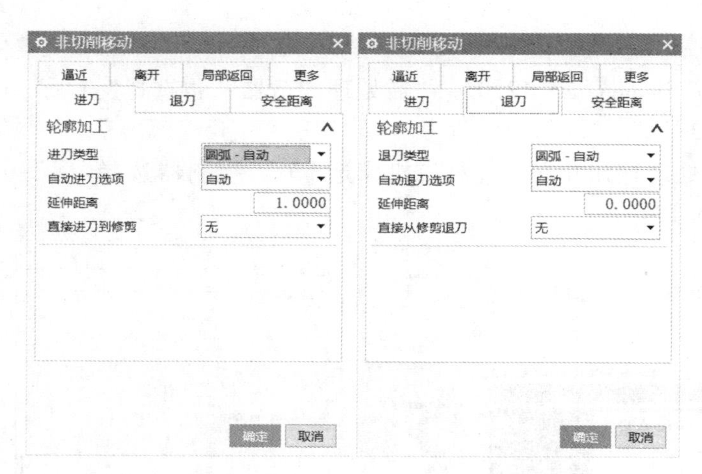

图 5.118　定义进刀/退刀参数

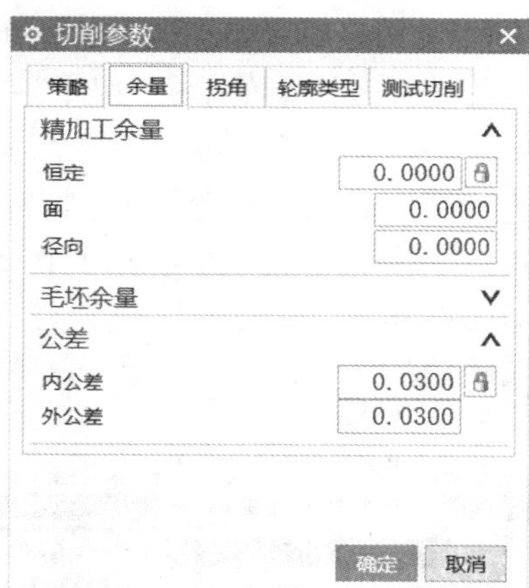

图 5.119　确定加工余量

④确定进给和速度(见图5.120)。

⑤参考WCS坐标设置逼近点XC100 YC100,离开点XC100 YC100,运动类型选择“径向→轴向”(见图5.121)。

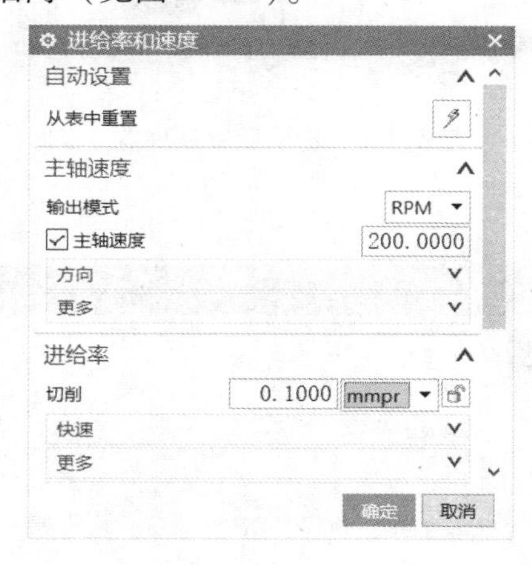

图 5.120　确定进给和速度

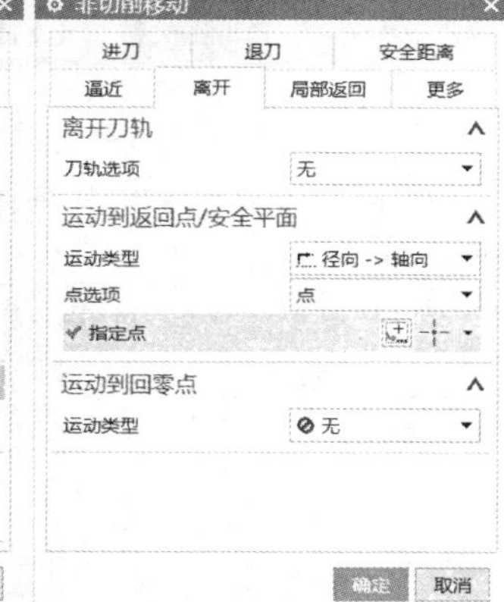

图 5.121　设置逼近点、离开点

⑥生成刀路轨迹看,3D仿真加工(见图5.122)。

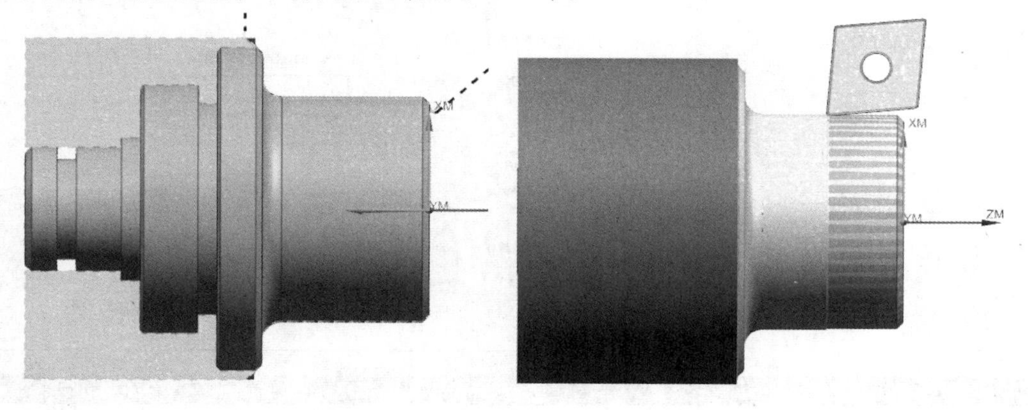

图 5.122　生成刀路轨迹,3D仿真加工

(19)构建后置处理器 che. post

①选择开始菜单中的“程序”→“Siemens NX 12.0”→“后处理构造器”,再选择“选项”→“语言”→“中文(简体)”(见图 5.123)。

②新建后处理构造器,选择后处理输出单位“毫米”,机床选“车”,控制器选择“库”→“fanuc”系统,其他默认设置(见图 5.124)。

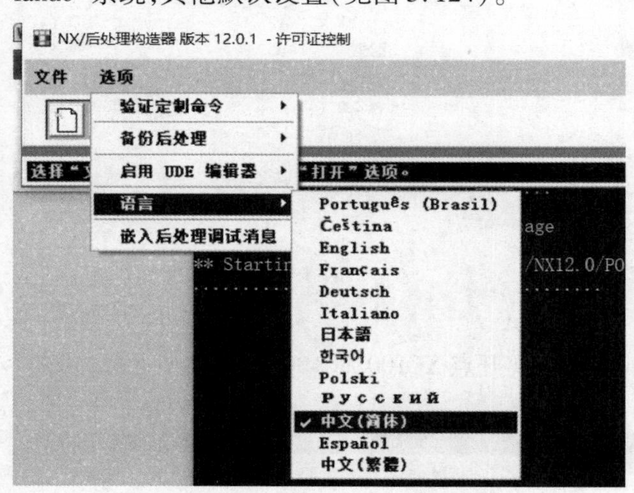

图 5.123　语言设置

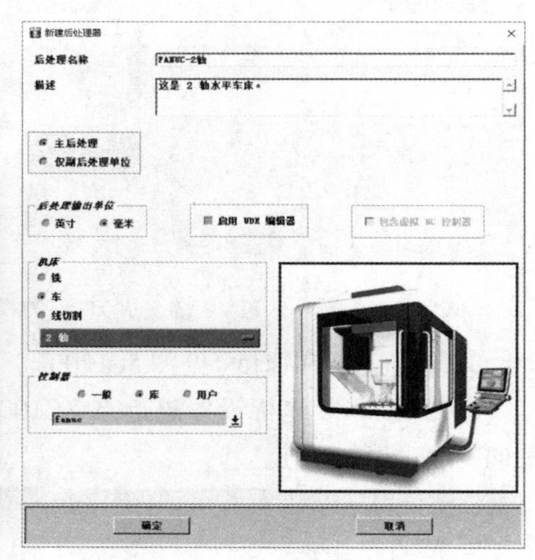

图 5.124　构建后置处理器

③轴乘数选择“2X”,其他默认设置(见图 5.125)。

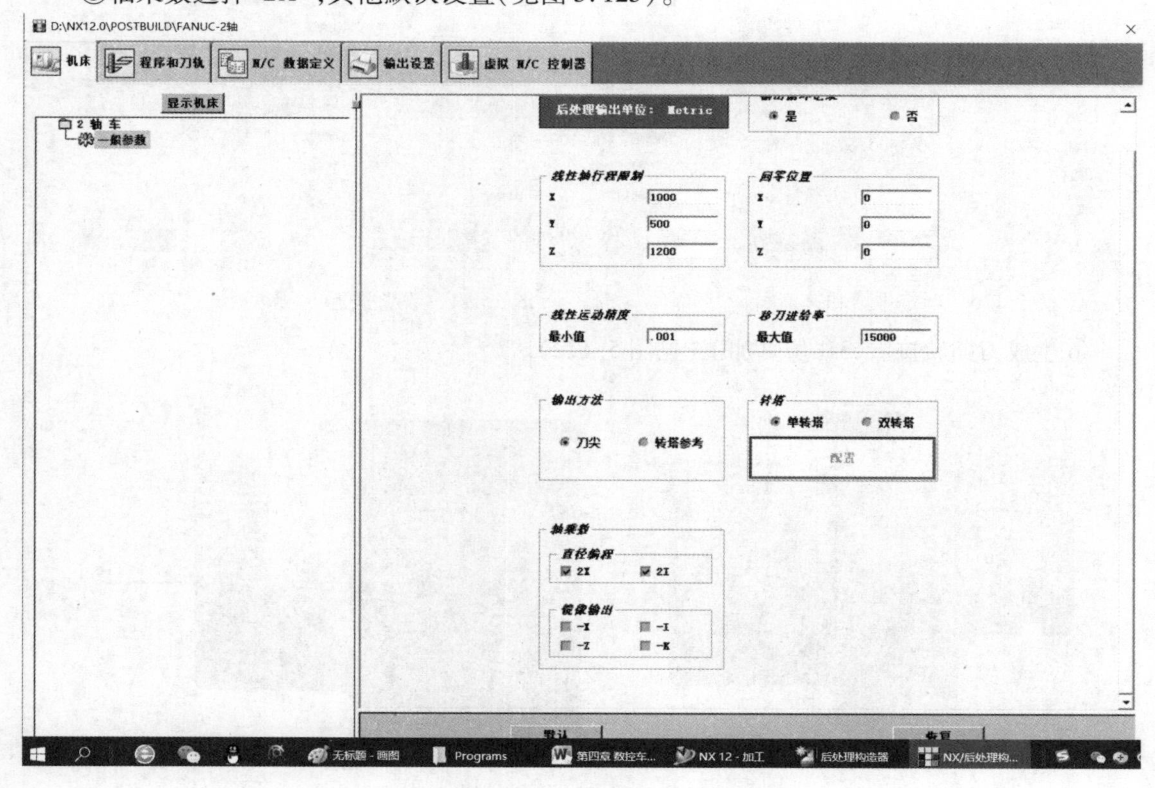

图 5.125　直径输出设置

④不输出行号设置,其他不需要的可同样方法删除(见图 5.126)。

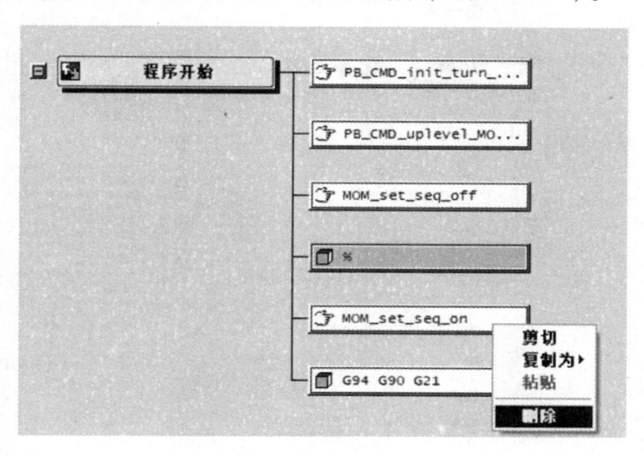

图 5.126　不输出行号设置

⑤设置 I,J,K,R 非模态输出,由于自动编程会输出很多小圆弧,模态输出会因为多圆弧公差的累计误差造成圆弧超差报警(见图 5.127)。

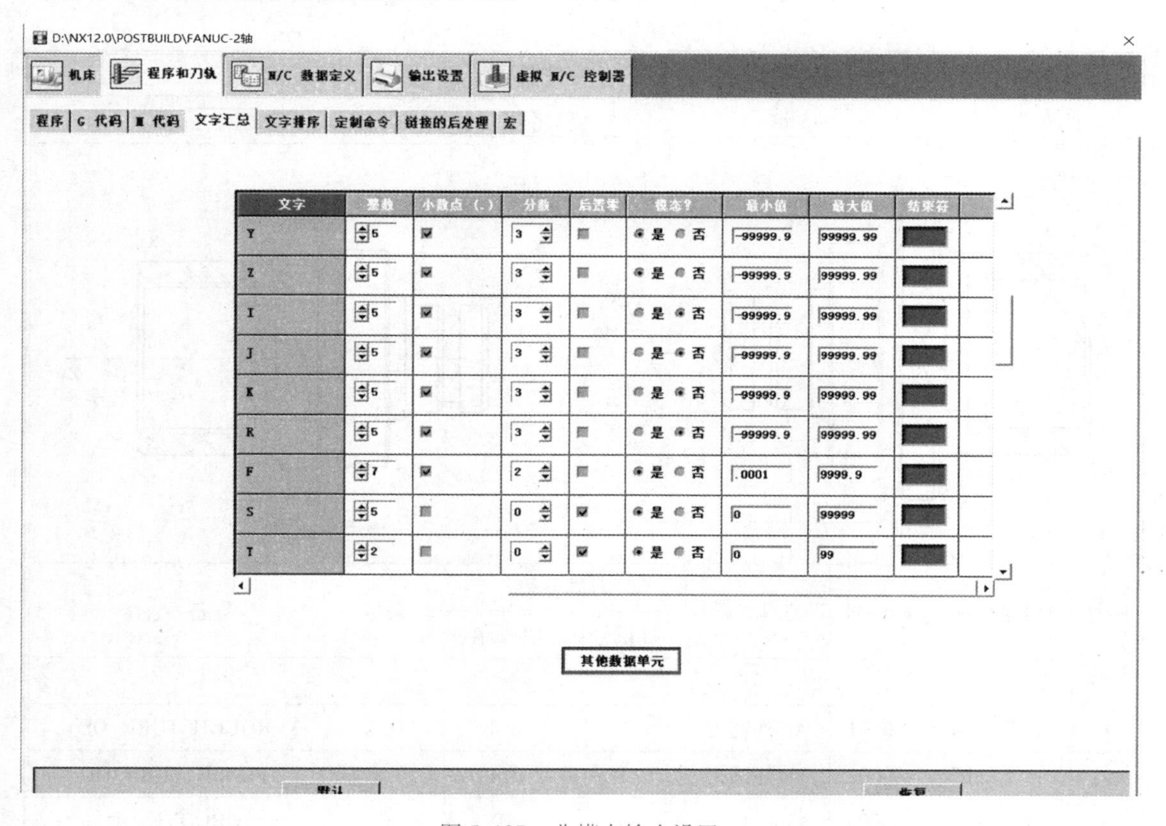

图 5.127　非模态输出设置

⑥程序后处理,G 代码生成(见图 5.128)。

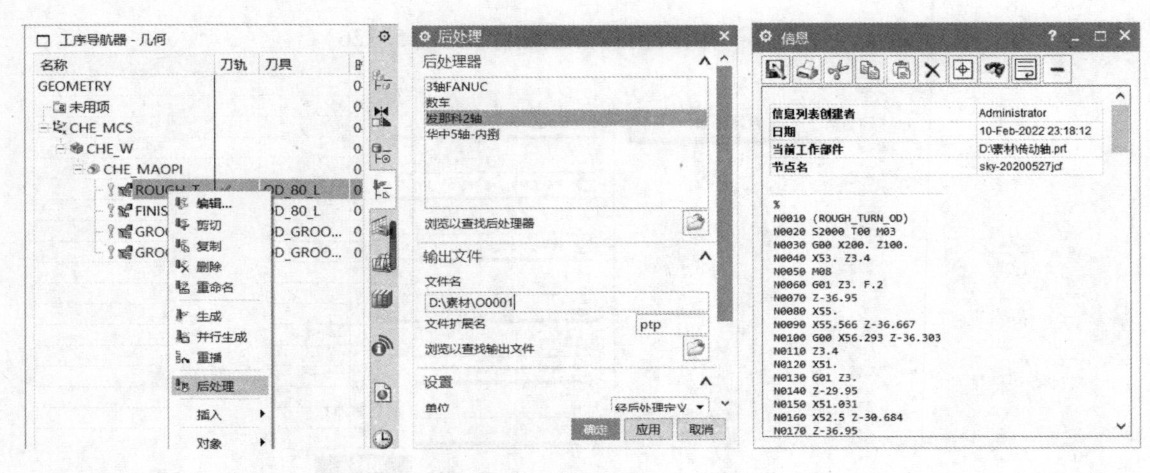

图 5.128　程序后处理，G 代码生成

5）传动轴零件的加工（FANUC 0i Mate-TD 数控车床）

（1）传动轴零件 CNC 加工程序单

传动轴零件 CNC 加工程序单见表 5.3。

表 5.3　传动轴零件 CNC 加工程序单

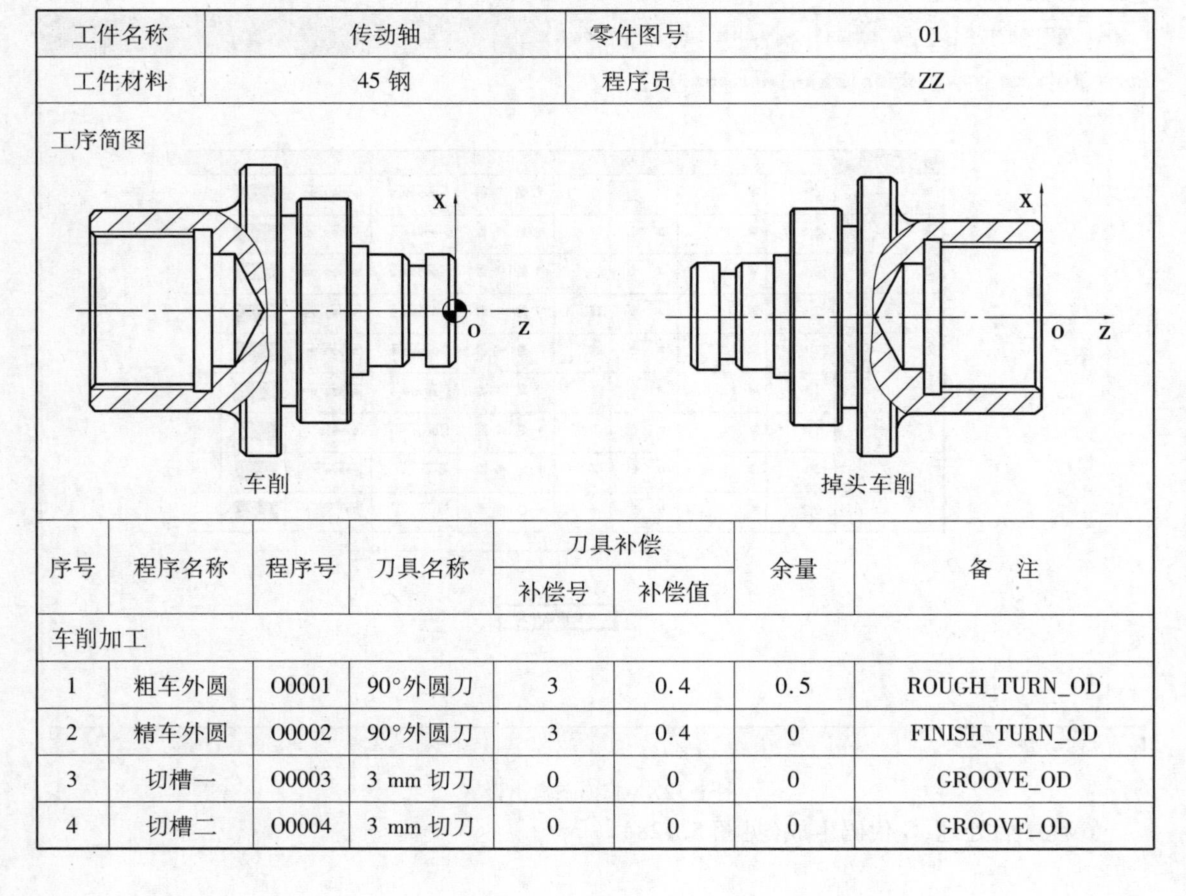

工件名称	传动轴	零件图号	01
工件材料	45 钢	程序员	ZZ

工序简图

序号	程序名称	程序号	刀具名称	刀具补偿		余量	备　注
				补偿号	补偿值		
车削加工							
1	粗车外圆	O0001	90°外圆刀	3	0.4	0.5	ROUGH_TURN_OD
2	精车外圆	O0002	90°外圆刀	3	0.4	0	FINISH_TURN_OD
3	切槽一	O0003	3 mm 切刀	0	0	0	GROOVE_OD
4	切槽二	O0004	3 mm 切刀	0	0	0	GROOVE_OD

续表

序号	程序名称	程序号	刀具名称	刀具补偿		余量	备　注
				补偿号	补偿值		
掉头车削加工							
5	粗车内孔	O0005	90°镗刀	2	0.4	0.5	ROUGH_BORE_ID
6	精车内孔	O0006	90°镗刀	2	0.4	0	FINISH_BORE_ID
7	切内沟槽	O0007	3 mm 内切槽刀	9	0	0	GROOVE_ID
8	车内螺纹	O0008	内螺纹刀	6	0	0	THREAD_ID
9	粗车外圆	O0009	90°外圆刀	3	0.4	0.5	ROUGH_TURN_OD_1
10	精车外圆	O0010	90°外圆刀	3	0.4	0	FINISH_TURN_OD_1

(2)使用 FANUC 系统的机床完成传动轴零件加工

①通电开机

a. 按下机床面板上的系统启动键 [系统启动]，接通电源，显示屏由原先的黑屏变为有文字显示，电源指示灯 [电源] 亮。

b. 按急停键，使急停键抬起。

这时，系统完成上电复位，可进行后面的操作。

②手动返回参考点

a. 在方式选择键中按下 JOG 键 [JOG]。这时，数控系统显示屏幕左下方显示状态为 RAPID。

b. 在操作选择键中按下回零键 [回零]。这时，该键左上方的小红灯亮。

c. 在坐标轴选择键中按下 +X 键 [+X]，X 轴返回参考点，同时 X 回零指示灯 [X--回零] 亮。

d. 依上述方法，按下 +Z 键 [+Z]，Z 轴返回参考点，同时 Z 回零指示灯 [Z--回零] 亮。

③程序输入和空运行

由自动编程软件后置处理得到 NC 代码，通过 CF 卡或 RS-232C 口传输程序。将程序传输到机床中，校验程序无误后，锁定机床进行空运行检查，发现问题及时修改。锁定机床后，注意空运行按键一定关闭，并再次执行机床回零。

④工件、刀具装夹

将毛坯(参考直径 ϕ55 mm 长 68 mm)装在三爪卡盘上定位夹紧，注意悬深。根据加工程序，选择刀具，并按刀位号装入刀架。

⑤对刀、设置刀补

用外圆车刀先试车右端面，端面车削尽量少，偏平即可，然后按编辑键，进入编辑运行方式。按下偏置/设置键 OFFSET SETTING 显示工具偏置/形状界面，如图 5.129 所示；按软键[刀偏]，再按软键[形状]，屏幕上出现偏置形状列表，如图 5.130 所示 ；选中对应的刀号，输入“Z0”，界面下方会有“测量”按键显示，点击该按键，机床会自动把当前机床坐标系计入该刀号，Z 轴对刀完成(见图 5.131)；同理，对 X 轴。

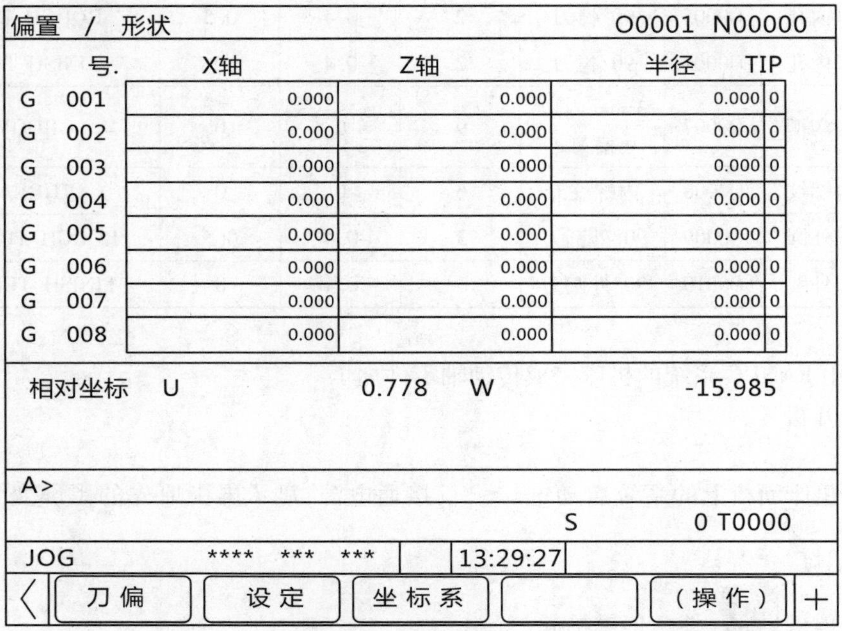

偏置 / 形状　　O0001 N00000

号.	X轴	Z轴	半径	TIP
G 001	0.000	0.000	0.000	0
G 002	0.000	0.000	0.000	0
G 003	0.000	0.000	0.000	0
G 004	0.000	0.000	0.000	0
G 005	0.000	0.000	0.000	0
G 006	0.000	0.000	0.000	0
G 007	0.000	0.000	0.000	0
G 008	0.000	0.000	0.000	0

相对坐标 U 0.778 W -15.985

A>

S 0 T0000

JOG **** *** *** 13:29:27

〈 | 刀 偏 | 设 定 | 坐 标 系 | | (操 作) | +

图 5.129　偏置/形状界面

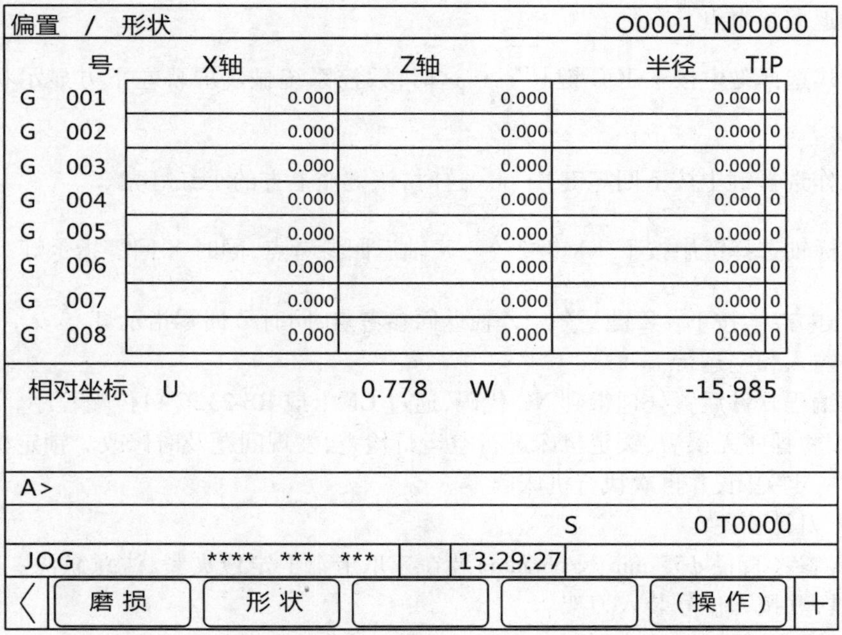

偏置 / 形状　　O0001 N00000

号.	X轴	Z轴	半径	TIP
G 001	0.000	0.000	0.000	0
G 002	0.000	0.000	0.000	0
G 003	0.000	0.000	0.000	0
G 004	0.000	0.000	0.000	0
G 005	0.000	0.000	0.000	0
G 006	0.000	0.000	0.000	0
G 007	0.000	0.000	0.000	0
G 008	0.000	0.000	0.000	0

相对坐标 U 0.778 W -15.985

A>

S 0 T0000

JOG **** *** *** 13:29:27

〈 | 磨 损 | 形 状 | | | (操 作) | +

图 5.130　形状界面

偏置 / 磨损　　O0001 N00000

	号.	X轴	Z轴	半径	TIP
W	001	0.000	0.000	0.000	0
W	002	0.000	0.000	0.000	0
W	003	0.000	0.000	0.000	0
W	004	0.000	0.000	0.000	0
W	005	0.000	0.000	0.000	0
W	006	0.000	0.000	0.000	0
W	007	0.000	0.000	0.000	0
W	008	0.000	0.000	0.000	0

相对坐标　U　0.778　W　-15.985

A>Z0_

S　0 T0000

JOG　**** *** ***　13:29:27

〈　号搜索　测量　C输入　+输入　输入　+

图5.131　测量界面

⑥首件试切

a. 选择加工程序，将编制好的零件加工程序传输并存储在数控系统的存储器中，调出要执行的程序来使机床运行。

按“编辑”键，进入编辑运行方式，按数控系统面板上的PROG键 PROG ，按数控屏幕下方的软键DIR键，屏幕上显示已存储在存储器里的加工程序列表。按地址键O，按数字键输入程序号，按数控屏幕下方的软键O检索键。这时，被选择的程序就被打开显示在屏幕上。

b. 按自动键 自动 ，进入自动运行方式同时将进给倍率调低，按机床操作面板上的循环键中的白色启动键，开始自动运行。运行中，按下循环键中的红色暂停键，机床将减速停止运行。再按下白色启动键，机床恢复运行。

首件加工合格后，可进行正式加工。

第 6 章 数控车床加工习题集

6.1 基础练习题

编制下列各图中零件的数控加工程序，毛坯尺寸自定。

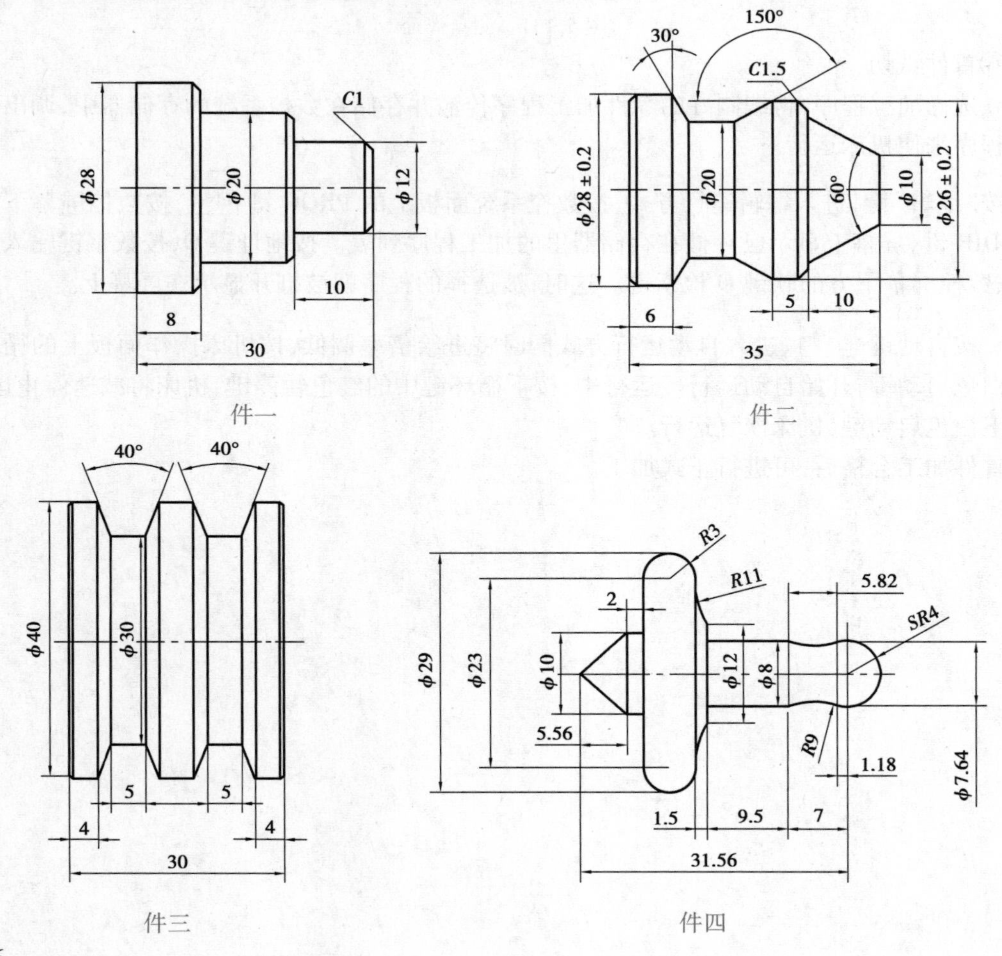

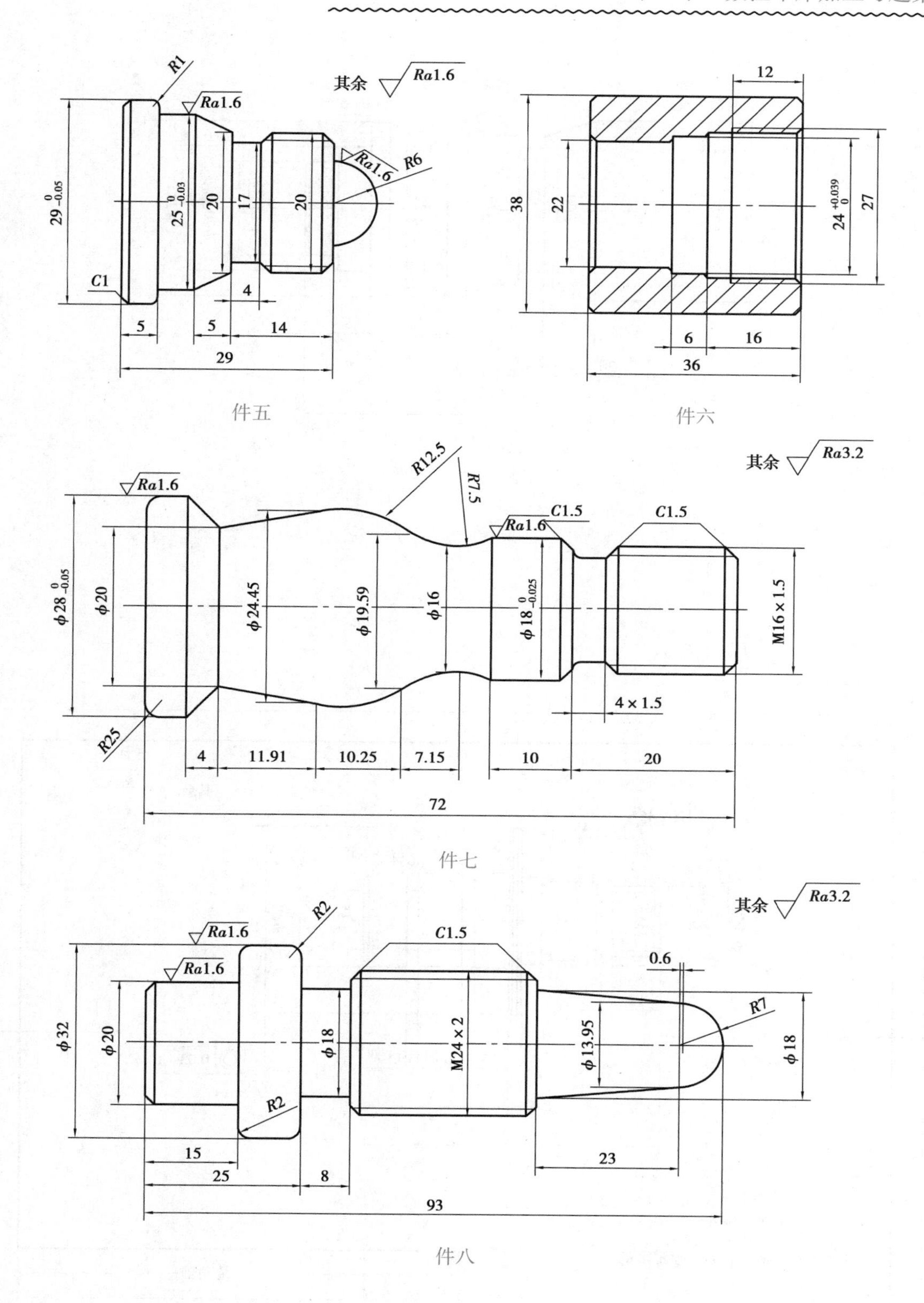
其余 Ra1.6
R1
Ra1.6
Ra1.6
R6
29 0 -0.05
25 0 -0.03
20
17
20
C1
4
5
5
14
29
12
38
22
24 +0.039 0
27
6
16
36
R12.5
R7.5
其余 Ra3.2
Ra1.6
C1.5
Ra1.6
C1.5
φ28 0 -0.05
φ20
φ24.45
φ19.59
φ16
φ18 0 -0.025
M16×1.5
4×1.5
R25
4
11.91
10.25
7.15
10
20
72
其余 Ra3.2
R2
Ra1.6
Ra1.6
C1.5
0.6
R7
φ32
φ20
φ18
M24×2
φ13.95
φ18
R2
15
25
8
23
93

件五　件六

件七

件八

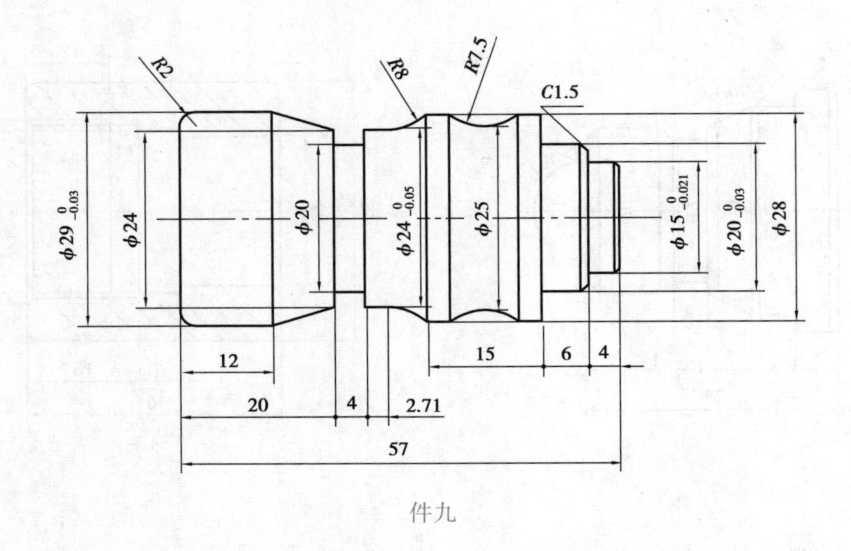

件九

6.2 职业技能等级实操考核数控车床模拟题

6.2.1 传动轴

1)零件图

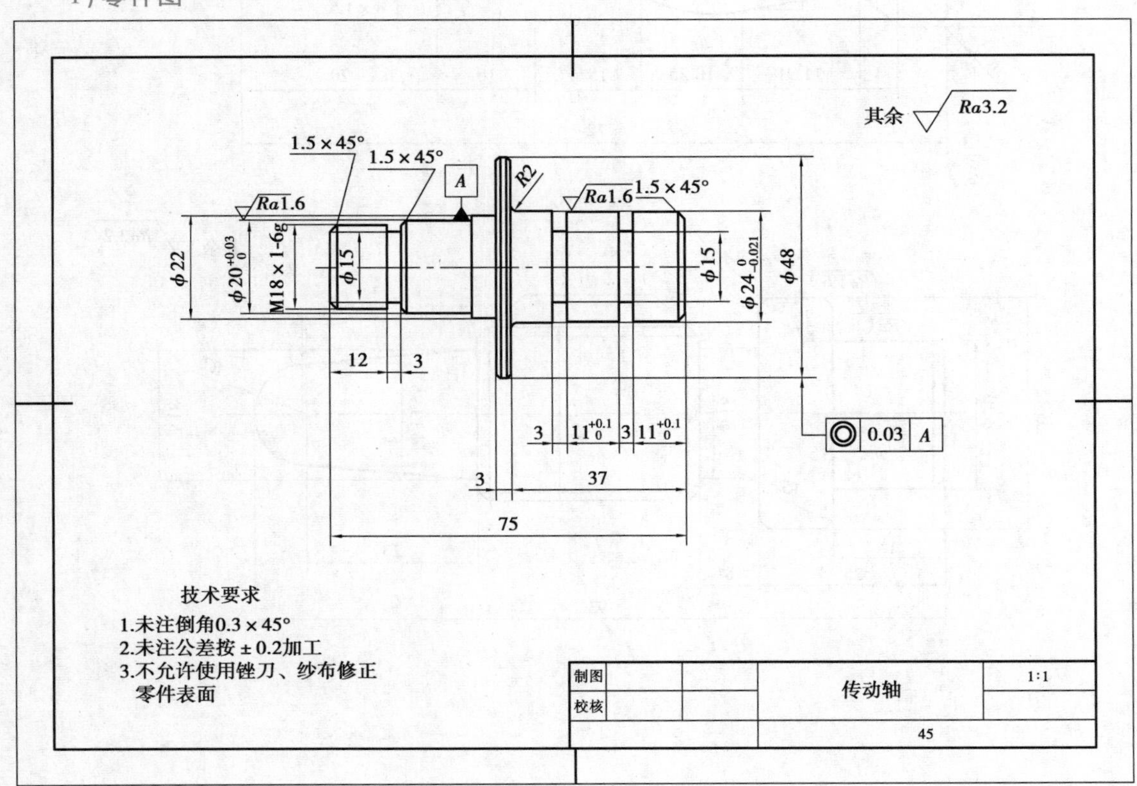

2）加工零件评分表

工件名称		传动轴		工件编码						
检测评分记录										
序号	配分	尺寸类型	公称尺寸	上偏差	下偏差	上极限尺寸	下极限尺寸	实际尺寸	得分	评分标准
A-主要尺寸　共 80 分										
1	8	ϕ	24	0	-0.021	24	23.979			超差全扣
2	8	ϕ	20	0.03	0	20.03	20			超差全扣
3	6	ϕ	48	0.1	-0.1	48.1	47.9			超差全扣
4	6	ϕ	22	0.1	-0.1	22.1	21.9			超差全扣
5	6	ϕ	15	0.1	-0.1	15.1	14.9			超差全扣
6	6	L	12	0.1	-0.1	12.1	11.9			超差全扣
7	6	L	3	0.1	-0.1	3.1	2.9			退刀槽
8	6	L	11	0.1	0	11.1	11			两处
9	6	R	2	0.1	-0.1	2.1	1.9			超差全扣
10	6	L	75	0.1	-0.1	75.1	74.9			超差全扣
11	10	螺纹	M18×1-6g		—	—	—			合格/不合格
12	6	倒角	$C1$	0	—	—	—			合格/不合格
B-形位公差　共 10 分										
13	10	同轴度	0.03	0	0.00	0.02	0.00			超差全扣
C-表面粗超度　共 10 分										
14	6	表面质量	$Ra1.6$							超差全扣
15	4	表面质量	$Ra3.2$							超差全扣
总配分数			100	合计得分						

3）零件自检表

<table>
<tr><td>零件名称</td><td colspan="3">传动轴</td><td colspan="2">允许读数误差</td><td colspan="3">±0.007 mm</td><td rowspan="2">教师评价（填写 T/F）</td></tr>
<tr><td rowspan="2">序号</td><td rowspan="2">项目</td><td rowspan="2">尺寸要求</td><td rowspan="2">使用的量具</td><td colspan="4">测量结果</td><td rowspan="2">项目判定</td></tr>
<tr><td>No. 1</td><td>No. 2</td><td>No. 3</td><td>平均值</td><td></td></tr>
<tr><td>1</td><td>外径</td><td>$\phi24_{-0.021}^{0}$</td><td></td><td></td><td></td><td></td><td></td><td>合/否</td><td></td></tr>
<tr><td>2</td><td>外径</td><td>$\phi20_{0}^{+0.03}$</td><td></td><td></td><td></td><td></td><td></td><td>合/否</td><td></td></tr>
<tr><td>3</td><td>长度</td><td>75</td><td></td><td></td><td></td><td></td><td></td><td>合/否</td><td></td></tr>
<tr><td colspan="3">结论（对上述 3 个测量尺寸进行评价）</td><td colspan="2">合格品</td><td colspan="2">次品</td><td colspan="2">废品</td><td></td></tr>
<tr><td colspan="2">处理意见</td><td colspan="7"></td><td></td></tr>
</table>

4）机械加工工艺过程卡

<table>
<tr><td rowspan="2">零件名称</td><td rowspan="2" colspan="2">传动轴</td><td rowspan="2" colspan="2">机械加工工艺过程卡</td><td>毛坯种类</td><td>棒料</td><td>共 1 页</td></tr>
<tr><td>材料</td><td>45 钢</td><td>第 1 页</td></tr>
<tr><td>工序号</td><td>工序名称</td><td colspan="4">工序内容</td><td>设备</td><td>工艺装备</td></tr>
<tr><td>1</td><td>备料</td><td colspan="4">备料 $\phi50\times78$ mm，材料为 45 钢</td><td></td><td></td></tr>
<tr><td>2</td><td>数车</td><td colspan="4">车右端面，粗、精车右端 $\phi48$ mm，$\phi24_{-0.021}^{0}$ mm，$3\times\phi18$ mm 槽及 $R2$ 圆角使其尺寸达到图纸要求</td><td>CK6136</td><td>三爪卡盘</td></tr>
<tr><td>3</td><td>数车</td><td colspan="4">调头装夹，校准圆跳动小于 0.02</td><td>CK6136</td><td>三爪卡盘</td></tr>
<tr><td>4</td><td>数车</td><td colspan="4">车左端端面，保证总长 75 mm 粗、精车左端 $\phi22$ mm 外圆，$\phi15$mm 槽与 $\phi20_{0}^{+0.03}$ mm 外圆、M18 × 1-6g 螺纹，车 $C1.5$ 倒角，使其尺寸达到图纸要求</td><td>CK6136</td><td>三爪卡盘</td></tr>
<tr><td>5</td><td>钳</td><td colspan="4">锐边倒钝，去毛刺</td><td>钳台</td><td>台虎钳</td></tr>
<tr><td>6</td><td>清洗</td><td colspan="4">用清洁剂清洗零件</td><td></td><td></td></tr>
<tr><td>7</td><td>检验</td><td colspan="4">按图样尺寸检测</td><td></td><td></td></tr>
<tr><td>编制</td><td></td><td>日期</td><td></td><td>审核</td><td></td><td>日期</td><td></td></tr>
</table>

6.2.2 连接轴

1)零件图

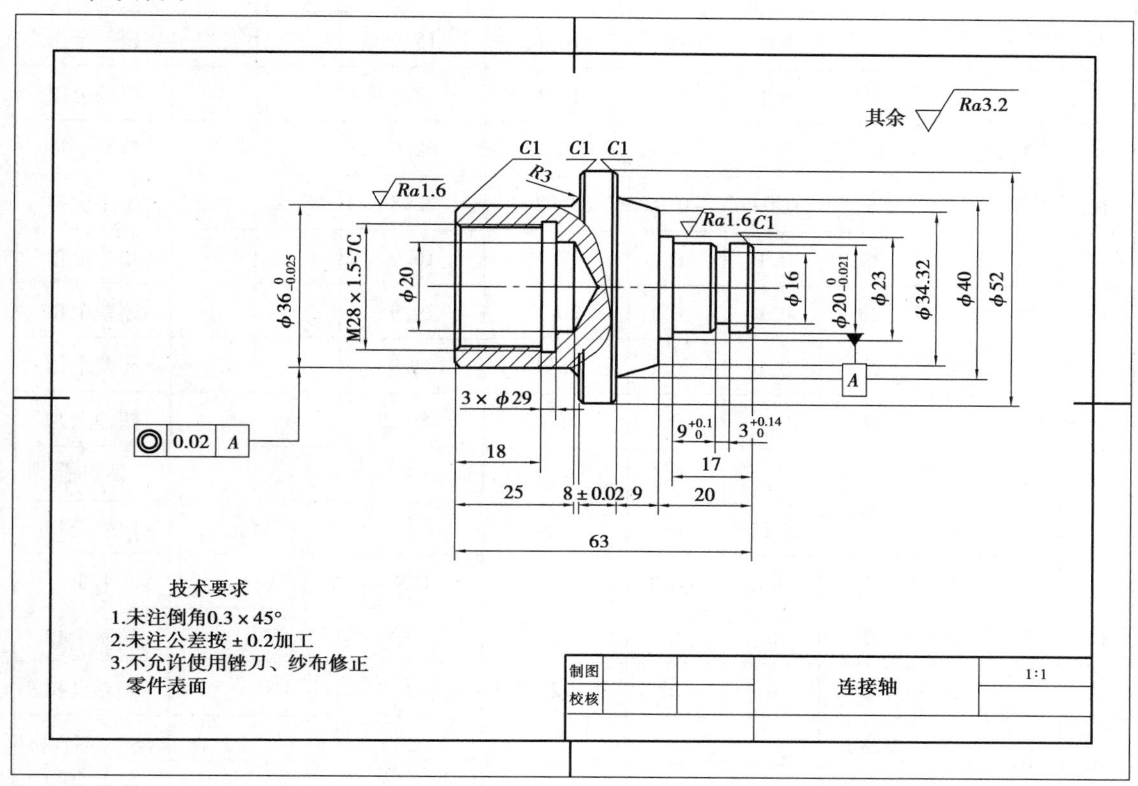

2)加工零件评分表

工件名称			连接轴		工件编码					
检测评分记录										
序号	配分	尺寸类型	公称尺寸	上偏差	下偏差	上极限尺寸	下极限尺寸	实际尺寸	得分	评分标准
A-主要尺寸 共80分										
1	6	φ	52	0.1	-0.1	52.1	51.9			超差全扣
2	6	φ	40	0.1	-0.1	40.1	39.9			超差全扣
3	8	φ	20	0	-0.021	20	19.979			超差全扣
4	8	φ	36	0	-0.025	36	35.975			超差全扣
5	2	φ	23	0.1	-0.1	23.1	22.9			超差全扣
6	2	φ	20	0.1	-0.1	20.1	19.9			超差全扣

续表

序号	配分	尺寸类型	公称尺寸	上偏差	下偏差	上极限尺寸	下极限尺寸	实际尺寸	得分	评分标准
7	2	ϕ	16	0.1	−0.1	16.1	15.9			超差全扣
8	3	*L*	18	0.1	−0.1	18.1	17.9			超差全扣
9	3	*L*	63	0.1	−0.1	63.1	62.9			超差全扣
10	8	*L*	8	0.02	−0.02	8.02	7.98			超差全扣
11	4	*L*	17	0.1	−0.1	17.1	16.9			超差全扣
12	2	*L*	20	0.1	−0.1	20.1	19.9			超差全扣
13	2	*L*	25	0.1	−0.1	25.1	24.9			超差全扣
14	2	*L*	9	0.1	−0.1	9.1	8.9			超差全扣
15	2	*L*	9	0.1	0	9.1	9			外圆槽
16	2	*L*	3	0.14	0	3.14	3			超差全扣
17	4	*C*	1	0.1	−0.1	1.1	0.9			4处
18	2	*R*	3	0	0	3	3			超差全扣
19	2	*R*	2	0	0	2	2			超差全扣
20	10	螺纹	M28×1.5-7G	—	—	—	—			合格/不合格超差全扣
B-形位公差　共10分										
21	10	同轴度	0.02	0	0.00	0.02	0.00			超差全扣
C-表面粗超度　共10分										
22	4	表面质量	*Ra*1.6							超差全扣
23	4	表面质量	*Ra*1.6							超差全扣
24	2	表面质量	*Ra*3.2							超差全扣
总配分数			100	合计得分						

3）零件自检表

零件名称	连接轴			允许读数误差	±0.007 mm				教师评价（填写T/F）
序号	项目	尺寸要求	使用的量具	测量结果				项目判定	
				No. 1	No. 2	No. 3	平均值		
1	外径	$\phi20^{+0}_{-0.021}$						合/否	
2	外径	$\phi36^{+0}_{-0.025}$						合/否	
3	长度	63 ±0.1						合/否	
结论（对上述3个测量尺寸进行评价）			合格品		次品		废品		
处理意见									

4）机械加工工艺过程卡

零件名称	连接轴	机械加工工艺过程卡	毛坯种类	棒料	共 1 页
			材料	45 钢	第 1 页
工序号	工序名称	工序内容		设备	工艺装备
1	备料	备料 $\phi55\times65$ mm，材料为 45 钢			
2	数车	车左端端面，粗、精车左端 $\phi36$ 外圆，$R3$ 圆角，钻 $\phi20$ 底孔，车 $3\times\phi29$ 退刀槽，车 M28 内螺纹至图纸要求及倒角		CK6136	三爪卡盘
3	数车	车右端端面保证总长 63，粗、精车右端 $\phi20$，$\phi23$，$\phi52$ 外圆、车 $3\times\phi16$ 外圆槽至图纸要求及倒角		CK6136	三爪卡盘
4	钳	锐边倒钝，去毛刺		钳台	台虎钳
5	清洗	用清洁剂清洗零件			
6	检验	按图样尺寸检测			
编制		日期	审核	日期	

6.3 提升练习题

6.3.1 椭圆轴套配合零件

1）现场操作规范评分表

序号	项　目	考核内容	配分	现场表现	得分
1	安全文明生产	工、量具的正确使用	3		
2		刀具的合理使用	3		
3		设备正确操作和维护保养	2		
4		劳保用具的使用	2		
合　计			10		

2）零件加工评分表

项目	考核内容	配分	评分标准	检测结果	得分
左端盖	$\phi80_{-0.019}^{0}$	1	超差0.01扣0.5分		
	$\phi64_{0}^{+0.03}$	1	超差0.01扣0.5分		
	$\phi52_{0}^{+0.03}$	1	超差0.01扣0.5分		
	M20×1.5-7H	2	不合格不得分		
	$\phi41_{0}^{+0.03}$	1	超差0.01扣0.5分		
	$\phi49_{-0.049}^{-0.03}$	1	超差0.01扣0.5分		
	$\phi54_{-0.049}^{-0.03}$	1	超差0.01扣0.5分		
	M58×1.5	0.5	不合格不得分		
	长度16±0.02	1	不合格不得分		
	长度$6_{0}^{+0.02}$	1	不合格不得分		
	总长80±0.1	0.5	不合格不得分		
	弧面正确、光滑过渡	2	一项不合格扣1分（根部欠切、过切均视为不合格）		
	45°锥度正确	2	不合格不得分		
	7:24锥度正确	2	不合格不得分		
	*Ra*0.8	1	一处不合格扣1分		
	*Ra*1.6	2	一处不合格扣0.5分		
	其余*Ra*3.2	1	一处不合格扣0.25分		

续表

项目	考核内容	配分	评分标准	检测结果	得分
左端盖	其他 IT10 级结构尺寸	1	一处不合格扣 0.25 分		
	所有 C 倒角	2	一处不合格扣 0.5 分		
	零件完整无缺陷	3	一处缺陷或一处未完成扣 1 分,重大缺陷一次扣完(尺寸超差 0.5 mm 视为缺陷)		
芯轴	$\phi54_{-0.049}^{-0.03}$	1	超差 0.01 扣 0.5 分		
	$\phi41_{-0.049}^{-0.03}$	1	超差 0.01 扣 0.5 分		
	M20×1.5-6g	2	不合格不得分		
	$\phi22_{-0.09}^{-0.06}$	0.5	不合格不得分		
	总长 142±0.1	0.5	不合格不得分		
	7:24 锥度正确	2	不合格不得分		
	球面正确、光滑过渡	1	不合格不得分		
	椭圆螺旋线、截面正确	2	不合格不得分		
	椭圆螺旋线截面 $Ra1.6$	1	不合格不得分		
	$Ra0.8$	2	一处不合格扣 1 分		
	$Ra1.6$	1	一处不合格扣 0.5 分		
	其余 $Ra3.2$	1	一处不合格扣 0.25 分		
	其他 IT10 级结构尺寸	1	一处不合格扣 0.25 分		
	所有 C 倒角	1	一处不合格扣 0.25 分		
	零件完整无缺陷	3	一处缺陷或一处未完成扣 1 分,重大缺陷一次扣完(尺寸超差 0.5 mm 视为缺陷)		
联接套	M58×1.5	0.5	不合格不得分		
	$\phi54_{0}^{+0.03}$	1	超差 0.01 扣 0.5 分		
	$\phi58_{0}^{+0.03}$	1	超差 0.01 扣 0.5 分		
	M62×1.5	0.5	不合格不得分		
	深度 $17_{+0.04}^{+0.1}$	0.5	不合格不得分		
	总长 43±0.02	1	不合格不得分		
	弧面正确、光滑过渡	2	一项不合格扣 1 分		
	$Ra1.6$	1.5	一处不合格扣 0.5 分		
	其余 $Ra3.2$	0.5	一处不合格扣 0.25 分		
	其他 IT10 级结构尺寸	1	一处不合格扣 0.25 分		

续表

项目	考核内容	配分	评分标准	检测结果	得分
联接套	所有 C 倒角	1	一处不合格扣 0.25 分		
	零件完整无缺陷	1	一处缺陷或一处未完成扣 1 分,重大缺陷一次扣完(尺寸超差 0.5 mm 视为缺陷)		
右端盖	M62 × 1.5	0.5	不合格不得分		
	$\phi58_{-0.049}^{-0.03}$	1	超差 0.01 扣 0.5 分		
	$\phi54_{0}^{+0.03}$	1	超差 0.01 扣 0.5 分		
	$\phi22_{0}^{+0.021}$	1	超差 0.01 扣 0.5 分		
	$\phi52_{-0.049}^{-0.03}$	1	超差 0.01 扣 0.5 分		
	$\phi64_{-0.049}^{-0.03}$	1	超差 0.01 扣 0.5 分		
	45°锥度正确	2	不合格不得分		
	球面正确、光滑过渡	1	不合格不得分		
	长度 $6_{-0.02}^{0}$	1	不合格不得分		
	总长 78 ± 0.1	0.5	不合格不得分		
	弧面正确、光滑过渡	2	一项不合格扣 1 分(根部欠切、过切均视为不合格)		
	$Ra1.6$	3	一处不合格扣 0.5 分		
	其余 $Ra3.2$	1	一处不合格扣 0.25 分		
	其他 IT10 级结构尺寸	1	一处不合格扣 0.25 分		
	所有 C 倒角	1.5	一处不合格扣 0.25 分		
	零件完整无缺陷	3	一处缺陷或一处未完成扣 1 分,重大缺陷一次扣完(尺寸超差 0.5 mm 视为缺陷)		
装配	照图完全正确装配	3	不合格不得分		
	件 1 与件 3 配合外圆和端面误差小于 0.04	2	一处不合格扣 1 分		
	件 4 与件 3 配合外圆和端面误差小于 0.04	2	一处不合格扣 1 分		
	件 1 与件 2 锥面接触不小于 70%	1	不合格不得分		
	件 4 与件 2 弧面接触不小于 70%	1	不合格不得分		
	件 1 与件 4 锥面接触不小于 70%	1	不合格不得分		
合计		90			

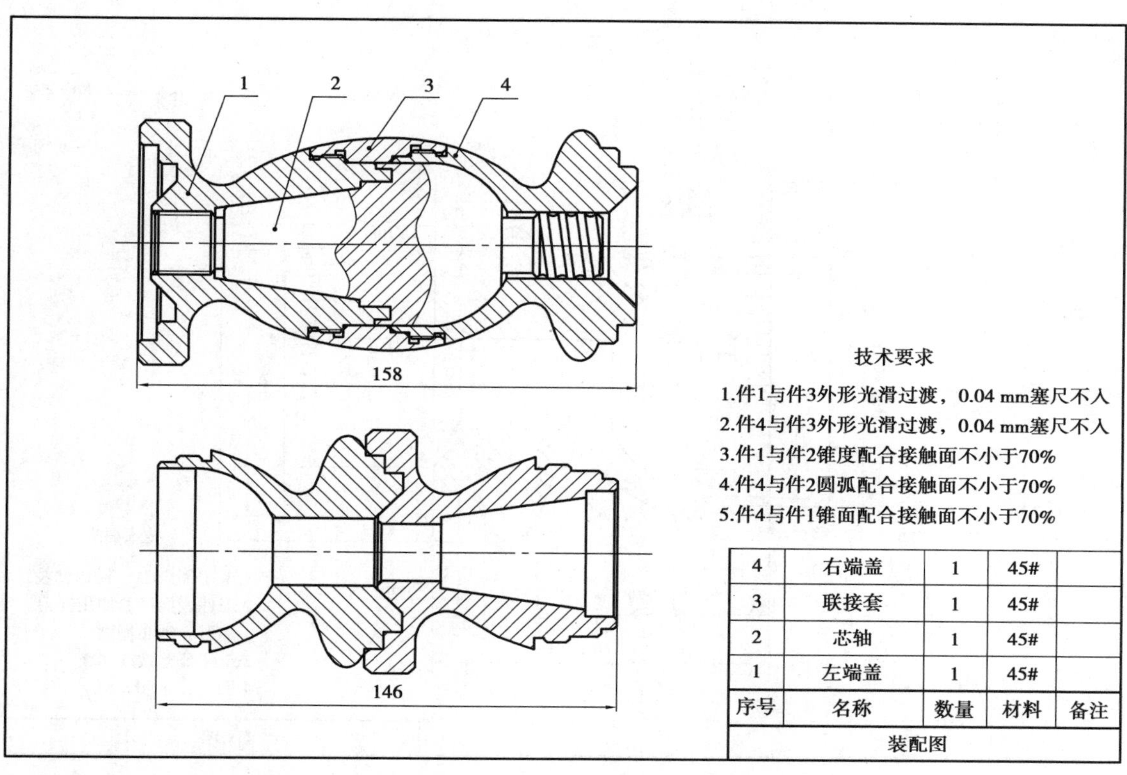

技术要求

1.件1与件3外形光滑过渡，0.04 mm塞尺不入
2.件4与件3外形光滑过渡，0.04 mm塞尺不入
3.件1与件2锥度配合接触面不小于70%
4.件4与件2圆弧配合接触面不小于70%
5.件4与件1锥面配合接触面不小于70%

4	右端盖	1	45#	
3	联接套	1	45#	
2	芯轴	1	45#	
1	左端盖	1	45#	
序号	名称	数量	材料	备注

装配图

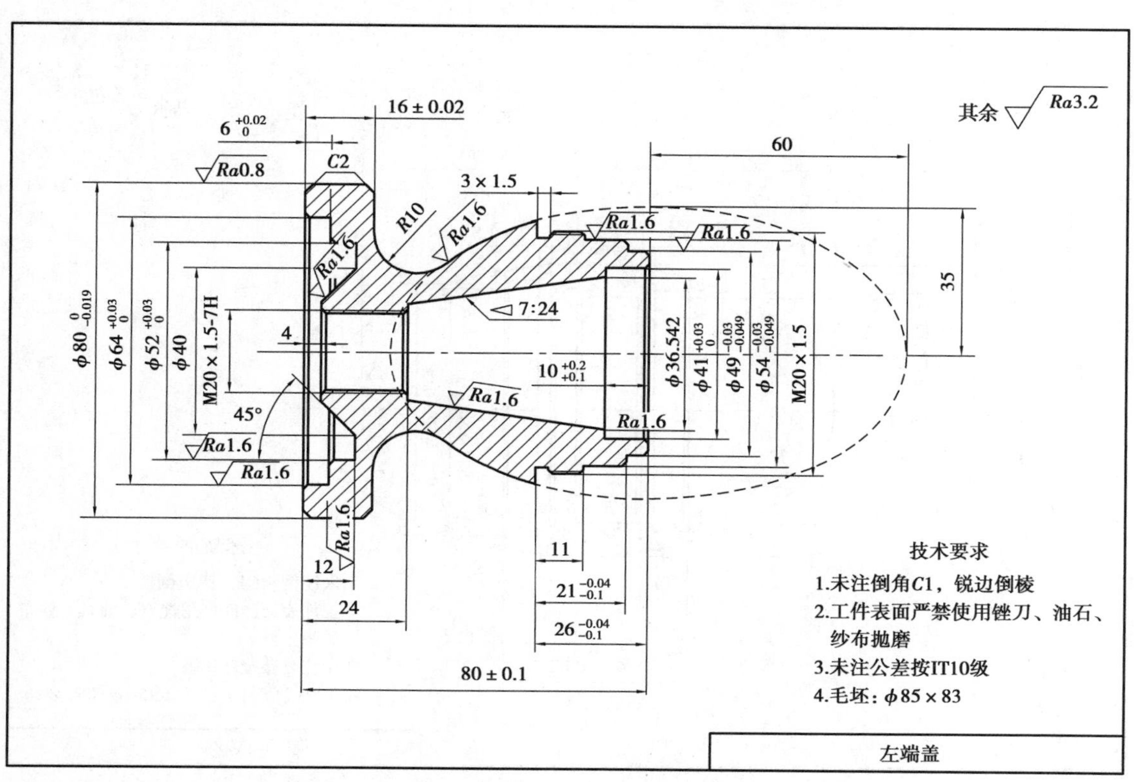

技术要求

1.未注倒角$C1$，锐边倒棱
2.工件表面严禁使用锉刀、油石、纱布抛磨
3.未注公差按IT10级
4.毛坯：$\phi 85 \times 83$

左端盖

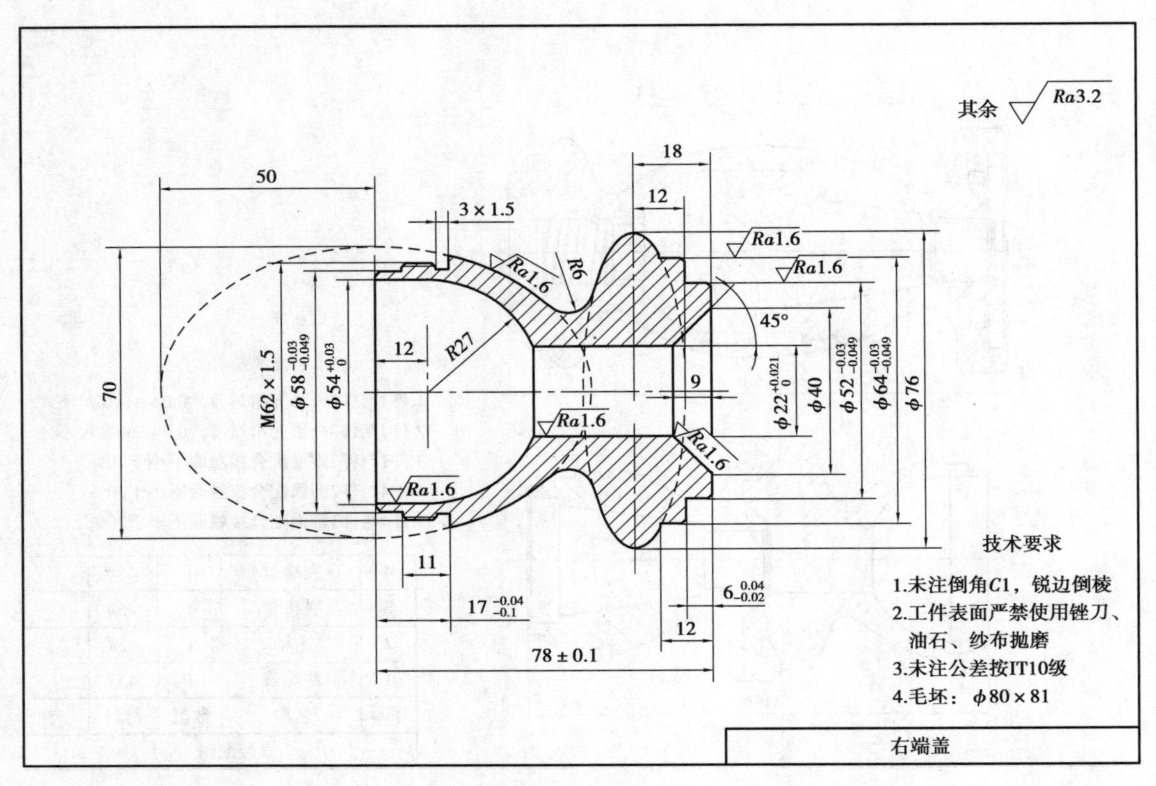
其余 Ra3.2
50
18
12
3×1.5
Ra1.6
R6
Ra1.6
Ra1.6
45°
12
R27
70
M62×1.5
ϕ58 -0.03 -0.049
ϕ54 +0.03 0
9
ϕ22 +0.021 0
ϕ40
ϕ52 -0.03 -0.049
ϕ64 -0.03 -0.049
ϕ76
Ra1.6
Ra1.6
Ra1.6
11
17 -0.04 -0.1
6 0.04 -0.02
12
78±0.1
技术要求
1.未注倒角C1，锐边倒棱
2.工件表面严禁使用锉刀、油石、纱布抛磨
3.未注公差按IT10级
4.毛坯：ϕ80×81
右端盖

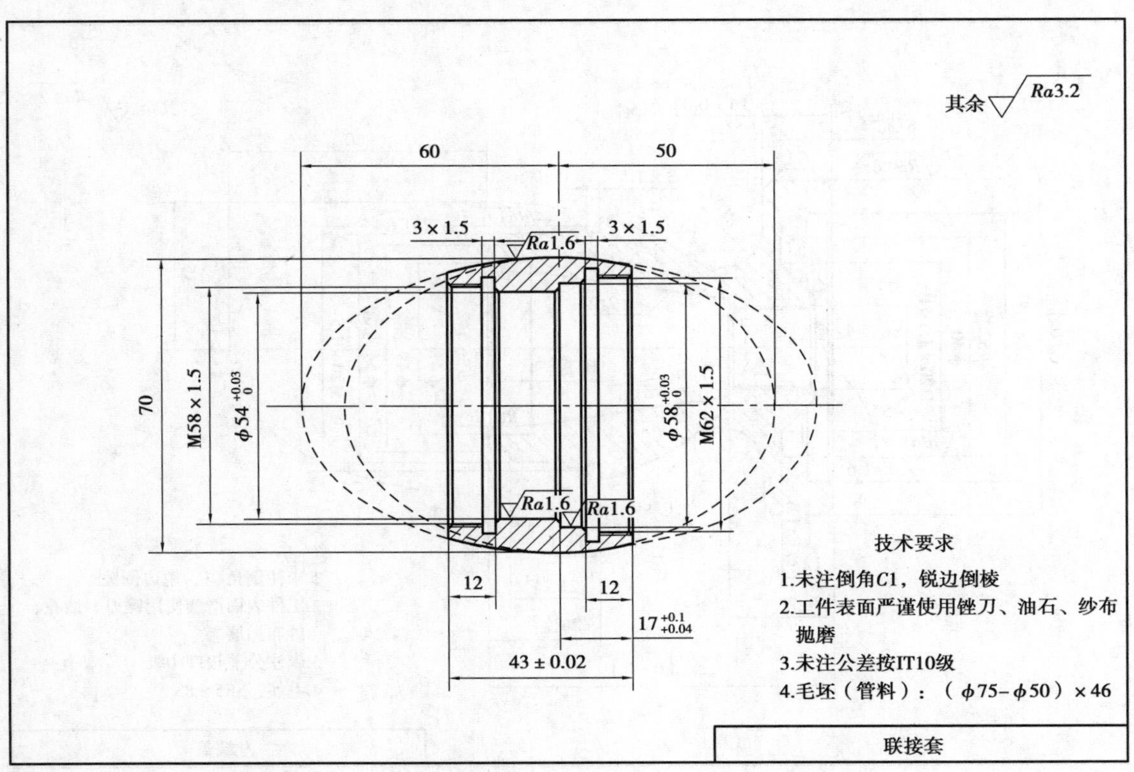
其余 Ra3.2
60
50
3×1.5
Ra1.6
3×1.5
70
M58×1.5
ϕ54 +0.03 0
ϕ58 +0.03 0
M62×1.5
Ra1.6
Ra1.6
12
12
17 +0.1 +0.04
43±0.02
技术要求
1.未注倒角C1，锐边倒棱
2.工件表面严谨使用锉刀、油石、纱布抛磨
3.未注公差按IT10级
4.毛坯（管料）：（ϕ75-ϕ50）×46
联接套

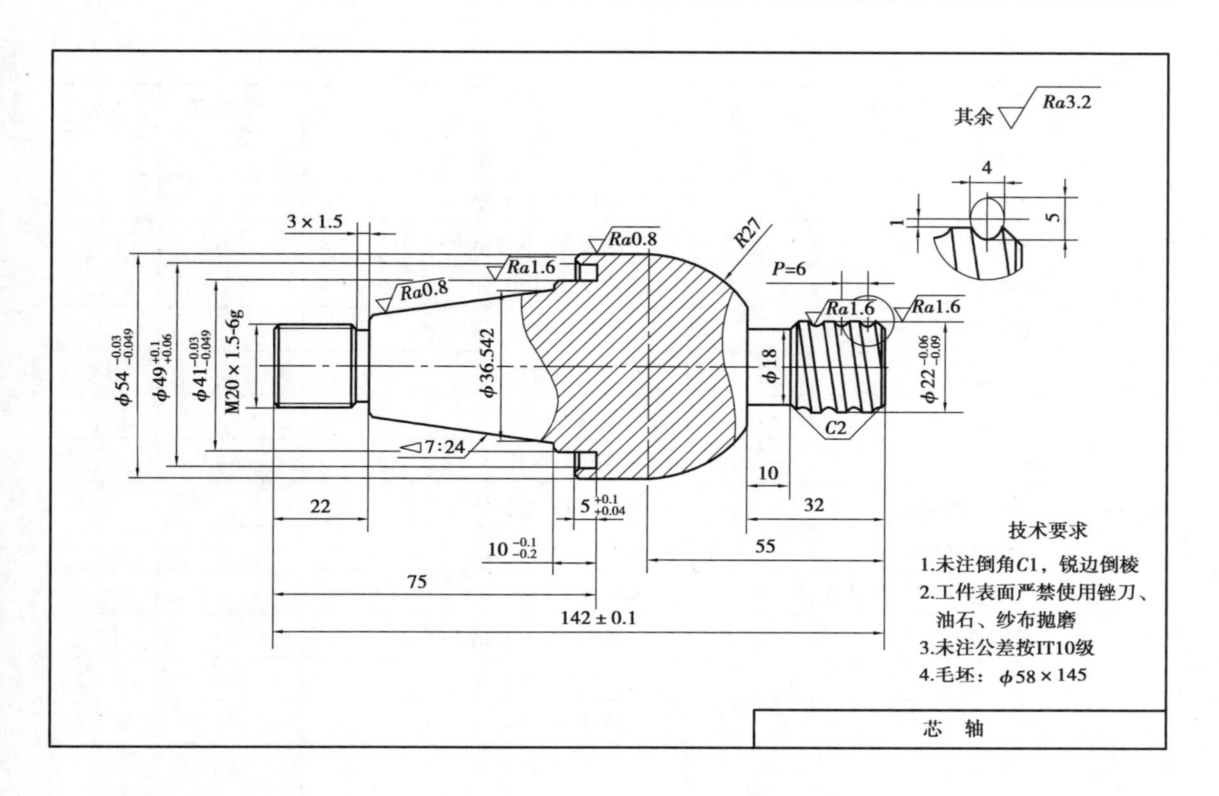

6.3.2　多层轴套配合零件

1) 安全文明生产评分表

序号	项　目	考核内容	配分	考场表现	得分
1	安全文明生产	工具的正确使用	2		
2		量具的正确使用	2		
3		刀具的合理使用	2		
4		设备正确操作和维护保养	4		
合　计			10		

2) 零件加工评分表

零件	考核内容	配分	评分标准	检测结果	得分
件 1（芯轴）	$\phi38_{-0.05}^{-0.025}$	2	超差 0.01 扣 1 分		
	$\phi10_{-0.035}^{-0.013}$	2	超差 0.01 扣 1 分		
	40°±5′	2	不合格不得分		
	$91_{-0.1}^{0}$	1	不合格不得分		
	*Ra*1.6,*Ra*3.2	2	酌情扣分		
	零件加工结构整体完整	1	未完成不得分		

续表

零件	考核内容	配分	评分标准	检测结果	得分
件2（端盖）	$\phi63_{-0.03}^{0}$	2	超差0.01扣1分		
	$\phi38_{0}^{+0.025}$	2	超差0.01扣1分		
	T26×6-6H	2	环规检测,不合格不得分		
	$\phi30_{-0.05}^{-0.025}$	2	超差0.01扣1分		
	$\phi35_{-0.05}^{-0.025}$	2	超差0.01扣1分		
	$18_{-0.05}^{0}$	1	不合格不得分		
	$5_{-0.05}^{0}$	1	不合格不得分		
	$49_{-0.2}^{0}$	1	不合格不得分		
	端面凹槽结构	2	样板检测,不合格不得分		
	$Ra1.6$,$Ra3.2$	2	酌情扣分		
	零件加工结构整体完整	2	未完成不得分		
件3（锥套）	公式曲线外形	2	样板检测,不合格不得分		
	$\phi52_{-0.03}^{0}$	2	超差0.01扣1分		
	$\phi46_{0}^{+0.05}$	2	超差0.01扣1		
	$\phi35_{0}^{+0.025}$	2	超差0.01扣1分		
	$\phi63_{-0.03}^{0}$	2	超差0.01扣1分		
	$Ra1.6$,$Ra3.2$	2	酌情扣分		
	零件加工结构整体完整	2	未完成不得分		
件4（中间套）	公式曲线外形	2	样板检测,不合格不得分		
	$\phi30_{0}^{+0.025}$	2	超差0.01扣1分		
	$\phi32_{0}^{+0.025}$	2	塞规检测,不合格不得分		
	$\phi42_{0}^{+0.025}$	2	超差0.01扣1分		
	$\phi63_{-0.03}^{0}$	2	超差0.01扣1分		
	$26°\pm5'$	2	不合格不得分		
	$Ra1.6$,$Ra3.2$	2	酌情扣分		
	零件加工结构整体完整	2	未完成不得分		
件5（螺杆轴）	$\phi42_{-0.05}^{-0.025}$	2	超差0.01扣1分		
	$\phi32_{-0.05}^{-0.025}$	2	超差0.01扣1分		
	T26×6-6g	2	环规检测,不合格不得分		
	$\phi38_{0}^{+0.025}$	2	超差0.01扣1分		
	$\phi63_{-0.03}^{0}$	2	超差0.01扣1分		
	90 ± 0.05	1	不合格不得分		
	V形槽	1	样板检测,不合格不得分		

续表

零件	考核内容	配分	评分标准	检测结果	得分
件 5（螺杆轴）	*Ra*1.6,*Ra*3.2	2	酌情扣分		
	零件加工结构整体完整	2	未完成不得分		
合　计		75			

3）零件装配评分表

项目	考核内容	配分	评分标准	检测结果	得分
零件装配	零件照图装配正确	5	不能装配不得分		
	装配间隙 4 ±0.1	2	不合格不得分		
	件 1 与件 5 锥面配合后端面平齐,误差 ±0.1	2	不合格不得分		
	件 3 与件 4 锥面接触不小于 70%	3	不合格不得分		
	件 1 与件 5 锥面接触不小于 70%	3	不合格不得分		
合　计		15			

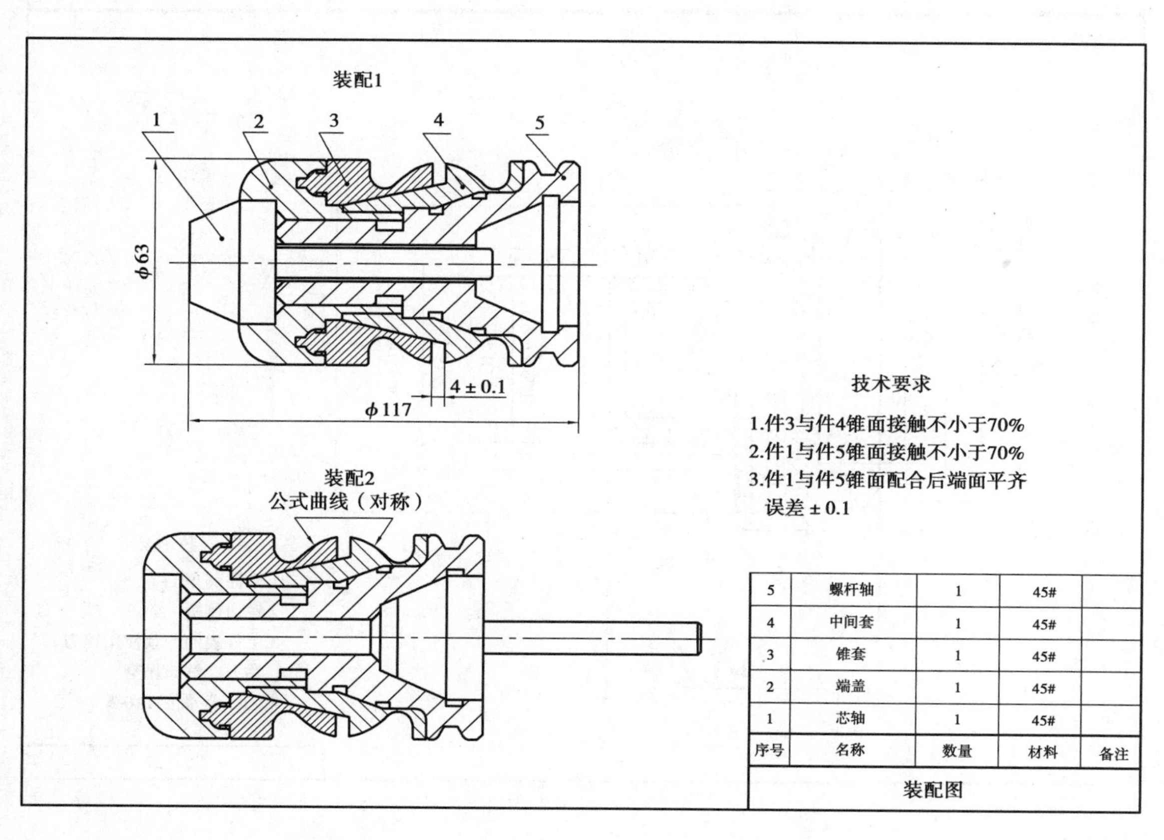

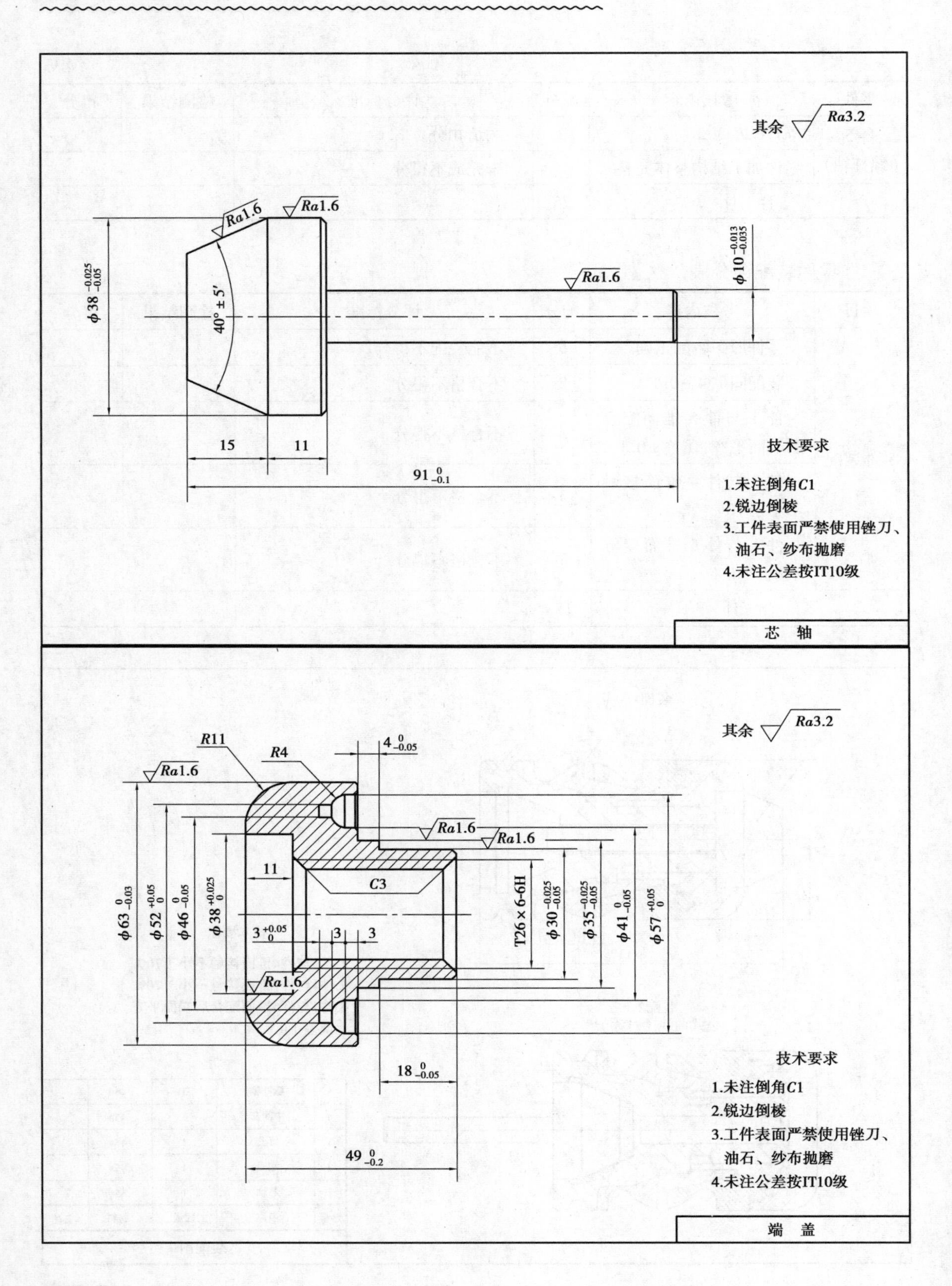
其余 Ra3.2
Ra1.6
Ra1.6
Ra1.6
φ38 -0.025 -0.05
40° ± 5′
φ10 -0.013 -0.035
15
11
91 0 -0.1
技术要求
1.未注倒角C1
2.锐边倒棱
3.工件表面严禁使用锉刀、油石、纱布抛磨
4.未注公差按IT10级
芯　轴
其余 Ra3.2
R11
R4
4 0 -0.05
Ra1.6
Ra1.6
Ra1.6
Ra1.6
11
C3
3 +0.05 0
3
3
φ63 0 -0.03
φ52 +0.05 0
φ46 0 -0.05
φ38 +0.025 0
T26×6-6H
φ30 -0.025 -0.05
φ35 -0.025 -0.05
φ41 0 -0.05
φ57 +0.05 0
18 0 -0.05
49 0 -0.2
技术要求
1.未注倒角C1
2.锐边倒棱
3.工件表面严禁使用锉刀、油石、纱布抛磨
4.未注公差按IT10级
端　盖

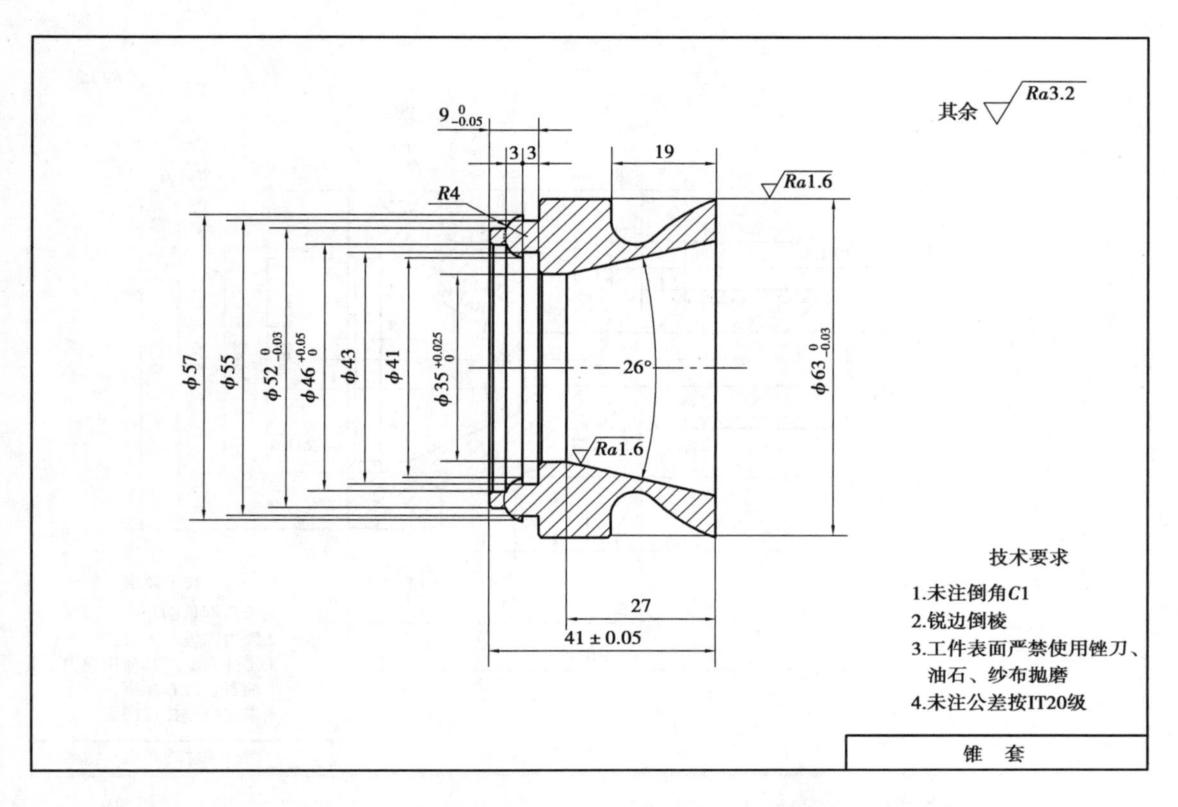
其余 Ra3.2
9 0 -0.05
3 3
19
Ra1.6
R4
ϕ57
ϕ55
ϕ52 0 -0.03
ϕ46 +0.05 0
ϕ43
ϕ41
ϕ35 +0.025 0
26°
ϕ63 0 -0.03
Ra1.6
27
41 ± 0.05
技术要求
1.未注倒角C1
2.锐边倒棱
3.工件表面严禁使用锉刀、油石、纱布抛磨
4.未注公差按IT20级
锥 套

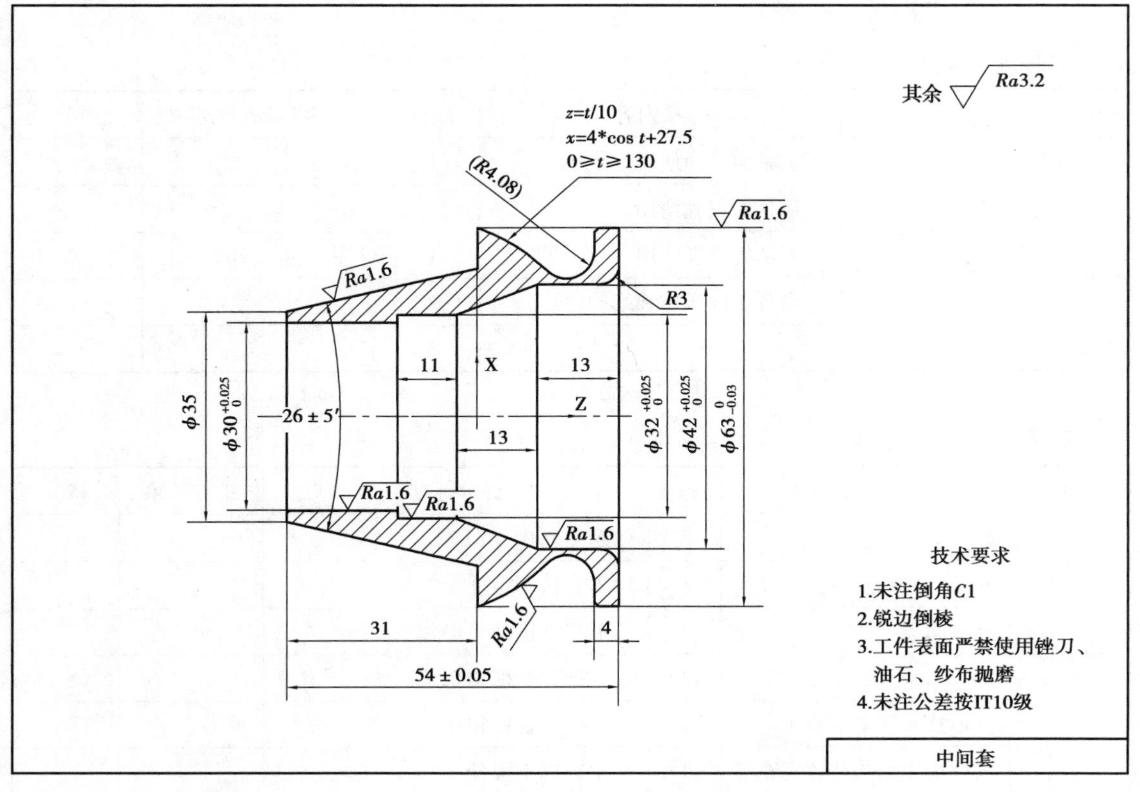
其余 Ra3.2
z=t/10
x=4*cos t+27.5
0≥t≥130
(R4.08)
Ra1.6
Ra1.6
R3
11
X
13
ϕ35
ϕ30 +0.025 0
26 ± 5′
Z
13
ϕ32 +0.025 0
ϕ42 +0.025 0
ϕ63 0 -0.03
Ra1.6
Ra1.6
Ra1.6
Ra1.6
31
4
54 ± 0.05
技术要求
1.未注倒角C1
2.锐边倒棱
3.工件表面严禁使用锉刀、油石、纱布抛磨
4.未注公差按IT10级
中间套

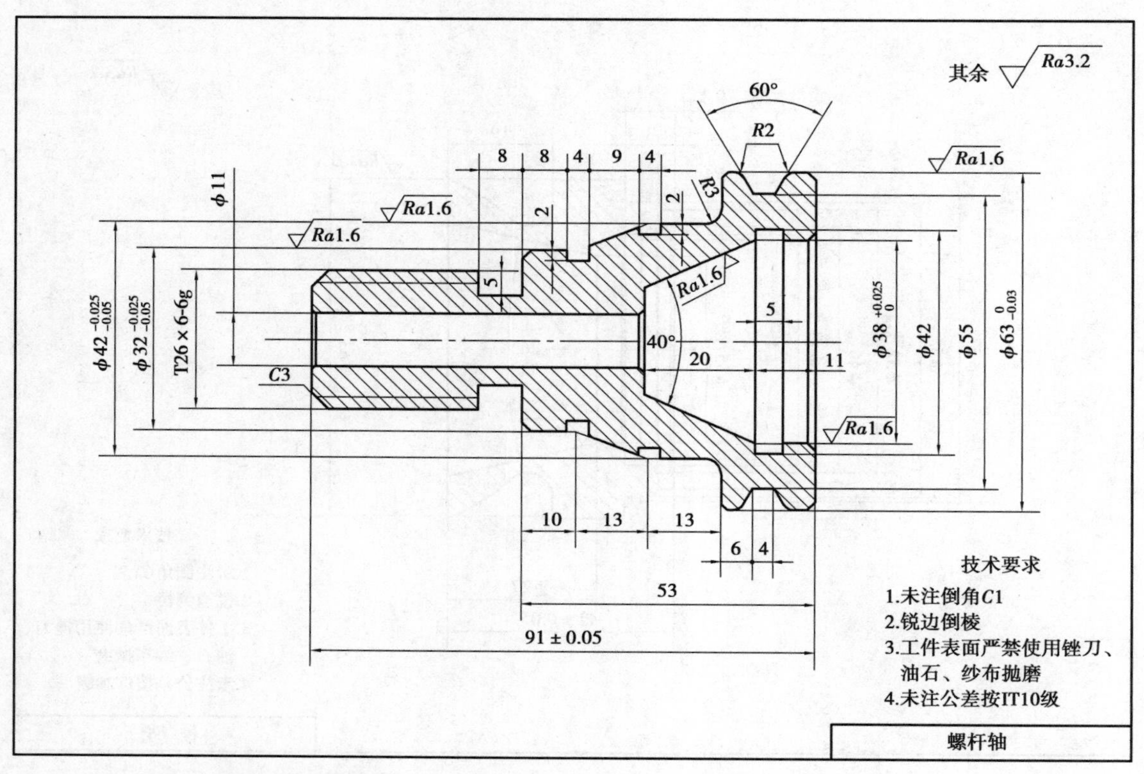

6.3.3 转子轴套配合零件

1)安全文明生产评分表

序号	项目	考核内容	配分	考场表现	得分
1	安全文明生产	工具的正确使用	1		
2		量具的正确使用	1		
3		刀具的合理使用	1		
4		设备正确操作和维护保养	2		
合计			5		

2)零件加工评分表

零件	考核内容	配分	评分标准	检测结果	得分
前端盖	$\phi20^{-0.02}_{-0.041}$	3	超差0.01扣1分		
	M12	1	不合格不得分		
	外弧面	3	形状不正确不得分		
	Ra1.6,Ra3.2	2	一处不合格扣0.5		
	其他技术要求内容	2	一处不合格扣0.5		
	零件加工结构整体完整	1	未完成不得分		

续表

零件	考核内容	配分	评分标准	检测结果	得分
转轴	$\phi20^{+0.033}_{0}$	3	超差 0.01 扣 1 分		
	$\phi26^{-0.02}_{-0.041}$	3	超差 0.01 扣 1 分		
	M16-6g	3	不合格不得分		
	M12	1	不合格不得分		
	端面环弧 *R*4	2	不合格不得分		
	端面环槽	1	不合格不得分		
	外弧面	3	形状不正确不得分		
	*Ra*1.6,*Ra*3.2	2	一处不合格扣 0.5		
	其他技术要求内容	2	一处不合格扣 0.5		
	零件加工结构整体完整	2	未完成不得分		
中间套	$\phi26^{+0.021}_{0}$	3	超差 0.01 扣 1 分		
	$\phi60^{+0.03}_{0}$	3	超差 0.01 扣 1 分		
	M56×1.5	1	不合格不得分		
	端面环弧 *R*4	2	不合格不得分		
	端面环槽	1	不合格不得分		
	外弧面	3	形状不正确不得分		
	*Ra*1.6,*Ra*3.2	2	一处不合格扣 0.5		
	其他技术要求内容	2	一处不合格扣 0.5		
	零件加工结构整体完整	2	未完成不得分		
后端盖	$\phi60^{-0.03}_{-0.049}$	3	超差 0.01 扣 1 分		
	$44^{+0.025}_{0}$	3	超差 0.01 扣 1 分		
	M56×1.5	1	不合格不得分		
	$28^{+1}_{+0.2}$	1.5	不合格不得分		
	外弧面	2	形状不正确不得分		
	*Ra*1.6,*Ra*3.2	2	一处不合格扣 0.5		
	其他技术要求内容	2	一处不合格扣 0.5		
	零件加工结构整体完整	1	未完成不得分		
螺帽	$\phi42^{-0.02}_{-0.04}$	3	超差 0.01 扣 1 分		
	$\phi42^{-0.05}_{-0.15}$	3	超差 0.01 扣 1 分		
	网纹	1.5	不合格不得分		
	M16-6H	3	不合格不得分		

续表

零件	考核内容	配分	评分标准	检测结果	得分
螺帽	端面环弧 *R*4	2	不合格不得分		
	端面环槽	1	不合格不得分		
	*Ra*1.6,*Ra*3.2	1	一处不合格扣 0.5		
	其他技术要求内容	1	一处不合格扣 0.5		
	零件加工结构整体完整	1	未完成不得分		
合　计		85			

3）零件装配评分表

项目	考核内容	配分	评分标准	检测结果	得分
零件装配	零件照图装配正确	3	未完成不得分		
	装配后零件运动灵活	3	不合格不得分		
	间隙 0.3 ~ 0.5	2	不合格不得分		
	外形光顺，接痕 0.05 以内	2	一处不合格扣 1 分		
合　计		10			

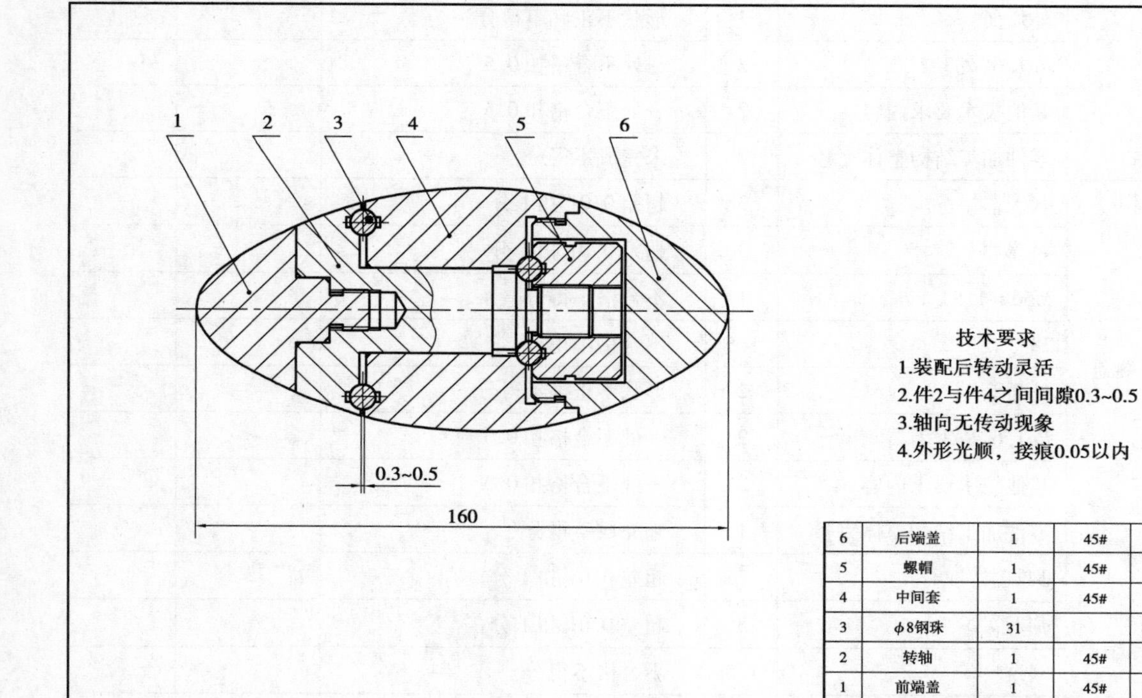

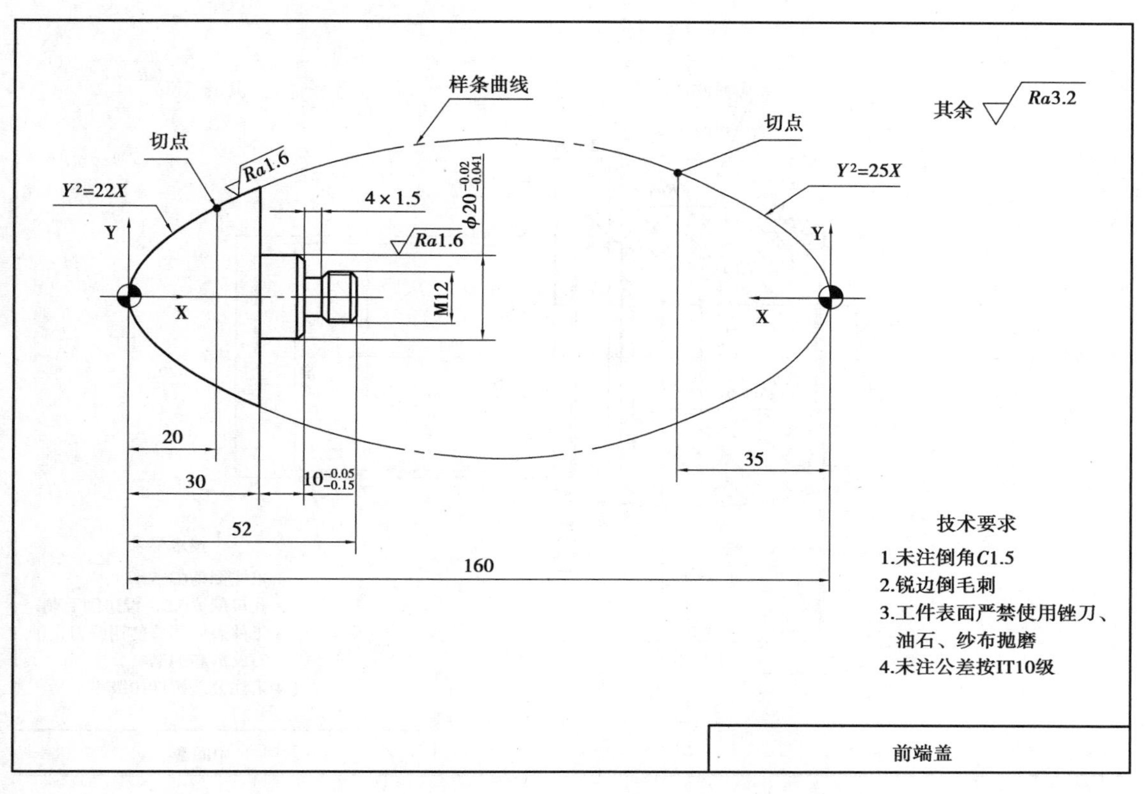
样条曲线
切点
其余 Ra3.2
切点
Y²=22X
Ra1.6
Y²=25X
4×1.5
φ20 -0.02 -0.041
Ra1.6
Y
Y
M12
X
X
20
35
30
10 -0.05 -0.15
52
160
技术要求
1.未注倒角C1.5
2.锐边倒毛刺
3.工件表面严禁使用锉刀、油石、纱布抛磨
4.未注公差按IT10级
前端盖

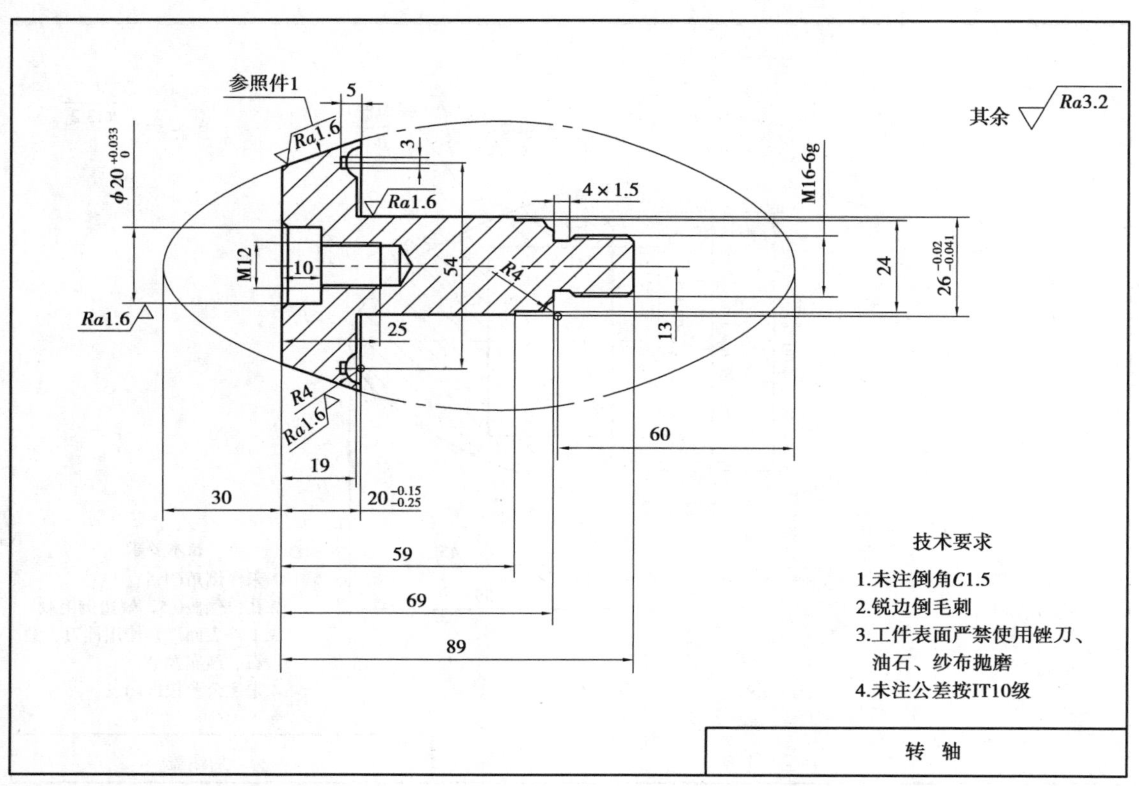
参照件1
5
其余 Ra3.2
Ra1.6
φ20 +0.033 0
3
M16-6g
Ra1.6
4×1.5
M12
10
54
R4
24
26 -0.02 -0.041
Ra1.6
25
13
R4
Ra1.6
60
19
30
20 -0.15 -0.25
59
69
89
技术要求
1.未注倒角C1.5
2.锐边倒毛刺
3.工件表面严禁使用锉刀、油石、纱布抛磨
4.未注公差按IT10级
转 轴

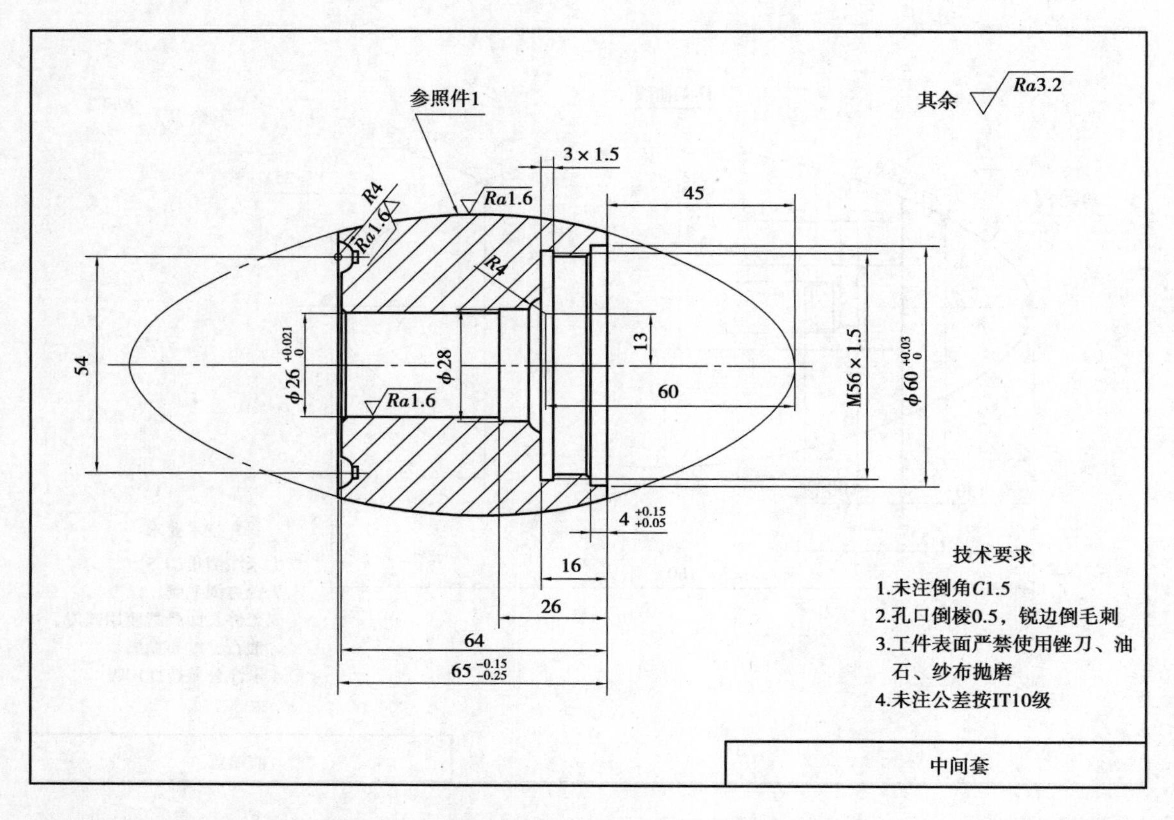
参照件1
其余 Ra3.2
3×1.5
45
R4
Ra1.6
Ra1.6
R4
13
54
φ26 +0.021 0
φ28
Ra1.6
60
M56×1.5
φ60 +0.03 0
4 +0.15 +0.05
16
26
64
65 −0.15 −0.25
技术要求
1.未注倒角C1.5
2.孔口倒棱0.5，锐边倒毛刺
3.工件表面严禁使用锉刀、油石、纱布抛磨
4.未注公差按IT10级
中间套

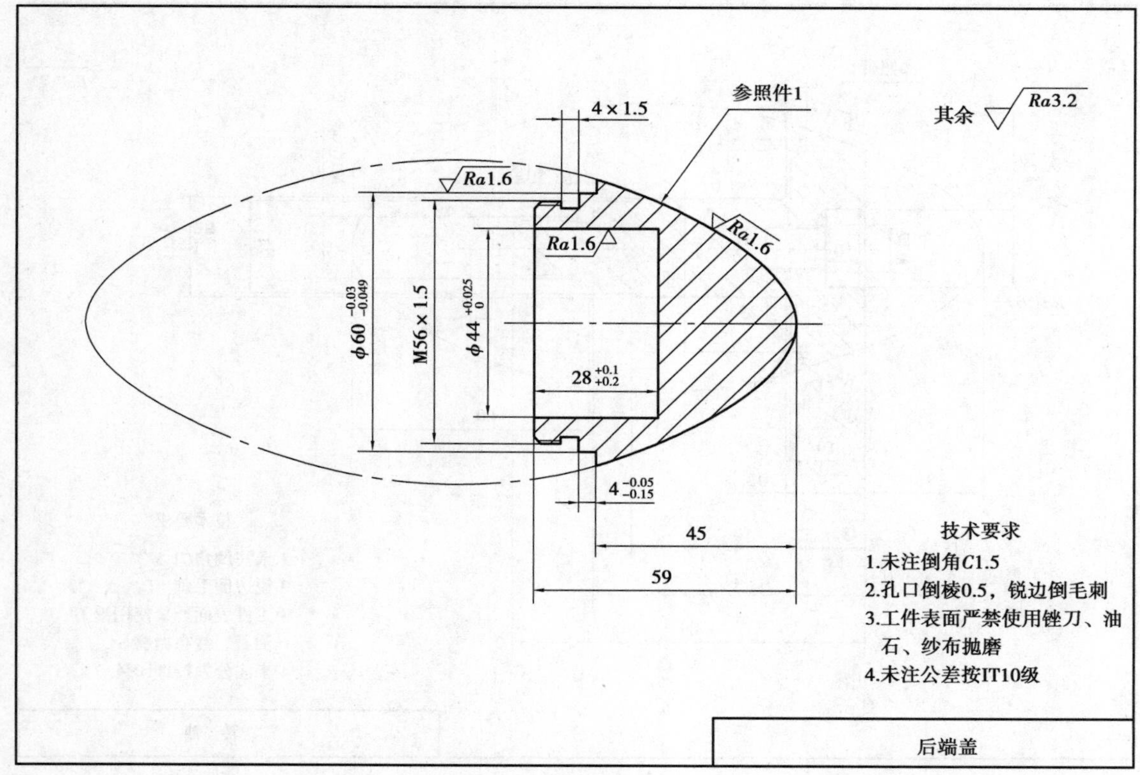
参照件1
4×1.5
其余 Ra3.2
Ra1.6
Ra1.6
Ra1.6
φ60 −0.03 −0.049
M56×1.5
φ44 +0.025 0
28 +0.1 +0.2
4 −0.05 −0.15
45
59
技术要求
1.未注倒角C1.5
2.孔口倒棱0.5，锐边倒毛刺
3.工件表面严禁使用锉刀、油石、纱布抛磨
4.未注公差按IT10级
后端盖

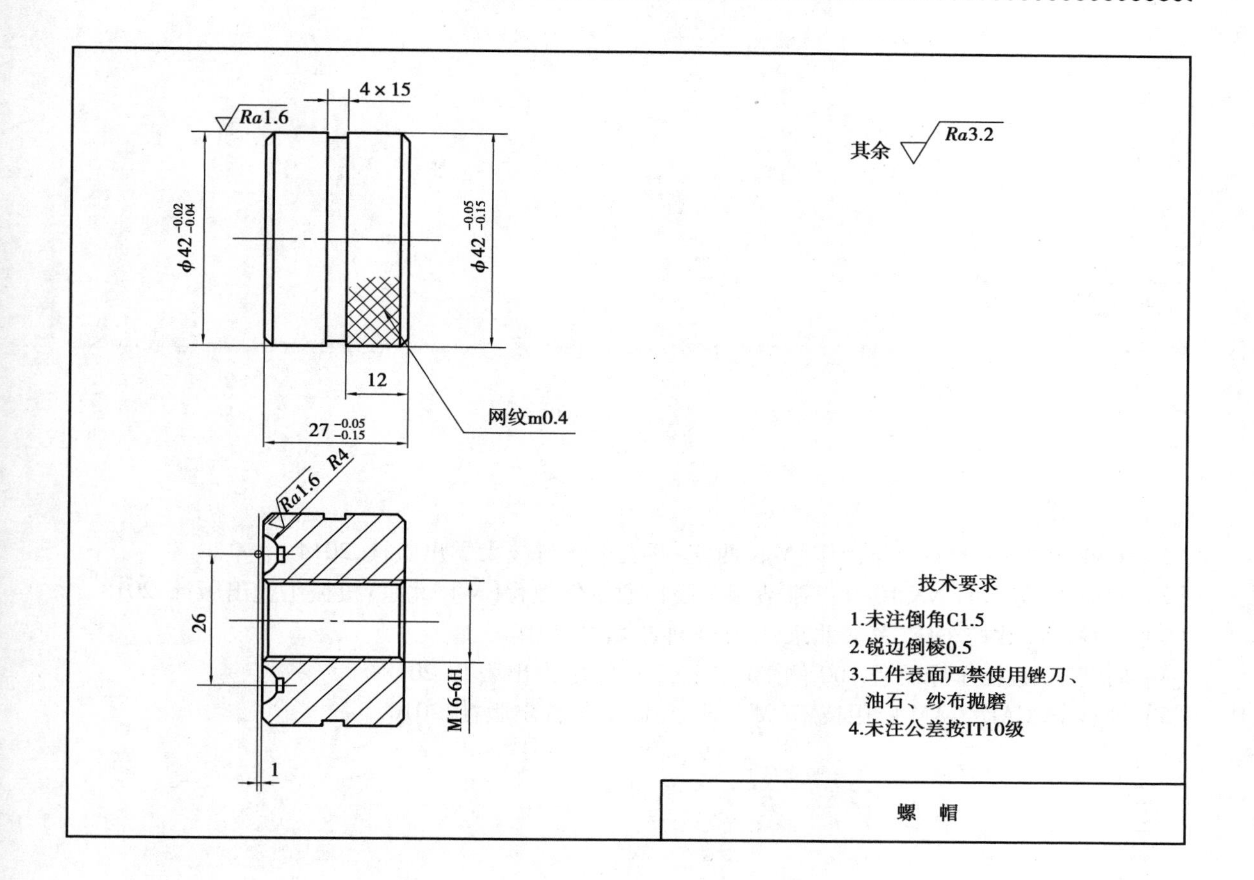
4×15
Ra1.6
其余 Ra3.2
φ42 -0.02 -0.04
φ42 -0.05 -0.15
12
27 -0.05 -0.15
网纹m0.4
Ra1.6 R4
26
M16-6H
1
技术要求
1.未注倒角C1.5
2.锐边倒棱0.5
3.工件表面严禁使用锉刀、
油石、纱布抛磨
4.未注公差按IT10级
螺　帽

参考文献

[1] 刘虹.数控加工编程与操作[M].西安:西安电子科技大学出版社,2014.
[2] 罗应娜,等.UG NX 10.0 三维造型全面精通实例教程[M].北京:机械工业出版社,2018.
[3] 马睿,等.数控车床[M].北京:电子工业出版社 2016.
[4] 周晓宏.数控车床编程 100 例[M].北京:中国电力出版社,2018.
[5] 钟富平.CAD/CAM 应用技术[M].北京:高等教育出版社,2010.